ANALYSE

Cours de mathématiques
Première année

Exo7

À la découverte de l'analyse

Les mathématiques, vous les avez bien sûr manipulées au lycée. Dans le supérieur, il s'agit d'apprendre à les construire ! La première année pose les bases et introduit les outils dont vous aurez besoin par la suite. Elle est aussi l'occasion de découvrir la beauté des mathématiques, de l'infiniment grand (les limites) à l'infiniment petit (le calcul de dérivée).
L'outil central abordé dans ce tome d'analyse, ce sont les fonctions. Vous en connaissez déjà beaucoup, racine carrée, sinus et cosinus, logarithme, exponentielle... Elles interviennent dès que l'on s'intéresse à des phénomènes qui varient en fonction de certains paramètres. Position d'une comète en fonction du temps, variation du volume d'un gaz en fonction de la température et de la pression, nombre de bactérie en fonction de la nourriture disponible : physique, chimie, biologie ou encore économie, autant de domaines dans lesquels le formalisme mathématique s'applique et permet de résoudre des problèmes.

Ce tome débute par l'étude des nombres réels, puis des suites. Les chapitres suivants sont consacrés aux fonctions : limite, continuité, dérivabilité sont des notions essentielles, qui reposent sur des définitions et des preuves minutieuses. Toutes ces notions ont une interprétation géométrique, qu'on lit sur le graphe de la fonction, et c'est pourquoi vous trouverez dans ce livre de nombreux dessins pour vous aider à comprendre l'intuition cachée derrière les énoncés. En fin de volume, deux chapitres explorent les applications des études de fonctions au tracé de courbes paramétrées et à la résolution d'équations différentielles.

Les efforts que vous devrez fournir sont importants : tout d'abord comprendre le cours, ensuite connaître par cœur les définitions, les théorèmes, les propositions... sans oublier de travailler les exemples et les démonstrations, qui permettent de bien assimiler les notions nouvelles et les mécanismes de raisonnement. Enfin, vous devrez passer autant de temps à pratiquer les mathématiques : il est indispensable de résoudre activement par vous-même des exercices, sans regarder les solutions ! Pour vous aider, vous trouverez sur le site Exo7 toutes les vidéos correspondant à ce cours, ainsi que des exercices corrigés.
Alors n'hésitez plus : manipulez, calculez, raisonnez, et dessinez, à vous de jouer !

Sommaire

Chapitre 1

Les nombres réels

Motivation

Voici une introduction, non seulement à ce chapitre sur les nombres réels, mais aussi aux premiers chapitres de ce cours d'analyse.
Aux temps des Babyloniens (en Mésopotamie de 3000 à 600 avant J.C.) le système de numération était en base 60, c'est-à-dire que tous les nombres étaient exprimés sous la forme $a+\frac{b}{60}+\frac{c}{60^2}+\cdots$. On peut imaginer que pour les applications pratiques c'était largement suffisant (par exemple estimer la surface d'un champ, le diviser en deux parties égales, calculer le rendement par unité de surface,...). En langage moderne cela correspond à compter uniquement avec des nombres rationnels $\mathbb{Q}$.

Les pythagoriciens (vers 500 avant J.C. en Grèce) montrent que $\sqrt{2}$ n'entre pas ce cadre là. C'est-à-dire que $\sqrt{2}$ ne peut s'écrire sous la forme $\frac{p}{q}$ avec p et q deux entiers. C'est un double saut conceptuel : d'une part concevoir que $\sqrt{2}$ est de nature différente mais surtout d'en donner une démonstration.

Le fil rouge de ce cours va être deux exemples très simples : les nombres $\sqrt{10}$ et $1,10^{1/12}$. Le premier représente par exemple la diagonale d'un rectangle de base 3 et de hauteur 1 ; le second correspond par exemple au taux d'intérêt mensuel d'un taux annuel de 10 %. Dans ce premier chapitre vous allez apprendre à montrer que $\sqrt{10}$ n'est pas un nombre rationnel mais aussi à encadrer $\sqrt{10}$ et $1,10^{1/12}$ entre deux entiers consécutifs.

Pour pouvoir calculer des décimales après la virgule, voire des centaines de décimales, nous aurons besoin d'outils beaucoup plus sophistiqués :

- une construction solide des nombres réels,

- l'étude des suites et de leur limites,
- l'étude des fonctions continues et des fonctions dérivables.

Ces trois points sont liés et permettent de répondre à notre problème, car par exemple nous verrons en étudiant la fonction $f(x) = x^2 - 10$ que la suite des rationnels (u_n) définie par $u_0 = 3$ et $u_{n+1} = \frac{1}{2}\left(u_n + \frac{10}{u_n}\right)$ tend très vite vers $\sqrt{10}$. Cela nous permettra de calculer des centaines de décimales de $\sqrt{10}$ et de certifier qu'elles sont exactes :

$$\sqrt{10} = 3,16227766016837933199889354443271853371955513932521682\ldots$$

1. L'ensemble des nombres rationnels $\mathbb{Q}$

1.1. Écriture décimale

Par définition, l'ensemble des **nombres rationnels** est

$$\mathbb{Q} = \left\{ \frac{p}{q} \mid p \in \mathbb{Z}, q \in \mathbb{N}^* \right\}.$$

On a noté $\mathbb{N}^* = \mathbb{N} \setminus \{0\}$.
Par exemple : $\frac{2}{5}$; $\frac{-7}{10}$; $\frac{3}{6} = \frac{1}{2}$.
Les nombres décimaux, c'est-à-dire les nombres de la forme $\frac{a}{10^n}$, avec $a \in \mathbb{Z}$ et $n \in \mathbb{N}$, fournissent d'autres exemples :

$$1,234 = 1234 \times 10^{-3} = \frac{1234}{1000} \qquad 0,00345 = 345 \times 10^{-5} = \frac{345}{100\,000}.$$

Proposition 1.
Un nombre est rationnel si et seulement s'il admet une écriture décimale périodique ou finie.

Par exemple :

$$\frac{3}{5} = 0,6 \qquad \frac{1}{3} = 0,3333\ldots \qquad 1,179\underleftrightarrow{325}\,\underleftrightarrow{325}\,\underleftrightarrow{325}\ldots$$

Nous n'allons pas donner la démonstration mais le sens direct ($\Longrightarrow$) repose sur la division euclidienne. Pour la réciproque ($\Longleftarrow$) voyons comment cela marche sur un exemple : Montrons que $x = 12,34\underleftrightarrow{2021}\,\underleftrightarrow{2021}\ldots$ est un rationnel.
L'idée est d'abord de faire apparaître la partie périodique juste après la virgule. Ici la période commence deux chiffres après la virgule, donc on multiplie par 100 :

$$100x = 1234,\underleftrightarrow{2021}\,\underleftrightarrow{2021}\ldots \qquad (1)$$

Maintenant on va décaler tout vers la gauche de la longueur d'une période, donc ici on multiplie encore par 10 000 pour décaler de 4 chiffres :

$$10\,000 \times 100x = 1234\,2021,\underleftrightarrow{2021}\ldots \tag{2}$$

Les parties après la virgule des deux lignes (1) et (2) sont les mêmes, donc si on les soustrait en faisant (2)-(1) alors les parties décimales s'annulent :

$$10\,000 \times 100x - 100x = 12\,342\,021 - 1234$$

donc $999\,900x = 12\,340\,787$ donc

$$x = \frac{12\,340\,787}{999\,900}.$$

Et donc bien sûr $x \in \mathbb{Q}$.

1.2. $\sqrt{2}$ n'est pas un nombre rationnel

Il existe des nombres qui ne sont pas rationnels, les **irrationnels**. Les nombres irrationnels apparaissent naturellement dans les figures géométriques : par exemple la diagonale d'un carré de côté 1 est le nombre irrationnel $\sqrt{2}$; la circonférence d'un cercle de rayon $\frac{1}{2}$ est π qui est également un nombre irrationnel. Enfin $e = \exp(1)$ est aussi irrationnel.

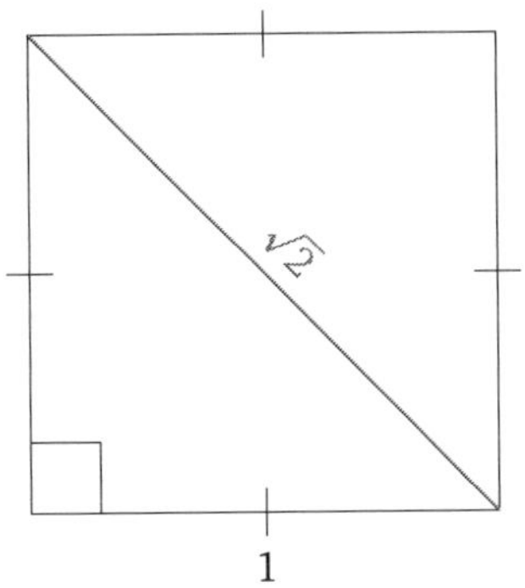

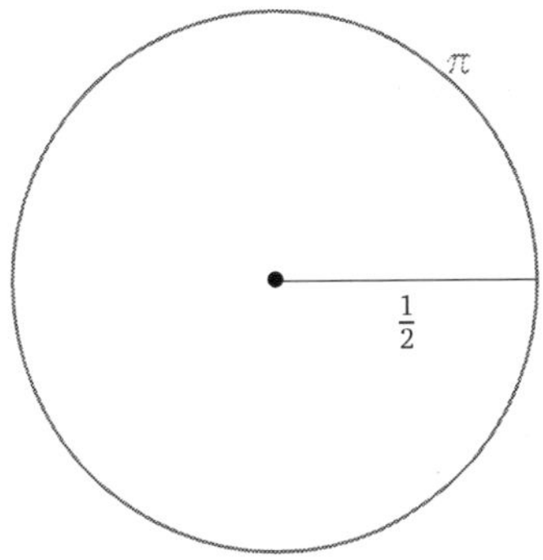

Nous allons prouver que $\sqrt{2}$ n'est pas un nombre rationnel.

Proposition 2.

$$\boxed{\sqrt{2} \notin \mathbb{Q}}$$

Démonstration. Par l'absurde supposons que $\sqrt{2}$ soit un nombre rationnel. Alors il existe des entiers $p \in \mathbb{Z}$ et $q \in \mathbb{N}^*$ tels que $\sqrt{2} = \frac{p}{q}$, de plus –ce sera important pour

la suite– on suppose que p et q sont premiers entre eux (c'est-à-dire que la fraction $\frac{p}{q}$ est sous une écriture irréductible).
En élevant au carré, l'égalité $\sqrt{2} = \frac{p}{q}$ devient $2q^2 = p^2$. Cette dernière égalité est une égalité d'entiers. L'entier de gauche est pair, donc on en déduit que p^2 est pair ; en terme de divisibilité 2 divise p^2.
Mais si 2 divise p^2 alors 2 divise p (cela se prouve par facilement l'absurde). Donc il existe un entier $p' \in \mathbb{Z}$ tel que $p = 2p'$.
Repartons de l'égalité $2q^2 = p^2$ et remplaçons p par $2p'$. Cela donne $2q^2 = 4p'^2$. Donc $q^2 = 2p'^2$. Maintenant cela entraîne que 2 divise q^2 et comme avant alors 2 divise q.
Nous avons prouvé que 2 divise à la fois p et q. Cela rentre en contradiction avec le fait que p et q sont premiers entre eux. Notre hypothèse de départ est donc fausse : $\sqrt{2}$ n'est pas un nombre rationnel. □

Comme ce résultat est important en voici une deuxième démonstration, assez différente, mais toujours par l'absurde.

Autre démonstration. Par l'absurde, supposons $\sqrt{2} = \frac{p}{q}$, donc $q\sqrt{2} = p \in \mathbb{N}$. Considérons l'ensemble

$$\mathcal{N} = \left\{ n \in \mathbb{N}^* \mid n\sqrt{2} \in \mathbb{N} \right\}.$$

Cet ensemble n'est pas vide car on vient de voir que $q\sqrt{2} = p \in \mathbb{N}$ donc $q \in \mathcal{N}$. Ainsi $\mathcal{N}$ est une partie non vide de $\mathbb{N}$, elle admet donc un plus petit élément $n_0 = \min \mathcal{N}$. Posons

$$n_1 = n_0\sqrt{2} - n_0 = n_0(\sqrt{2} - 1),$$

il découle de cette dernière égalité et de $1 < \sqrt{2} < 2$ que $0 < n_1 < n_0$.
De plus $n_1\sqrt{2} = (n_0\sqrt{2} - n_0)\sqrt{2} = 2n_0 - n_0\sqrt{2} \in \mathbb{N}$. Donc $n_1 \in \mathcal{N}$ et $n_1 < n_0$: on vient de trouver un élément n_1 de $\mathcal{N}$ strictement plus petit que n_0 qui était le minimum. C'est une contradiction.
Notre hypothèse de départ est fausse, donc $\sqrt{2} \notin \mathbb{Q}$. □

Exercice 1.
Montrer que $\sqrt{10} \notin \mathbb{Q}$.

On représente souvent les nombres réels sur une « droite numérique » :

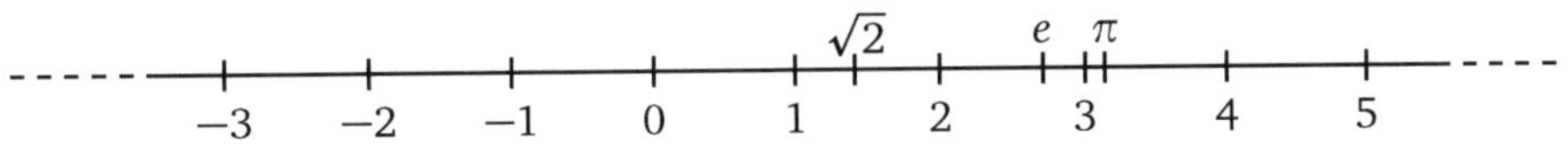

Il est bon de connaître les premières décimales de certains réels $\sqrt{2} \simeq 1,4142\dots$ $\pi \simeq 3,14159265\dots$ $\quad e \simeq 2,718\dots$

Il est souvent pratique de rajouter les deux extrémités à la droite numérique.

Définition 1.

$$\overline{\mathbb{R}} = \mathbb{R} \cup \{-\infty, \infty\}$$

Mini-exercices.

1. Montrer que la somme de deux rationnels est un rationnel. Montrer que le produit de deux rationnels est un rationnel. Montrer que l'inverse d'un rationnel non nul est un rationnel. Qu'en est-il pour les irrationnels ?
2. Écrire les nombres suivants sous forme d'une fraction : $0,1212$; $\quad 0,12\,\underleftrightarrow{12}\dots$; $78,33\,456\,\underleftrightarrow{456}\dots$
3. Sachant $\sqrt{2} \notin \mathbb{Q}$, montrer $2 - 3\sqrt{2} \notin \mathbb{Q}$, $1 - \frac{1}{\sqrt{2}} \notin \mathbb{Q}$.
4. Notons D l'ensemble des nombres de la forme $\frac{a}{2^n}$ avec $a \in \mathbb{Z}$ et $n \in \mathbb{N}$. Montrer que $\frac{1}{3} \notin D$. Trouver $x \in D$ tel que $1234 < x < 1234,001$.
5. Montrer que $\frac{\sqrt{2}}{\sqrt{3}} \notin \mathbb{Q}$.
6. Montrer que $\log 2 \notin \mathbb{Q}$ ($\log 2$ est le logarithme décimal de 2 : c'est le nombre réel tel que $10^{\log 2} = 2$).

2. Propriétés de $\mathbb{R}$

2.1. Addition et multiplication

Ce sont les propriétés que vous avez toujours pratiquées. Pour $a, b, c \in \mathbb{R}$ on a :

$$
\begin{array}{ll}
a+b=b+a & a \times b=b \times a \\
0+a=a & 1 \times a=a \text{ si } a \neq 0 \\
a+b=0 \iff a=-b & ab=1 \iff a=\frac{1}{b} \\
(a+b)+c=a+(b+c) & (a \times b) \times c=a \times (b \times c)
\end{array}
$$

$$
\begin{array}{l}
a \times (b+c)=a \times b+a \times c \\
a \times b=0 \iff (a=0 \text{ ou } b=0)
\end{array}
$$

On résume toutes ces propriétés en disant que :

Propriété ($\mathbb{R}$1).
$(\mathbb{R}, +, \times)$ *est un* ***corps commutatif***.

2.2. Ordre sur $\mathbb{R}$

Nous allons voir que les réels sont ordonnés. La notion d'ordre est générale et nous allons définir cette notion sur un ensemble quelconque. Cependant gardez à l'esprit que pour nous $E=\mathbb{R}$ et $\mathcal{R} = \leqslant$.

Définition 2.
Soit E un ensemble.

1. Une **relation** $\mathcal{R}$ sur E est un sous-ensemble de l'ensemble produit $E \times E$. Pour $(x, y) \in E \times E$, on dit que x est en relation avec y et on note $x \mathcal{R} y$ pour dire que $(x, y) \in \mathcal{R}$.
2. Une relation $\mathcal{R}$ est une **relation d'ordre** si
   - $\mathcal{R}$ est **réflexive** : pour tout $x \in E$, $x \mathcal{R} x$,
   - $\mathcal{R}$ est **antisymétrique** : pour tout $x, y \in E$, $(x \mathcal{R} y$ et $y \mathcal{R} x) \implies x=y$,
   - $\mathcal{R}$ est **transitive** : pour tout $x, y, z \in E$, $(x \mathcal{R} y$ et $y \mathcal{R} z) \implies x \mathcal{R} z$.

Définition 3.
Une relation d'ordre $\mathcal{R}$ sur un ensemble E est **totale** si pour tout $x, y \in E$ on a $x \mathcal{R} y$ ou $y \mathcal{R} x$. On dit aussi que $(E, \mathcal{R})$ est un **ensemble totalement ordonné**.

Propriété ($\mathbb{R}$2).
La relation $\leqslant$ sur $\mathbb{R}$ est une relation d'ordre, et de plus, elle est totale.

Nous avons donc :
- pour tout $x \in \mathbb{R}$, $x \leqslant x$,
- pour tout $x, y \in \mathbb{R}$, si $x \leqslant y$ et $y \leqslant x$ alors $x = y$,
- pour tout $x, y, z \in \mathbb{R}$ si $x \leqslant y$ et $y \leqslant z$ alors $x \leqslant z$.

Remarque.
Pour $(x, y) \in \mathbb{R}^2$ on a par définition :

$$x \leqslant y \iff y - x \in \mathbb{R}_+$$
$$x < y \iff (x \leqslant y \text{ et } x \neq y).$$

Les opérations de $\mathbb{R}$ sont compatibles avec la relation d'ordre $\leqslant$ au sens suivant, pour des réels a, b, c, d :

$$(a \leqslant b \text{ et } c \leqslant d) \implies a + c \leqslant b + d$$
$$(a \leqslant b \text{ et } c \geqslant 0) \implies a \times c \leqslant b \times c$$
$$(a \leqslant b \text{ et } c \leqslant 0) \implies a \times c \geqslant b \times c.$$

On définit le maximum de deux réels a et b par :

$$\max(a, b) = \begin{cases} a & \text{si } a \geqslant b \\ b & \text{si } b > a. \end{cases}$$

Exercice 2.
Comment définir $\max(a, b, c)$, $\max(a_1, a_2, \ldots, a_n)$? Et $\min(a, b)$?

2.3. Propriété d'Archimède

Propriété ($\mathbb{R}$3, Propriété d'Archimède).
*$\mathbb{R}$ est **archimédien**, c'est-à-dire :*

$$\forall x \in \mathbb{R} \quad \exists n \in \mathbb{N} \quad n > x$$

« Pour tout réel x, il existe un entier naturel n strictement plus grand que x. »

Cette propriété peut sembler évidente, elle est pourtant essentielle puisque elle permet de définir la partie entière d'un nombre réel :

Proposition 3.
*Soit $x \in \mathbb{R}$, il **existe** un **unique** entier relatif, la **partie entière** notée $E(x)$, tel que :*

$$E(x) \leqslant x < E(x) + 1$$

Exemple 1.
- $E(2,853) = 2$, $E(\pi) = 3$, $E(-3,5) = -4$.
- $E(x) = 3 \iff 3 \leqslant x < 4$.

Remarque.
- On note aussi $E(x) = [x]$.
- Voici le graphe de la fonction partie entière $x \mapsto E(x)$:

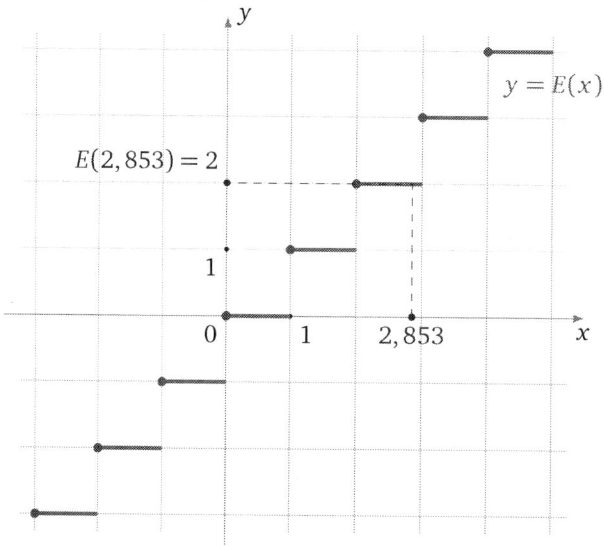

Pour la démonstration de la proposition 3 il y a deux choses à établir : d'abord qu'un tel entier $E(x)$ existe et ensuite qu'il est unique.

Démonstration.
Existence. Supposons $x \geqslant 0$, par la propriété d'Archimède (Propriété $\mathbb{R}3$) il existe $n \in \mathbb{N}$ tel que $n > x$. L'ensemble $K = \{k \in \mathbb{N} \mid k \leqslant x\}$ est donc fini (car pour tout k dans K, on a $0 \leqslant k < n$). Il admet donc un plus grand élément $k_{max} = \max K$. On a alors $k_{max} \leqslant x$ car $k_{max} \in K$, et $k_{max} + 1 > x$ car $k_{max} + 1 \notin K$. Donc $k_{max} \leqslant x < k_{max} + 1$ et on prend donc $E(x) = k_{max}$.

Unicité. Si k et ℓ sont deux entiers relatifs vérifiant $k \leqslant x < k+1$ et $\ell \leqslant x < \ell+1$, on a donc $k \leqslant x < \ell+1$, donc par transitivité $k < \ell+1$. En échangeant les rôles de ℓ et k, on a aussi $\ell < k+1$. On en conclut que $\ell - 1 < k < \ell + 1$, mais il n'y a qu'un seul entier compris strictement entre $\ell - 1$ et $\ell + 1$, c'est ℓ. Ainsi $k = \ell$.
Le cas $x < 0$ est similaire. □

Exemple 2.
Encadrons $\sqrt{10}$ et $1,1^{1/12}$ par deux entiers consécutifs.

- Nous savons $3^2 = 9 < 10$ donc $3 = \sqrt{3^2} < \sqrt{10}$ (la fonction racine carrée est croissante). De même $4^2 = 16 > 10$ donc $4 = \sqrt{4^2} > \sqrt{10}$. Conclusion : $3 < \sqrt{10} < 4$ ce qui implique $E(\sqrt{10}) = 3$.
- On procède sur le même principe. $1^{12} < 1,10 < 2^{12}$ donc en passant à la racine 12-ième (c'est-à-dire à la puissance $\frac{1}{12}$) on obtient : $1 < 1,1^{1/12} < 2$ et donc $E(1,1^{1/12}) = 1$.

2.4. Valeur absolue

Pour un nombre réel x, on définit la **valeur absolue** de x par :

$$|x| = \begin{cases} x & \text{si } x \geqslant 0 \\ -x & \text{si } x < 0 \end{cases}$$

Voici le graphe de la fonction $x \mapsto |x|$:

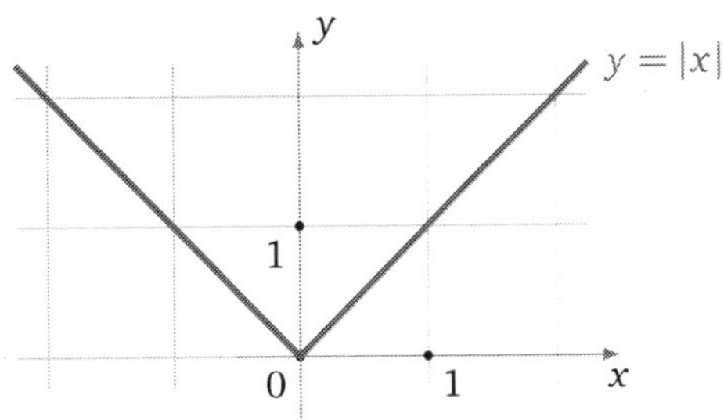

Proposition 4.

1. $|x| \geqslant 0$; $|-x| = |x|$; $|x| > 0 \iff x \neq 0$
2. $\sqrt{x^2} = |x|$
3. $|xy| = |x||y|$

4. ***Inégalité triangulaire*** $\boxed{|x+y| \leqslant |x|+|y|}$
5. ***Seconde inégalité triangulaire*** $\big||x|-|y|\big| \leqslant |x-y|$

Démonstration des inégalités triangulaires.

- $-|x| \leqslant x \leqslant |x|$ et $-|y| \leqslant y \leqslant |y|$. En additionnant $-(|x|+|y|) \leqslant x+y \leqslant |x|+|y|$, donc $|x+y| \leqslant |x|+|y|$.
- Puisque $x=(x-y)+y$, on a d'après la première inégalité : $|x| = \big|(x-y)+y\big| \leqslant |x-y|+|y|$. Donc $|x|-|y| \leqslant |x-y|$, et en intervertissant les rôles de x et y, on a aussi $|y|-|x| \leqslant |y-x|$. Comme $|y-x|=|x-y|$ on a donc $\big||x|-|y|\big| \leqslant |x-y|$.

□

Sur la droite numérique, $|x-y|$ représente la distance entre les réels x et y ; en particulier $|x|$ représente la distance entre les réels x et 0.

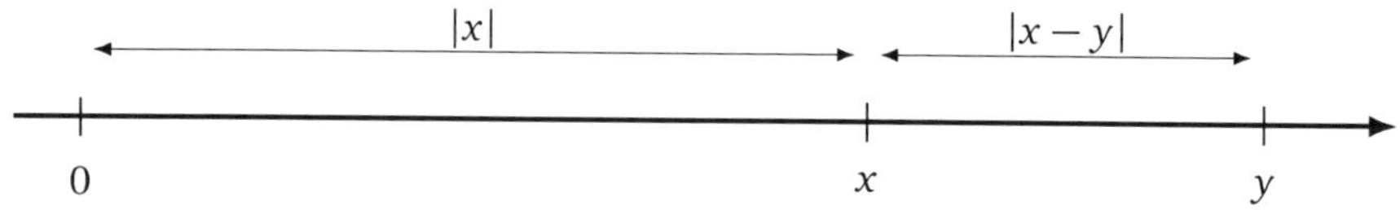

De plus on a :

- $|x-a|<r \iff a-r<x<a+r$.
- Ou encore, comme on le verra bientôt, $|x-a|<r \iff x \in]a-r, a+r[$.

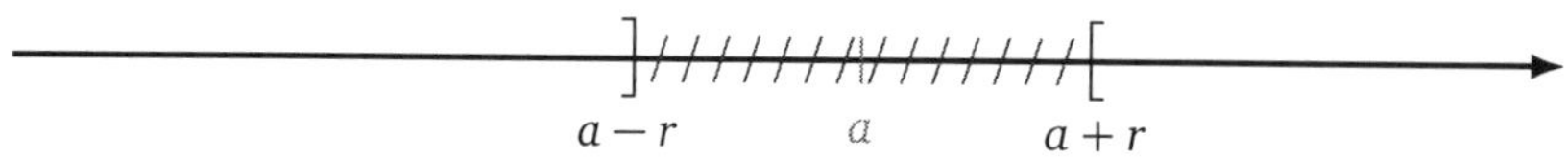

Exercice 3.
Soit $a \in \mathbb{R}\setminus\{0\}$ et $x \in \mathbb{R}$ tel que $|x-a|<|a|$. Montrer que $x \neq 0$ et ensuite que x est du même signe que a.

Mini-exercices.

1. On munit l'ensemble $\mathscr{P}(\mathbb{R})$ des parties de $\mathbb{R}$ de la relation $\mathscr{R}$ définie par $A\mathscr{R}B$ si $A \subset B$. Montrer qu'il s'agit d'une relation d'ordre. Est-elle totale ?
2. Soient x, y deux réels. Montrer que $|x| \geqslant \big||x+y|-|y|\big|$.
3. Soient $x_1, \dots, x_n$ des réels. Montrer que $|x_1+\cdots+x_n| \leqslant |x_1|+\cdots+|x_n|$. Dans

quel cas a-t-on égalité ?

4. Soient $x, y > 0$ des réels. Comparer $E(x+y)$ avec $E(x)+E(y)$. Comparer $E(x \times y)$ et $E(x) \times E(y)$.
5. Soit $x > 0$ un réel. Encadrer $\frac{E(x)}{x}$. Quelle est la limite de $\frac{E(x)}{x}$ lorsque $x \to +\infty$?
6. On note $\{x\} = x - E(x)$ la *partie fractionnaire* de x, de sorte que $x = E(x) + \{x\}$. Représenter les graphes des fonctions $x \mapsto E(x)$, $x \mapsto \{x\}$, $x \mapsto E(x) - \{x\}$.

3. Densité de $\mathbb{Q}$ dans $\mathbb{R}$

3.1. Intervalle

Définition 4.
Un **intervalle de $\mathbb{R}$** est un sous-ensemble I de $\mathbb{R}$ vérifiant la propriété :

$$\forall a, b \in I \ \ \forall x \in \mathbb{R} \ \ (a \leqslant x \leqslant b \implies x \in I)$$

Remarque.

- Par définition $I = \varnothing$ est un intervalle.
- $I = \mathbb{R}$ est aussi un intervalle.

Définition 5.
Un **intervalle ouvert** est un sous-ensemble de $\mathbb{R}$ de la forme $]a, b[= \{x \in \mathbb{R} \mid a < x < b\}$, où a et b sont des éléments de $\overline{\mathbb{R}}$.

Même si cela semble évident il faut justifier qu'un intervalle ouvert est un intervalle (!). En effet soient a', b' des éléments de $]a, b[$ et $x \in \mathbb{R}$ tel que $a' \leqslant x \leqslant b'$. Alors on a $a < a' \leqslant x \leqslant b' < b$, donc $x \in]a, b[$.

La notion de voisinage sera utile pour les limites.

Définition 6.
Soit a un réel, $V \subset \mathbb{R}$ un sous-ensemble. On dit que V est un **voisinage** de a s'il existe un intervalle ouvert I tel que $a \in I$ et $I \subset V$.

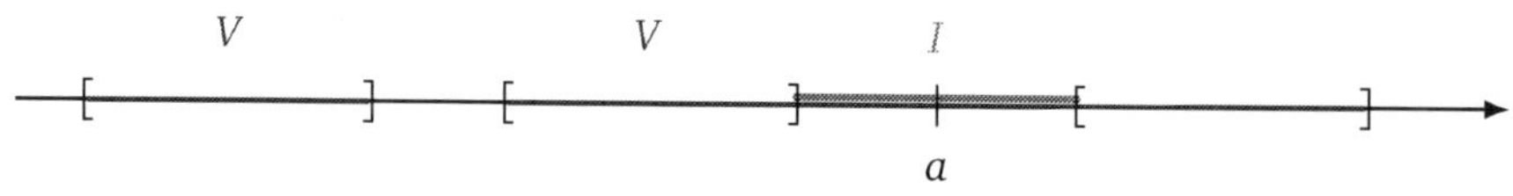

3.2. Densité

Théorème 1.

1. *$\mathbb{Q}$ est* **dense** *dans $\mathbb{R}$: tout intervalle ouvert (non vide) de $\mathbb{R}$ contient une infinité de rationnels.*
2. *$\mathbb{R}\setminus\mathbb{Q}$ est dense dans $\mathbb{R}$: tout intervalle ouvert (non vide) de $\mathbb{R}$ contient une infinité d'irrationnels.*

Démonstration. On commence par remarquer que tout intervalle ouvert non vide de $\mathbb{R}$ contient un intervalle du type $]a,b[$, $a,b \in \mathbb{R}$. On peut donc supposer que $I =]a,b[$ par la suite.

1. *Tout intervalle contient un rationnel.*

   On commence par montrer l'affirmation :
   $$\forall a,b \in \mathbb{R} \ \ (a < b \implies \exists r \in \mathbb{Q} \quad a < r < b) \qquad (3)$$
   Donnons d'abord l'idée de la preuve. Trouver un tel rationnel $r = \frac{p}{q}$, avec $p \in \mathbb{Z}$ et $q \in \mathbb{N}^*$, revient à trouver de tels entiers p et q vérifiant $qa < p < qb$. Cela revient à trouver un $q \in \mathbb{N}^*$ tel que l'intervalle ouvert $]qa,qb[$ contienne un entier p. Il suffit pour cela que la longueur $qb - qa = q(b-a)$ de l'intervalle dépasse strictement 1, ce qui équivaut à $q > \frac{1}{b-a}$.

   Passons à la rédaction définitive. D'après la propriété d'Archimède (propriété $\mathbb{R}3$), il existe un entier q tel que $q > \frac{1}{b-a}$. Comme $b-a>0$, on a $q \in \mathbb{N}^*$. Posons $p = E(aq)+1$. Alors $p-1 \leqslant aq < p$. On en déduit d'une part $a < \frac{p}{q}$, et d'autre part $\frac{p}{q} - \frac{1}{q} \leqslant a$, donc $\frac{p}{q} \leqslant a + \frac{1}{q} < a + b - a = b$. Donc $\frac{p}{q} \in]a,b[$. On a montré l'affirmation (3).

2. *Tout intervalle contient un irrationnel.*

   Partant de a, b réels tels que $a < b$, on peut appliquer l'implication de l'affirmation (3) au couple $(a-\sqrt{2}, b-\sqrt{2})$. On en déduit qu'il existe un rationnel r dans l'intervalle $]a-\sqrt{2}, b-\sqrt{2}[$ et par translation $r+\sqrt{2} \in]a,b[$. Or $r+\sqrt{2}$ est irrationnel, car sinon comme les rationnels sont stables par somme, $\sqrt{2} = -r +$

$r+\sqrt{2}$ serait rationnel, ce qui est faux d'après la proposition 2. On a donc montré que si $a<b$, l'intervalle $]a,b[$ contient aussi un irrationnel.

3. *Tout intervalle contient une infinité de rationnels et d'irrationnels.*

   On va déduire de l'existence d'un rationnel et d'un irrationnel dans tout intervalle $]a,b[$ le fait qu'il existe une infinité de chaque dans un tel intervalle ouvert. En effet pour un entier $N \geqslant 1$, on considère l'ensemble de N sous-intervalles ouverts disjoints deux à deux :

$$\left]a, a+\frac{b-a}{N}\right[,\quad \left]a+\frac{b-a}{N}, a+\frac{2(b-a)}{N}\right[,\quad \ldots\quad \left]a+\frac{(N-1)(b-a)}{N}, b\right[.$$

   Chaque sous-intervalle contient un rationnel et un irrationnel, donc $]a,b[$ contient (au moins) N rationnels et N irrationnels. Comme ceci est vrai pour tout entier $N \geqslant 1$, l'intervalle ouvert $]a,b[$ contient alors une infinité de rationnels et une infinité d'irrationnels.

□

Mini-exercices.

1. Montrer qu'une intersection d'intervalles est un intervalle. Qu'en est-il pour une réunion ? Trouver une condition nécessaire et suffisante afin que la réunion de deux intervalles soit un intervalle.
2. Montrer que l'ensemble des nombres décimaux (c'est-à-dire ceux de la forme $\frac{a}{10^n}$, avec $n \in \mathbb{N}$ et $a \in \mathbb{Z}$) est dense dans $\mathbb{R}$.
3. Construire un rationnel compris strictement entre 123 et 123,001. Ensuite construire un irrationnel. Sauriez-vous en construire une infinité ? Et entre π et $\pi + 0,001$?
4. Montrer que si $z = e^{i\alpha}$ et $z' = e^{i\beta}$ sont deux nombres complexes de module 1, avec $\alpha < \beta$, il existe un entier $n \in \mathbb{N}^*$ et une racine n-ième de l'unité $z = e^{i\gamma}$ avec $\alpha < \gamma < \beta$.

4. Borne supérieure

4.1. Maximum, minimum

Définition 7.
Soit A une partie non vide de $\mathbb{R}$. Un réel α est un **plus grand élément** de A si :

$$\alpha \in A \qquad \text{et} \qquad \forall x \in A \ x \leqslant \alpha.$$

S'il existe, le plus grand élément est unique, on le note alors $\max A$.
Le **plus petit élément** de A, noté $\min A$, s'il existe est le réel α tel que $\alpha \in A$ et $\forall x \in A \ x \geqslant \alpha$.

Le plus grand élément s'appelle aussi le **maximum** et le plus petit élément, le **minimum**. Il faut garder à l'esprit que le plus grand élément ou le plus petit élément n'existent pas toujours.

Exemple 3.
- $\max[a,b] = b$, $\min[a,b] = a$.
- L'intervalle $]a,b[$ n'a pas de plus grand élément, ni de plus petit élément.
- L'intervalle $[0,1[$ a pour plus petit élément 0 et n'a pas de plus grand élément.

Exemple 4.
Soit $A = \left\{1 - \frac{1}{n} \mid n \in \mathbb{N}^*\right\}$.
Notons $u_n = 1 - \frac{1}{n}$ pour $n \in \mathbb{N}^*$. Alors $A = \left\{u_n \mid n \in \mathbb{N}^*\right\}$. Voici une représentation graphique de A sur la droite numérique :

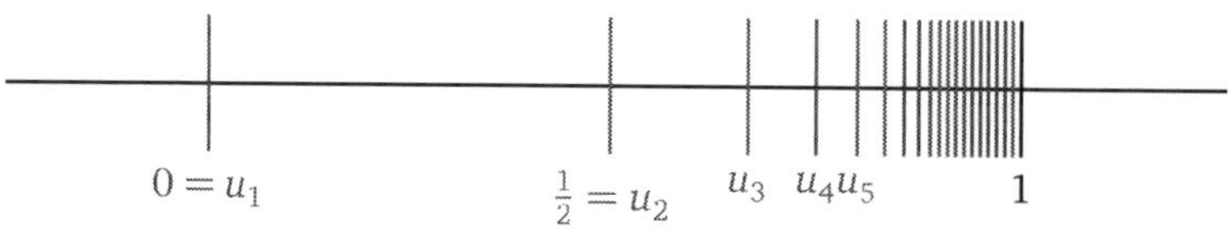

1. A n'a pas de plus grand élément : Supposons qu'il existe un plus grand élément $\alpha = \max A$. On aurait alors $u_n \leqslant \alpha$, pour tout u_n. Ainsi $1 - \frac{1}{n} \leqslant \alpha$ donc $\alpha \geqslant 1 - \frac{1}{n}$. À la limite lorsque $n \to +\infty$ cela implique $\alpha \geqslant 1$. Comme α est le plus grand élément de A alors $\alpha \in A$. Donc il existe n_0 tel que $\alpha = u_{n_0}$. Mais alors $\alpha = 1 - \frac{1}{n_0} < 1$. Ce qui est en contradiction avec $\alpha \geqslant 1$. Donc A n'a pas de maximum.
2. $\min A = 0$: Il y a deux choses à vérifier tout d'abord pour $n = 1$, $u_1 = 0$ donc $0 \in A$. Ensuite pour tout $n \geqslant 1$, $u_n \geqslant 0$. Ainsi $\min A = 0$.

4.2. Majorants, minorants

Définition 8.
Soit A une partie non vide de $\mathbb{R}$. Un réel M est un **majorant** de A si $\forall x \in A \ x \leqslant M$.
Un réel m est un **minorant** de A si $\forall x \in A \ x \geqslant m$.

Exemple 5.
- 3 est un majorant de $]0,2[$;
- $-7, -\pi, 0$ sont des minorants de $]0,+\infty[$ mais il n'y a pas de majorant.

Si un majorant (resp. un minorant) de A existe on dit que A est **majorée** (resp. **minorée**).
Comme pour le minimum et le maximum il n'existe pas toujours de majorant ni de minorant, en plus on n'a pas l'unicité.

Exemple 6.
Soit $A = [0,1[$.

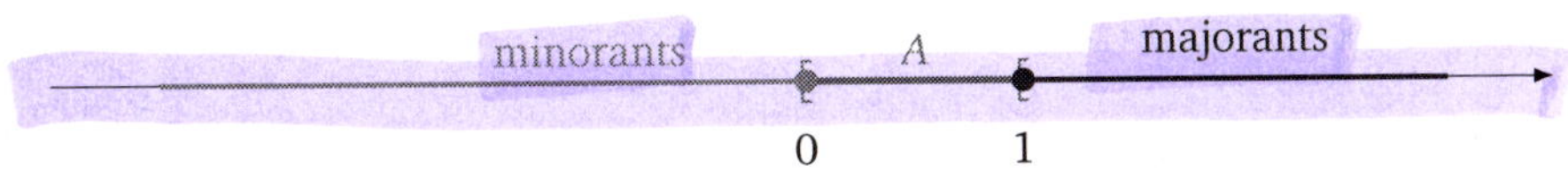

1. les majorants de A sont exactement les éléments de $[1,+\infty[$,
2. les minorants de A sont exactement les éléments de $]-\infty,0]$.

4.3. Borne supérieure, borne inférieure

Définition 9.
Soit A une partie non vide de $\mathbb{R}$ et α un réel.

1. α est la **borne supérieure** de A si α est un majorant de A et si c'est le plus petit des majorants. S'il existe on le note $\sup A$.
2. α est la **borne inférieure** de A si α est un minorant de A et si c'est le plus grand des minorants. S'il existe on le note $\inf A$.

Exemple 7.
Soit $A =]0,1]$.

1. $\sup A = 1$: en effet les majorants de A sont les éléments de $[1,+\infty[$. Donc le plus petit des majorants est 1.

2. $\inf A = 0$: les minorants sont les éléments de $]-\infty, 0]$ donc le plus grand des minorants est 0.

Exemple 8.

- $\sup[a,b] = b$,
- $\inf[a,b] = a$,
- $\sup]a,b[= b$,
- $]0,+\infty[$ n'admet pas de borne supérieure,
- $\inf]0,+\infty[= 0$.

Théorème 2 ($\mathbb{R}4$).
Toute partie de $\mathbb{R}$ non vide et majorée admet une borne supérieure.

De la même façon : Toute partie de $\mathbb{R}$ non vide et minorée admet une borne inférieure.

Remarque.
C'est tout l'intérêt de la borne supérieure par rapport à la notion de plus grand élément, dès qu'une partie est bornée elle admet toujours une borne supérieure et une borne inférieure. Ce qui n'est pas le cas pour le plus grand ou plus petit élément. Gardez à l'esprit l'exemple $A = [0, 1[$.

Proposition 5 (Caractérisation de la borne supérieure).
Soit A une partie non vide et majorée de $\mathbb{R}$. La borne supérieure de A est l'unique réel $\sup A$ *tel que*

(i) si $x \in A$, alors $x \leqslant \sup A$,

(ii) pour tout $y < \sup A$, il existe $x \in A$ tel que $y < x$.

Exemple 9.
Reprenons l'exemple de la partie $A = \left\{1 - \frac{1}{n} \mid n \in \mathbb{N}^*\right\}$.

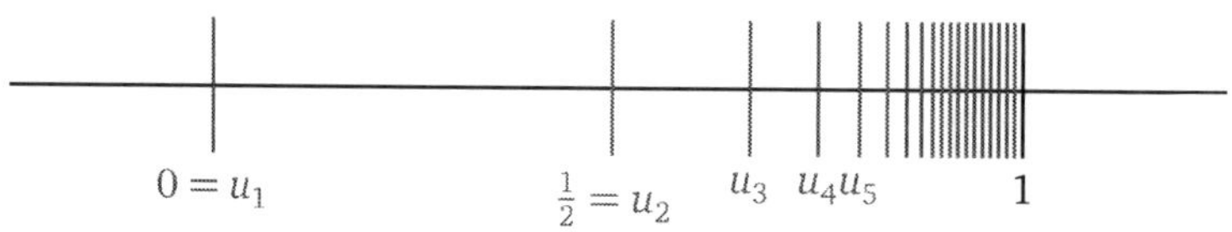

1. Nous avions vu que $\min A = 0$. Lorsque le plus petit élément d'une partie existe alors la borne inférieure vaut ce plus petit élément : donc $\inf A = \min A = 0$.
2. *Première méthode pour* $\sup A$. Montrons que $\sup A = 1$ en utilisant la définition de la borne supérieure. Soit M un majorant de A alors $M \geqslant 1 - \frac{1}{n}$, pour tout $n \geqslant 1$.

Donc à la limite $M \geqslant 1$. Réciproquement si $M \geqslant 1$ alors M est un majorant de A. Donc les majorants sont les éléments de $[1,+\infty[$. Ainsi le plus petit des majorants est 1 et donc $\sup A = 1$.

3. *Deuxième méthode pour* $\sup A$. Montrons que $\sup A = 1$ en utilisant la caractérisation de la borne supérieure.
   (i) Si $x \in A$, alors $x \leqslant 1$ (1 est bien un majorant de A) ;
   (ii) pour tout $y < 1$, il existe $x \in A$ tel que $y < x$: en effet prenons n suffisamment grand tel que $0 < \frac{1}{n} < 1 - y$. Alors on a $y < 1 - \frac{1}{n} < 1$. Donc $x = 1 - \frac{1}{n} \in A$ convient.

   Par la caractérisation de la borne supérieure, $\sup A = 1$.

Démonstration.

1. Montrons que $\sup A$ vérifie ces deux propriétés. La borne supérieure est en particulier un majorant, donc vérifie la première propriété. Pour la seconde, fixons $y < \sup A$. Comme $\sup A$ est le plus petit des majorants de A alors y n'est pas un majorant de A. Donc il existe $x \in A$ tel que $y < x$. Autrement dit $\sup A$ vérifie également la seconde propriété.
2. Montrons que réciproquement si un nombre α vérifie ces deux propriétés, il s'agit de $\sup A$. La première propriété montre que α est un majorant de A. Supposons par l'absurde que α n'est pas le plus petit des majorants. Il existe donc un autre majorant y de A vérifiant $y < \alpha$. La deuxième propriété montre l'existence d'un élément x de A tel que $y < x$, ce qui contredit le fait que y est un majorant de A. Cette contradiction montre donc que α est bien le plus petit des majorants de A, à savoir $\sup A$.

□

Nous anticipons sur la suite pour donner une autre caractérisation, très utile, de la borne supérieure.

Proposition 6.
Soit A une partie non vide et majorée de $\mathbb{R}$. La borne supérieure de A est l'unique réel $\sup A$ *tel que*

(i) $\sup A$ *est un majorant de A,*

(ii) il existe une suite $(x_n)_{n\in\mathbb{N}}$ d'éléments de A qui converge vers $\sup A$.

Remarques historiques

- Les propriétés $\mathbb{R}1$, $\mathbb{R}2$, $\mathbb{R}3$ et le théorème $\mathbb{R}4$ sont intrinsèques à la construction de $\mathbb{R}$ (que nous admettons).
- Il y a un grand saut entre $\mathbb{Q}$ et $\mathbb{R}$: on peut donner un sens précis à l'assertion « il y a beaucoup plus de nombres irrationnels que de nombres rationnels », bien que ces deux ensembles soient infinis, et même denses dans $\mathbb{R}$.
  D'autre part, la construction du corps des réels $\mathbb{R}$ est beaucoup plus récente que celle de $\mathbb{Q}$ dans l'histoire des mathématiques.
- La construction de $\mathbb{R}$ devient une nécessité après l'introduction du calcul infinitésimal (Newton et Leibniz vers 1670). Jusqu'alors l'existence d'une borne supérieure était considérée comme évidente et souvent confondue avec le plus grand élément.
- Ce n'est pourtant que beaucoup plus tard, dans les années 1860-1870 (donc assez récemment dans l'histoire des mathématiques) que deux constructions complètes de $\mathbb{R}$ sont données :
  — Les coupures de Dedekind : $\mathscr{C}$ est une coupure si $\mathscr{C} \subset \mathbb{Q}$ et si $\forall r \in \mathscr{C}$ on a $r' < r \implies r' \in \mathscr{C}$.
  — Le suites de Cauchy : ce sont les suites $(u_n)_{n \in \mathbb{N}}$ vérifiant la propriété
  $$\forall \epsilon > 0 \ \exists N \in \mathbb{N} \qquad (m \geqslant N \ , n \geqslant N) \implies |u_m - u_n| \leqslant \epsilon \ .$$
  Les réels sont l'ensemble des suites de Cauchy (où l'on identifie deux suites de Cauchy dont la différence tend vers 0).

Mini-exercices.

1. Soit A une partie de $\mathbb{R}$. On note $-A = \{-x | x \in A\}$. Montrer que $\min A = -\max(-A)$, c'est-à-dire que si l'une des deux quantités a un sens, l'autre aussi, et on a égalité.
2. Soit A une partie de $\mathbb{R}$. Montrer que A admet un plus petit élément si et seulement si A admet une borne inférieure qui appartient à A.
3. Même exercice, mais en remplaçant min par inf et max par sup.
4. Soit $A = \left\{(-1)^n \frac{n}{n+1} \mid n \in \mathbb{N}\right\}$. Déterminer, s'ils existent, le plus grand élément, le plus petit élément, les majorants, les minorants, la borne supérieure et la borne inférieure.
5. Même question avec $A = \left\{\frac{1}{1+x} \mid x \in [0, +\infty[\right\}$.

Auteurs du chapitre Arnaud Bodin, Niels Borne, Laura Desideri

Chapitre 2

Les suites

Introduction

L'étude des suites numériques a pour objet la compréhension de l'évolution de séquences de nombres (réels, complexes ...). Ceci permet de modéliser de nombreux phénomènes de la vie quotidienne. Supposons par exemple que l'on place une somme S à un taux annuel de 10%. Si S_n représente la somme que l'on obtiendra après n années, on a

$$S_0 = S \quad S_1 = S \times 1,1 \quad \dots \quad S_n = S \times (1,1)^n \ .$$

Au bout de $n = 10$ ans, on possédera donc $S_{10} = S \times (1,1)^{10} \approx S \times 2,59$: la somme de départ avec les intérêts cumulés.

1. Définitions

1.1. Définition d'une suite

Définition 1.

- Une **suite** est une application $u : \mathbb{N} \to \mathbb{R}$.
- Pour $n \in \mathbb{N}$, on note $u(n)$ par u_n et on l'appelle n-ème **terme** ou **terme général** de la suite.

La suite est notée u, ou plus souvent $(u_n)_{n\in\mathbb{N}}$ ou simplement (u_n). Il arrive fréquemment que l'on considère des suites définies à partir d'un certain entier naturel n_0 plus grand que 0, on note alors $(u_n)_{n\geqslant n_0}$.

Exemple 1.

- $(\sqrt{n})_{n\geqslant 0}$ est la suite de termes : $0, 1, \sqrt{2}, \sqrt{3}, \ldots$
- $((-1)^n)_{n\geqslant 0}$ est la suite qui alterne $+1, -1, +1, -1, \ldots$
- La suite $(S_n)_{n\geqslant 0}$ de l'introduction définie par $S_n = S \times (1,1)^n$,
- $(F_n)_{n\geqslant 0}$ définie par $F_0 = 1$, $F_1 = 1$ et la relation $F_{n+2} = F_{n+1} + F_n$ pour $n \in \mathbb{N}$ (suite de Fibonacci). Les premiers termes sont 1, 1, 2, 3, 5, 8, 13, ... Chaque terme est la somme des deux précédents.
- $\left(\frac{1}{n^2}\right)_{n\geqslant 1}$. Les premiers termes sont $1, \frac{1}{4}, \frac{1}{9}, \frac{1}{16}, \ldots$

1.2. Suite majorée, minorée, bornée

Définition 2.

Soit $(u_n)_{n\in\mathbb{N}}$ une suite.

- $(u_n)_{n\in\mathbb{N}}$ est **majorée** si $\exists M \in \mathbb{R} \quad \forall n \in \mathbb{N} \quad u_n \leqslant M.$
- $(u_n)_{n\in\mathbb{N}}$ est **minorée** si $\exists m \in \mathbb{R} \quad \forall n \in \mathbb{N} \quad u_n \geqslant m.$
- $(u_n)_{n\in\mathbb{N}}$ est **bornée** si elle est majorée et minorée, ce qui revient à dire :

$$\exists M \in \mathbb{R} \quad \forall n \in \mathbb{N} \quad |u_n| \leqslant M.$$

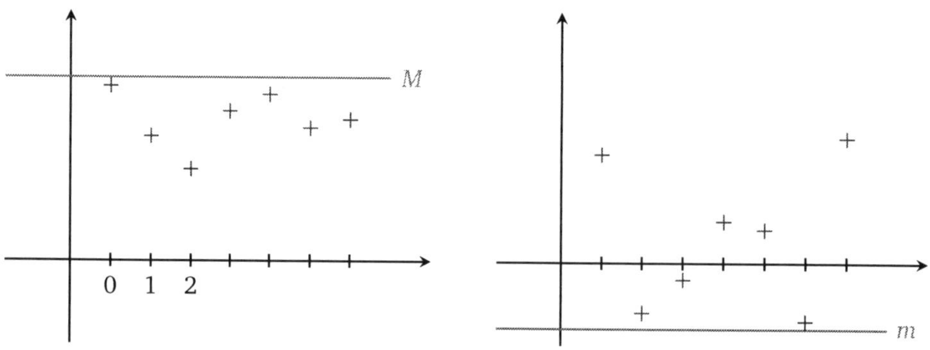

1.3. Suite croissante, décroissante

Définition 3.

Soit $(u_n)_{n\in\mathbb{N}}$ une suite.

- $(u_n)_{n\in\mathbb{N}}$ est **croissante** si $\forall n \in \mathbb{N} \quad u_{n+1} \geqslant u_n.$
- $(u_n)_{n\in\mathbb{N}}$ est **strictement croissante** si $\forall n \in \mathbb{N} \quad u_{n+1} > u_n.$
- $(u_n)_{n\in\mathbb{N}}$ est **décroissante** si $\forall n \in \mathbb{N} \quad u_{n+1} \leqslant u_n.$

- $(u_n)_{n\in\mathbb{N}}$ est **strictement décroissante** si $\forall n \in \mathbb{N} \quad u_{n+1} < u_n$.
- $(u_n)_{n\in\mathbb{N}}$ est **monotone** si elle est croissante ou décroissante.
- $(u_n)_{n\in\mathbb{N}}$ est **strictement monotone** si elle est strictement croissante ou strictement décroissante.

Voici un exemple d'une suite croissante (mais pas strictement croissante) :

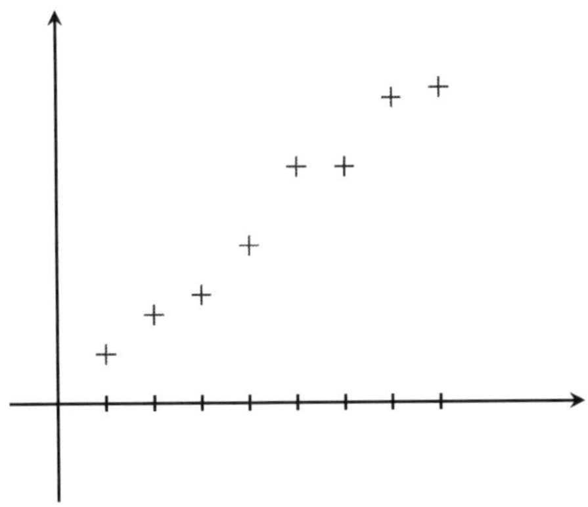

Remarque.

- $(u_n)_{n\in\mathbb{N}}$ est croissante si et seulement si $\forall n \in \mathbb{N} \quad u_{n+1} - u_n \geqslant 0$.
- Si $(u_n)_{n\in\mathbb{N}}$ est une suite à termes strictement positifs, elle est croissante si et seulement si $\forall n \in \mathbb{N} \quad \frac{u_{n+1}}{u_n} \geqslant 1$.

Exemple 2.

- La suite $(S_n)_{n\geqslant 0}$ de l'introduction est strictement croissante car $S_{n+1}/S_n = 1,1 > 1$.
- La suite $(u_n)_{n\geqslant 1}$ définie par $u_n = (-1)^n/n$ pour $n \geqslant 1$, n'est ni croissante ni décroissante. Elle est majorée par $1/2$ (borne atteinte en $n = 2$), minorée par -1 (borne atteinte en $n = 1$).

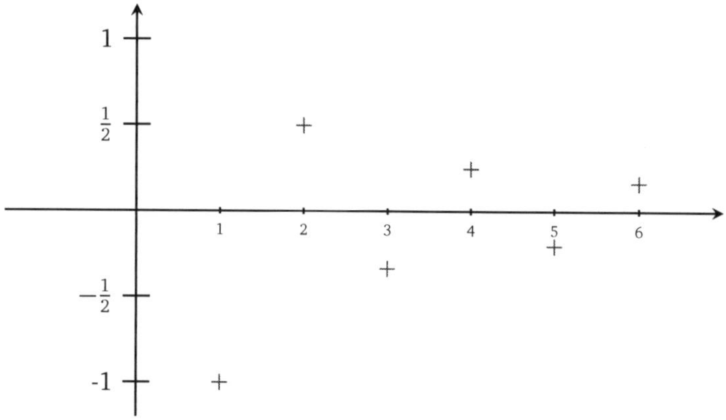

- La suite $\left(\frac{1}{n}\right)_{n\geqslant 1}$ est une suite strictement décroissante. Elle est majorée par 1 (borne atteinte pour $n = 1$), elle est minorée par 0 mais cette valeur n'est jamais atteinte.

Mini-exercices.

1. La suite $\left(\frac{n}{n+1}\right)_{n\in\mathbb{N}}$ est-elle monotone ? Est-elle bornée ?
2. La suite $\left(\frac{n\sin(n!)}{1+n^2}\right)_{n\in\mathbb{N}}$ est-elle bornée ?
3. Réécrire les phrases suivantes en une phrase mathématique. Écrire ensuite la négation mathématique de chacune des phrases. (a) La suite $(u_n)_{n\in\mathbb{N}}$ est majorée par 7. (b) La suite $(u_n)_{n\in\mathbb{N}}$ est constante. (c) La suite $(u_n)_{n\in\mathbb{N}}$ est strictement positive à partir d'un certain rang. (d) $(u_n)_{n\in\mathbb{N}}$ n'est pas strictement croissante.
4. Est-il vrai qu'une suite croissante est minorée ? Majorée ?
5. Soit $x > 0$ un réel. Montrer que la suite $\left(\frac{x^n}{n!}\right)_{n\in\mathbb{N}}$ est décroissante à partir d'un certain rang.

2. Limites

2.1. Introduction

Pour un trajet au prix normal de 20 euros on achète une carte d'abonnement de train à 50 euros et on obtient chaque billet à 10 euros. La publicité affirme « 50% de réduction ». Qu'en pensez-vous ?
Pour modéliser la situation en termes de suites, on pose pour un entier $n \geqslant 1$:

$$u_n = 20n$$
$$v_n = 10n + 50$$

u_n est le prix payé au bout de n achats au tarif plein, et v_n celui au tarif réduit, y compris le prix de l'abonnement. La réduction est donc, en pourcentage :

$$1 - \frac{v_n}{u_n} = \frac{u_n - v_n}{u_n} = \frac{10n - 50}{20n} = 0,5 - \frac{5}{2n} \xrightarrow[n \to +\infty]{} 0,5$$

Il faut donc une infinité de trajets pour arriver à 50% de réduction !

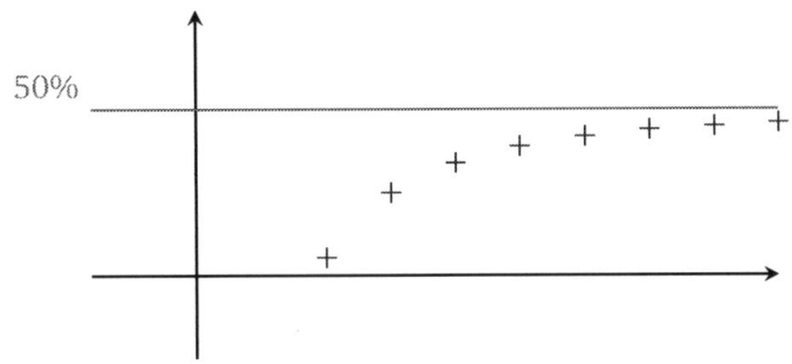

2.2. Limite finie, limite infinie

Soit $(u_n)_{n\in\mathbb{N}}$ une suite.

Définition 4.
La suite $(u_n)_{n\in\mathbb{N}}$ a pour **limite** $\ell \in \mathbb{R}$ si : pour tout $\epsilon > 0$, il existe un entier naturel N tel que si $n \geqslant N$ alors $|u_n - \ell| \leqslant \epsilon$:

$$\boxed{\forall \epsilon > 0 \quad \exists N \in \mathbb{N} \quad \forall n \in \mathbb{N} \qquad (n \geqslant N \implies |u_n - \ell| \leqslant \epsilon)}$$

On dit aussi que la suite $(u_n)_{n\in\mathbb{N}}$ **tend vers** ℓ. Autrement dit : u_n est proche d'aussi près que l'on veut de ℓ, à partir d'un certain rang.

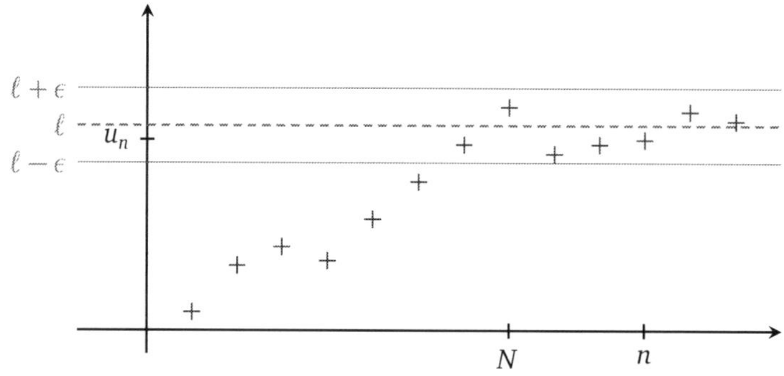

Définition 5.

1. La suite $(u_n)_{n\in\mathbb{N}}$ **tend vers $+\infty$** si :

$$\forall A>0 \quad \exists N\in\mathbb{N} \quad \forall n\in\mathbb{N} \qquad (n\geqslant N \implies u_n\geqslant A)$$

2. La suite $(u_n)_{n\in\mathbb{N}}$ **tend vers $-\infty$** si :

$$\forall A>0 \quad \exists N\in\mathbb{N} \quad \forall n\in\mathbb{N} \qquad (n\geqslant N \implies u_n\leqslant -A)$$

Remarque.

1. On note $\lim_{n\to+\infty} u_n=\ell$ ou parfois $u_n \xrightarrow[n\to+\infty]{} \ell$, et de même pour une limite $\pm\infty$.
2. $\lim_{n\to+\infty} u_n=-\infty \iff \lim_{n\to+\infty} -u_n=+\infty$.
3. On raccourcit souvent la phrase logique en :

$$\forall \epsilon>0 \quad \exists N\in\mathbb{N} \qquad (n\geqslant N \implies |u_n-\ell|\leqslant\epsilon).$$

   Noter que N dépend de ϵ et qu'on ne peut pas échanger l'ordre du « pour tout » et du « il existe ».
4. L'inégalité $|u_n-\ell|\leqslant\epsilon$ signifie $\ell-\epsilon\leqslant u_n\leqslant\ell+\epsilon$. On aurait aussi pu définir la limite par la phrase : $\forall\epsilon>0 \quad \exists N\in\mathbb{N} \quad (n\geqslant N \implies |u_n-\ell|<\epsilon)$, où l'on a remplacé la dernière inégalité large par une inégalité stricte.

Définition 6.
Une suite $(u_n)_{n\in\mathbb{N}}$ est **convergente** si elle admet une limite **finie**. Elle est **divergente** sinon (c'est-à-dire soit la suite tend vers $\pm\infty$, soit elle n'admet pas de limite).

On va pouvoir parler de **la** limite, si elle existe, car il y a unicité de la limite :

Proposition 1.
Si une suite est convergente, sa limite est unique.

Démonstration. On procède par l'absurde. Soit $(u_n)_{n\in\mathbb{N}}$ une suite convergente ayant deux limites $\ell \neq \ell'$. Choisissons $\epsilon > 0$ tel que $\epsilon < \frac{|\ell-\ell'|}{2}$.
Comme $\lim_{n\to+\infty} u_n = \ell$, il existe N_1 tel que $n \geqslant N_1$ implique $|u_n - \ell| < \epsilon$.
De même $\lim_{n\to+\infty} u_n = \ell'$, il existe N_2 tel que $n \geqslant N_2$ implique $|u_n - \ell'| < \epsilon$.
Notons $N = \max(N_1, N_2)$, on a alors pour ce N :

$$|u_N - \ell| < \epsilon \quad \text{et} \quad |u_N - \ell'| < \epsilon$$

Donc $|\ell-\ell'| = |\ell-u_N+u_N-\ell'| \leqslant |\ell-u_N|+|u_N-\ell'|$ d'après l'inégalité triangulaire. On en tire $|\ell-\ell'| \leqslant \epsilon+\epsilon = 2\epsilon < |\ell-\ell'|$. On vient d'aboutir à l'inégalité $|\ell-\ell'| < |\ell-\ell'|$ qui est impossible. Bilan : notre hypothèse de départ est fausse et donc $\ell = \ell'$. □

2.3. Propriétés des limites

Proposition 2.

1. $\lim_{n\to+\infty} u_n = \ell \iff \lim_{n\to+\infty}(u_n - \ell) = 0 \iff \lim_{n\to+\infty}|u_n - \ell| = 0$,
2. $\lim_{n\to+\infty} u_n = \ell \implies \lim_{n\to+\infty}|u_n| = |\ell|$.

Démonstration. Cela résulte directement de la définition. □

Proposition 3 (Opérations sur les limites).
Soient $(u_n)_{n\in\mathbb{N}}$ et $(v_n)_{n\in\mathbb{N}}$ deux suites convergentes.

1. *Si $\lim_{n\to+\infty} u_n = \ell$, où $\ell \in \mathbb{R}$, alors pour $\lambda \in \mathbb{R}$ on a $\lim_{n\to+\infty} \lambda u_n = \lambda\ell$.*
2. *Si $\lim_{n\to+\infty} u_n = \ell$ et $\lim_{n\to+\infty} v_n = \ell'$, où $\ell, \ell' \in \mathbb{R}$, alors*
$$\lim_{n\to+\infty} (u_n + v_n) = \ell + \ell'$$
$$\lim_{n\to+\infty} (u_n \times v_n) = \ell \times \ell'$$
3. *Si $\lim_{n\to+\infty} u_n = \ell$ où $\ell \in \mathbb{R}^* = \mathbb{R}\setminus\{0\}$ alors $u_n \neq 0$ pour n assez grand et $\lim_{n\to+\infty} \frac{1}{u_n} = \frac{1}{\ell}$.*

Nous ferons la preuve dans la section suivante.
Nous utilisons continuellement ces propriétés, le plus souvent sans nous en rendre compte.

Exemple 3.
Si $u_n \to \ell$ avec $\ell \neq \pm 1$, alors

$$u_n(1-3u_n) - \frac{1}{u_n^2-1} \xrightarrow[n\to+\infty]{} \ell(1-3\ell) - \frac{1}{\ell^2-1}.$$

Proposition 4 (Opérations sur les limites infinies).
Soient $(u_n)_{n\in\mathbb{N}}$ et $(v_n)_{n\in\mathbb{N}}$ deux suites telles que $\lim_{n\to+\infty} v_n = +\infty$.

1. $\lim_{n\to+\infty} \frac{1}{v_n} = 0$
2. *Si $(u_n)_{n\in\mathbb{N}}$ est minorée alors $\lim_{n\to+\infty} (u_n + v_n) = +\infty$.*
3. *Si $(u_n)_{n\in\mathbb{N}}$ est minorée par un nombre $\lambda > 0$ alors $\lim_{n\to+\infty} (u_n \times v_n) = +\infty$.*
4. *Si $\lim_{n\to+\infty} u_n = 0$ et $u_n > 0$ pour n assez grand alors $\lim_{n\to+\infty} \frac{1}{u_n} = +\infty$.*

Exemple 4.
La suite $(\sqrt{n})$ tend vers $+\infty$, donc la suite $(\frac{1}{\sqrt{n}})$ tend vers 0.

2.4. Des preuves !

Nous n'allons pas tout prouver mais seulement quelques résultats importants. Les autres se démontrent de manière tout à fait semblable.
Commençons par prouver un résultat assez facile (le premier point de la proposition 4) :

$$\text{« } \textit{Si} \quad \lim u_n = +\infty \quad \textit{alors} \quad \lim \frac{1}{u_n} = 0. \text{ »}$$

Démonstration. Fixons $\epsilon > 0$. Comme $\lim_{n\to+\infty} u_n = +\infty$, il existe un entier naturel N tel que $n \geqslant N$ implique $u_n \geqslant \frac{1}{\epsilon}$. On obtient alors $0 \leqslant \frac{1}{u_n} \leqslant \epsilon$ pour $n \geqslant N$. On a donc montré que $\lim_{n\to+\infty} \frac{1}{u_n} = 0$. □

Afin de prouver que la limite d'un produit est le produit des limites nous aurons besoin d'un peu de travail.

Proposition 5.
Toute suite convergente est bornée.

Démonstration. Soit $(u_n)_{n\in\mathbb{N}}$ une suite convergeant vers le réel ℓ. En appliquant la définition de limite (définition 4) avec $\epsilon = 1$, on obtient qu'il existe un entier naturel N tel que pour $n \geqslant N$ on ait $|u_n - \ell| \leqslant 1$, et donc pour $n \geqslant N$ on a

$$|u_n| = |\ell + (u_n - \ell)| \leqslant |\ell| + |u_n - \ell| \leqslant |\ell| + 1.$$

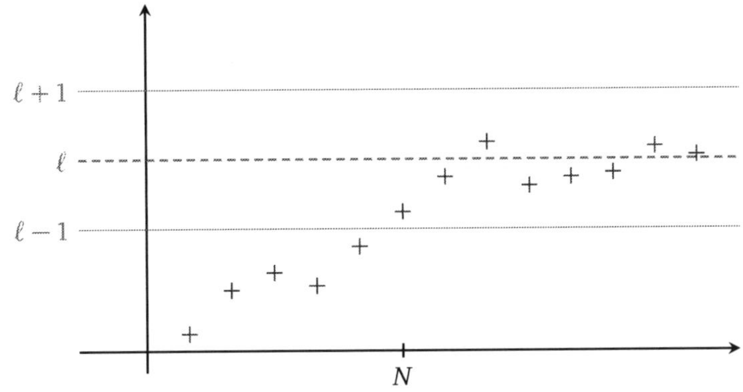

Donc si on pose

$$M = \max(|u_0|, |u_1|, \cdots, |u_{N-1}|, |\ell|+1)$$

on a alors $\forall n \in \mathbb{N}\ |u_n| \leqslant M$. □

Proposition 6.
Si la suite $(u_n)_{n\in\mathbb{N}}$ est bornée et $\lim_{n\to+\infty} v_n = 0$ alors $\lim_{n\to+\infty}(u_n \times v_n) = 0$.

Exemple 5.
Si $(u_n)_{n\geqslant 1}$ est la suite donnée par $u_n = \cos(n)$ et $(v_n)_{n\geqslant 1}$ est celle donnée par $v_n = \frac{1}{\sqrt{n}}$, alors $\lim_{n\to+\infty}(u_n v_n) = 0$.

Démonstration. La suite $(u_n)_{n\in\mathbb{N}}$ est bornée, on peut donc trouver un réel $M > 0$ tel que pour tout entier naturel n on ait $|u_n| \leqslant M$. Fixons $\epsilon > 0$. On applique la définition de limite (définition 4) à la suite $(v_n)_{n\in\mathbb{N}}$ pour $\epsilon' = \frac{\epsilon}{M}$. Il existe donc un entier naturel N tel que $n \geqslant N$ implique $|v_n| \leqslant \epsilon'$. Mais alors pour $n \geqslant N$ on a :

$$|u_n v_n| = |u_n||v_n| \leqslant M \times \epsilon' = \epsilon.$$

On a bien montré que $\lim_{n\to+\infty}(u_n \times v_n) = 0$. □

Prouvons maintenant la formule concernant le produit de deux limites (voir proposition 3).

« *Si* $\lim u_n = \ell$ *et* $\lim v_n = \ell'$ *alors* $\lim u_n v_n = \ell\ell'$. »

Démonstration de la formule concernant le produit de deux limites. Le principe est d'écrire :

$$u_n v_n - \ell\ell' = (u_n - \ell)v_n + \ell(v_n - \ell')$$

D'après la proposition 6, la suite de terme général $\ell(v_n - \ell')$ tend vers 0. Par la même proposition il en est de même de la suite de terme général $(u_n - \ell)v_n$, car la suite convergente $(v_n)_{n\in\mathbb{N}}$ est bornée. On conclut que $\lim_{n\to+\infty}(u_n v_n - \ell\ell') = 0$, ce qui équivaut à $\lim_{n\to+\infty} u_n v_n = \ell\ell'$. □

2.5. Formes indéterminées

Dans certaines situations, on ne peut rien dire à priori sur la limite, il faut faire une étude au cas par cas.

Exemple 6.

1. « $+\infty - \infty$ » Cela signifie que si $u_n \to +\infty$ et $v_n \to -\infty$ il faut faire faire l'étude en fonction de chaque suite pour déterminer $\lim(u_n + v_n)$ comme le prouve les exemples suivants.

$$\lim_{n\to+\infty} (e^n - \ln(n)) = +\infty$$
$$\lim_{n\to+\infty} \left(n - n^2\right) = -\infty$$
$$\lim_{n\to+\infty} \left(\left(n + \frac{1}{n}\right) - n\right) = 0$$

2. « $0 \times \infty$ »

$$\lim_{n\to+\infty} \frac{1}{\ln n} \times e^n = +\infty$$
$$\lim_{n\to+\infty} \frac{1}{n} \times \ln n = 0$$
$$\lim_{n\to+\infty} \frac{1}{n} \times (n+1) = 1$$

3. « $\frac{\infty}{\infty}$ », « $\frac{0}{0}$ », « 1^∞ », ...

2.6. Limite et inégalités

Proposition 7.

1. *Soient $(u_n)_{n\in\mathbb{N}}$ et $(v_n)_{n\in\mathbb{N}}$ deux suites convergentes telles que : $\forall n \in \mathbb{N}$, $u_n \leqslant v_n$. Alors*

$$\lim_{n\to+\infty} u_n \leqslant \lim_{n\to+\infty} v_n$$

2. *Soient $(u_n)_{n\in\mathbb{N}}$ et $(v_n)_{n\in\mathbb{N}}$ deux suites telles que $\lim_{n\to+\infty} u_n = +\infty$ et $\forall n \in \mathbb{N}$, $v_n \geqslant u_n$. Alors $\lim_{n\to+\infty} v_n = +\infty$.*

3. *Théorème des « gendarmes » : si $(u_n)_{n\in\mathbb{N}}$, $(v_n)_{n\in\mathbb{N}}$ et $(w_n)_{n\in\mathbb{N}}$ sont trois suites telles que*

$$\forall n \in \mathbb{N} \quad u_n \leqslant v_n \leqslant w_n$$

et $\lim_{n\to+\infty} u_n = \ell = \lim_{n\to+\infty} w_n$, alors la suite $(v_n)_{n\in\mathbb{N}}$ est convergente et $\lim_{n\to+\infty} v_n = \ell$.

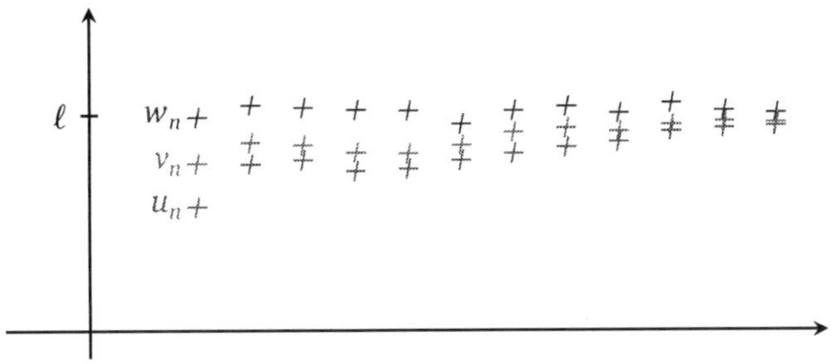

Remarque.

1. Soit $(u_n)_{n\in\mathbb{N}}$ une suite convergente telle que : $\forall n \in \mathbb{N}$, $u_n \geqslant 0$. Alors $\lim_{n\to+\infty} u_n \geqslant 0$.
2. Attention, si $(u_n)_{n\in\mathbb{N}}$ est une suite convergente telle que : $\forall n \in \mathbb{N}$, $u_n > 0$, on ne peut affirmer que la limite est strictement positive mais seulement que $\lim_{n\to+\infty} u_n \geqslant 0$. Par exemple la suite $(u_n)_{n\in\mathbb{N}}$ donnée par $u_n = \frac{1}{n+1}$ est à termes strictement positifs, mais converge vers zéro.

Démonstration de la proposition 7.

1. En posant $w_n = v_n - u_n$, on se ramène à montrer que si une suite $(w_n)_{n\in\mathbb{N}}$ vérifie $\forall n \in \mathbb{N}$, $w_n \geqslant 0$ et converge, alors $\lim_{n\to+\infty} w_n \geqslant 0$. On procède par l'absurde en supposant que $\ell = \lim_{n\to+\infty} w_n < 0$. En prenant $\epsilon = |\frac{\ell}{2}|$ dans la définition de limite (définition 4), on obtient qu'il existe un entier naturel N tel que $n \geqslant N$ implique $|w_n - \ell| < \epsilon = -\frac{\ell}{2}$. En particulier on a pour $n \geqslant N$ que $w_n < \ell - \frac{\ell}{2} = \frac{\ell}{2} < 0$, une contradiction.

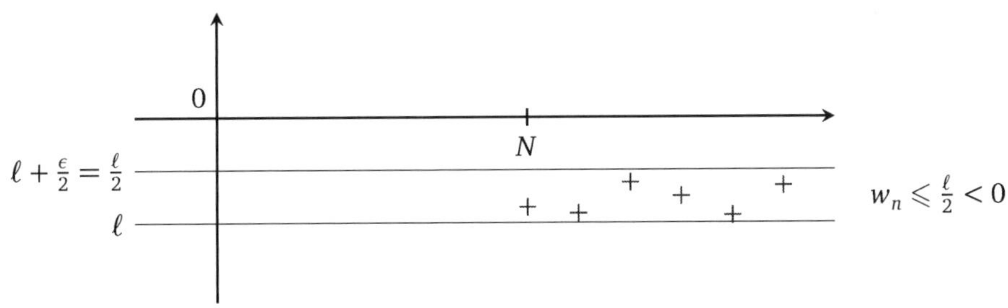

2. Laissé en exercice.

3. En soustrayant la suite $(u_n)_{n\in\mathbb{N}}$, on se ramène à montrer l'énoncé suivant : si $(u_n)_{n\in\mathbb{N}}$ et $(v_n)_{n\in\mathbb{N}}$ sont deux suites telles que : $\forall n \in \mathbb{N},\ 0 \leqslant u_n \leqslant v_n$ et $\lim_{n\to+\infty} v_n = 0$, alors (u_n) converge et $\lim_{n\to+\infty} u_n = 0$. Soit $\epsilon > 0$ et N un entier naturel tel que $n \geqslant N$ implique $|v_n| < \epsilon$. Comme $|u_n| = u_n \leqslant v_n = |v_n|$, on a donc : $n \geqslant N$ implique $|u_n| < \epsilon$. On a bien montré que $\lim_{n\to+\infty} u_n = 0$.

□

Exemple 7 (Exemple d'application du théorème des « gendarmes »).
Trouver la limite de la suite $(u_n)_{n\in\mathbb{N}}$ de terme général :

$$u_n = 2 + \frac{(-1)^n}{1+n+n^2}$$

Mini-exercices.

1. Soit $(u_n)_{n\in\mathbb{N}}$ la suite définie par $u_n = \frac{2n+1}{n+2}$. En utilisant la définition de la limite montrer que $\lim_{n\to+\infty} u_n = 2$. Trouver explicitement un rang à partir duquel $1{,}999 \leqslant u_n \leqslant 2{,}001$.
2. Déterminer la limite ℓ de la suite $(u_n)_{n\in\mathbb{N}^*}$ de terme général : $\frac{n+\cos n}{n-\sin n}$ et trouver un entier N tel que si $n \geqslant N$, on ait $|u_n - \ell| \leqslant 10^{-2}$.
3. La suite $(u_n)_{n\in\mathbb{N}}$ de terme général $(-1)^n e^n$ admet-elle une limite ? Et la suite de terme général $\frac{1}{u_n}$?
4. Déterminer la limite de la suite $(u_n)_{n\geqslant 1}$ de terme général $\sqrt{n+1} - \sqrt{n}$. Idem avec $v_n = \frac{\cos n}{\sin n + \ln n}$. Idem avec $w_n = \frac{n!}{n^n}$.

3. Exemples remarquables

3.1. Suite géométrique

Proposition 8 (Suite géométrique).
On fixe un réel a. Soit $(u_n)_{n\in\mathbb{N}}$ la suite de terme général : $u_n = a^n$.

1. *Si $a = 1$, on a pour tout $n \in \mathbb{N}$: $u_n = 1$.*
2. *Si $a > 1$, alors $\lim_{n\to+\infty} u_n = +\infty$.*
3. *Si $-1 < a < 1$, alors $\lim_{n\to+\infty} u_n = 0$.*

4. *Si $a \leqslant -1$, la suite $(u_n)_{n\in\mathbb{N}}$ diverge.*

Démonstration.

1. est évident.
2. Écrivons $a = 1+b$ avec $b > 0$. Alors le binôme de Newton s'écrit $a^n = (1+b)^n = 1+nb+\binom{n}{2}b^2+\cdots+\binom{n}{k}b^k+\cdots+b^n$. Tous les termes sont positifs, donc pour tout entier naturel n on a : $a^n \geqslant 1+nb$. Or $\lim_{n\to+\infty}(1+nb) = +\infty$ car $b > 0$. On en déduit que $\lim_{n\to+\infty} a^n = +\infty$.
3. Si $a = 0$, le résultat est clair. Sinon, on pose $b = |\frac{1}{a}|$. Alors $b > 1$ et d'après le point précédent $\lim_{n\to+\infty} b^n = +\infty$. Comme pour tout entier naturel n on a : $|a|^n = \frac{1}{b^n}$, on en déduit que $\lim_{n\to+\infty}|a|^n = 0$, et donc aussi $\lim_{n\to+\infty} a^n = 0$.
4. Supposons par l'absurde que la suite $(u_n)_{n\in\mathbb{N}}$ converge vers le réel ℓ. De $a^2 \geqslant 1$, on déduit que pour tout entier naturel n, on a $a^{2n} \geqslant 1$. En passant à la limite, il vient $\ell \geqslant 1$. Comme de plus pour tout entier naturel n on a $a^{2n+1} \leqslant a \leqslant -1$, il vient en passant de nouveau à la limite $\ell \leqslant -1$. Mais comme on a déjà $\ell \geqslant 1$, on obtient une contradiction, et donc (u_n) ne converge pas.

□

3.2. Série géométrique

Proposition 9 (Série géométrique).
Soit a un réel, $a \neq 1$. En notant $\sum_{k=0}^{n} a^k = 1+a+a^2+\cdots+a^n$, on a :

$$\boxed{\sum_{k=0}^{n} a^k = \frac{1-a^{n+1}}{1-a}}$$

Démonstration. En multipliant par $1-a$ on fait apparaître une somme télescopique (presque tous les termes s'annulent) :

$$(1-a)\big(1+a+a^2+\cdots+a^n\big) = \big(1+a+a^2+\cdots+a^n\big)-\big(a+a^2+\cdots+a^{n+1}\big) = 1-a^{n+1}.$$

□

Remarque.
Si $a \in]-1,1[$ et $(u_n)_{n\in\mathbb{N}}$ est la suite de terme général : $u_n = \sum_{k=0}^{n} a^k$, alors $\lim_{n\to+\infty} u_n = \frac{1}{1-a}$. De manière plus frappante, on peut écrire :

$$1+a+a^2+a^3+\cdots = \frac{1}{1-a}$$

Enfin, ces formules sont aussi valables si $a \in \mathbb{C}\setminus\{1\}$. Si $a=1$, alors $1+a+a^2+\cdots+a^n = n+1$.

Exemple 8.
L'exemple précédent avec $a=\frac{1}{2}$ donne

$$1+\frac{1}{2}+\frac{1}{4}+\frac{1}{8}+\cdots = 2.$$

Cette formule était difficilement concevable avant l'avènement du calcul infinitésimal et a été popularisée sous le nom du **paradoxe de Zénon**. On tire une flèche à 2 mètres d'une cible. Elle met un certain laps de temps pour parcourir la moitié de la distance, à savoir un mètre. Puis il lui faut encore du temps pour parcourir la moitié de la distance restante, et de nouveau un certain temps pour la moitié de la distance encore restante. On ajoute ainsi une infinité de durées non nulles, et Zénon en conclut que la flèche n'atteint jamais sa cible !

L'explication est bien donnée par l'égalité ci-dessus : la somme d'une infinité de termes peut bien être une valeur finie ! ! Par exemple si la flèche va à une vitesse de 1 m/s, alors elle parcoure la première moitié en 1 s, le moitié de la distance restante en $\frac{1}{2}$ s, etc. Elle parcoure bien toute la distance en $1+\frac{1}{2}+\frac{1}{4}+\frac{1}{8}+\cdots = 2$ secondes !

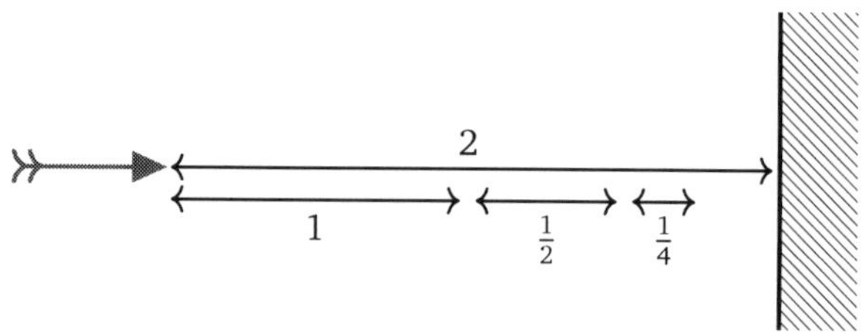

3.3. Suites telles que $\left|\frac{u_{n+1}}{u_n}\right| < \ell < 1$

Théorème 1.
Soit $(u_n)_{n\in\mathbb{N}}$ une suite de réels non nuls. On suppose qu'il existe un réel ℓ tel que pour tout entier naturel n (ou seulement à partir d'un certain rang) on ait :

$$\left|\frac{u_{n+1}}{u_n}\right| < \ell < 1.$$

Alors $\lim_{n\to+\infty} u_n = 0$.

Démonstration. On suppose que la propriété $\left|\frac{u_{n+1}}{u_n}\right| < \ell < 1$ est vraie pour tout entier naturel n (la preuve dans le cas où cette propriété n'est vraie qu'à partir d'un certain rang n'est pas très différente). On écrit

$$\frac{u_n}{u_0} = \frac{u_1}{u_0} \times \frac{u_2}{u_1} \times \frac{u_3}{u_2} \times \cdots \times \frac{u_n}{u_{n-1}}$$

ce dont on déduit

$$\left|\frac{u_n}{u_0}\right| < \ell \times \ell \times \ell \times \cdots \times \times \ell = \ell^n$$

et donc $|u_n| < |u_0|\ell^n$. Comme $\ell < 1$, on a $\lim_{n\to+\infty} \ell^n = 0$. On conclut que $\lim_{n\to+\infty} u_n = 0$. □

Corollaire 1.
Soit $(u_n)_{n\in\mathbb{N}}$ une suite de réels non nuls.

> *Si* $\lim_{n\to+\infty} \frac{u_{n+1}}{u_n} = 0$, *alors* $\lim_{n\to+\infty} u_n = 0$.

Exemple 9.
Soit $a \in \mathbb{R}$. Alors $\lim_{n\to+\infty} \frac{a^n}{n!} = 0$.

Démonstration. Si $a = 0$, le résultat est évident. Supposons $a \neq 0$, et posons $u_n = \frac{a^n}{n!}$. Alors

$$\frac{u_{n+1}}{u_n} = \frac{a^{n+1}}{(n+1)!} \cdot \frac{n!}{a^n} = \frac{a}{n+1}.$$

Pour conclure, on peut ou bien directement utiliser le corollaire : comme $\lim \frac{u_{n+1}}{u_n} = 0$ (car a est fixe), on a $\lim u_n = 0$. Ou bien, comme $\frac{u_{n+1}}{u_n} = \frac{a}{n+1}$, on déduit par le théorème que pour $n \geqslant N > 2|a|$ on a :

$$\left|\frac{u_{n+1}}{u_n}\right| = \frac{|a|}{n+1} \leqslant \frac{|a|}{N+1} < \frac{|a|}{N} < \frac{1}{2} = \ell$$

et donc $\lim_{n\to+\infty} u_n = 0$. □

Remarque.

1. Avec les notations du théorème, si on a pour tout entier naturel n à partir d'un certain rang : $\left|\frac{u_{n+1}}{u_n}\right| > \ell > 1$, alors la suite $(u_n)_{n\in\mathbb{N}}$ diverge. En effet, il suffit d'appliquer le théorème à la suite de terme général $\frac{1}{|u_n|}$ pour voir que $\lim_{n\to+\infty}|u_n| = +\infty$.
2. Toujours avec les notations du théorème, si $\ell = 1$ on ne peut rien dire.

Exemple 10.
Pour un nombre réel a, $a > 0$, calculer $\lim_{n\to+\infty} \sqrt[n]{a}$.
On va montrer que $\lim_{n\to+\infty} \sqrt[n]{a} = 1$. Si $a = 1$, c'est clair. Supposons $a > 1$. Écrivons $a = 1 + h$, avec $h > 0$. Comme

$$\left(1+\frac{h}{n}\right)^n \geqslant 1 + n\frac{h}{n} = 1 + h = a$$

(voir la preuve de la proposition 8) on a en appliquant la fonction racine n-ème, $\sqrt[n]{\cdot}$:

$$1 + \frac{h}{n} \geqslant \sqrt[n]{a} \geqslant 1.$$

On peut conclure grâce au théorème « des gendarmes » que $\lim_{n\to+\infty} \sqrt[n]{a} = 1$. Enfin, si $a < 1$, on applique le cas précédent à $b = \frac{1}{a} > 1$.

3.4. Approximation des réels par des décimaux

Proposition 10.
Soit $a \in \mathbb{R}$. Posons

$$u_n = \frac{E(10^n a)}{10^n}.$$

Alors u_n est une approximation décimale de a à 10^{-n} près, en particulier $\lim_{n\to+\infty} u_n = a$.

Exemple 11.
$\pi = 3,14159265\ldots$

$$\begin{aligned}
u_0 &= \tfrac{E(10^0\pi)}{10^0} = E(\pi) = 3\\
u_1 &= \tfrac{E(10^1\pi)}{10^1} = \tfrac{E(31{,}415...)}{10} = 3,1\\
u_2 &= \tfrac{E(10^2\pi)}{10^2} = \tfrac{E(314{,}15...)}{100} = 3,14\\
u_3 &= 3,141
\end{aligned}$$

Démonstration. D'après la définition de la partie entière, on a

$$E(10^n a) \leqslant 10^n a < E(10^n a) + 1$$

donc

$$u_n \leqslant a < u_n + \frac{1}{10^n}$$

ou encore

$$0 \leqslant a - u_n < \frac{1}{10^n}.$$

Or la suite de terme général $\frac{1}{10^n}$ est une suite géométrique de raison $\frac{1}{10}$, donc elle tend vers 0. On en déduit que $\lim_{n\to+\infty} u_n = a$.

□

Exercice 1.
Montrer que la suite $(u_n)_{n\in\mathbb{N}}$ de la proposition 10 est croissante.

Remarque.

1. Les u_n sont des nombres décimaux, en particulier ce sont des nombres rationnels.
2. Ceci fournit une démonstration de la densité de $\mathbb{Q}$ dans $\mathbb{R}$. Pour $\epsilon > 0$, et $I =]a-\epsilon, a+\epsilon[$, alors pour n assez grand, $u_n \in I \cap \mathbb{Q}$.

Mini-exercices.

1. Déterminer la limite de la suite $(u_n)_{n\in\mathbb{N}}$ de terme général $5^n - 4^n$.
2. Soit $v_n = 1 + a + a^2 + \cdots + a^n$. Pour quelle valeur de $a \in \mathbb{R}$ la suite $(v_n)_{n\geqslant 1}$ a pour limite 3 (lorsque $n \to +\infty$) ?
3. Calculer la limite de $\frac{1+2+2^2+\cdots+2^n}{2^n}$.
4. Montrer que la somme des racines n-èmes de l'unité est nulle.
5. Montrer que si $\sin(\frac{\theta}{2}) \neq 0$ alors $\frac{1}{2}+\cos(\theta)+\cos(2\theta)+\cdots+\cos(n\theta) = \frac{\sin\left((n+\frac{1}{2})\theta\right)}{2\sin(\frac{\theta}{2})}$ (penser à $e^{i\theta}$).
6. Soit $(u_n)_{n\geqslant 2}$ la suite de terme général $u_n = \ln(1+\frac{1}{2})\times\ln(1+\frac{1}{3})\times\cdots\times\ln(1+\frac{1}{n})$. Déterminer la limite de $\frac{u_{n+1}}{u_n}$. Que peut-on en déduire ?

7. Déterminer la limite de $\frac{\pi^n}{1\times3\times5\times\cdots\times(2n+1)}$ (où $\pi = 3,14\ldots$).
8. Soit a un réel. Montrer que pour tout $\epsilon > 0$ il existe un couple $(m,n) \in \mathbb{Z}\times\mathbb{N}$ (et même une infinité) tel que $\left|a - \frac{m}{2^n}\right| \leqslant \epsilon$.

4. Théorème de convergence

4.1. Toute suite convergente est bornée

Revenons sur une propriété importante que nous avons déjà démontrée dans la section sur les limites.

Proposition 11.
Toute suite convergente est bornée.

La réciproque est fausse mais nous allons ajouter une hypothèse supplémentaire pour obtenir des résultats.

4.2. Suite monotone

Théorème 2.

Toute suite croissante et majorée est convergente.

Remarque.
Et aussi :
- Toute suite décroissante et minorée est convergente.
- Une suite croissante et qui n'est pas majorée tend vers $+\infty$.
- Une suite décroissante et qui n'est pas minorée tend vers $-\infty$.

Démonstration du théorème 2. Notons $A = \{u_n | n \in \mathbb{N}\} \subset \mathbb{R}$. Comme la suite $(u_n)_{n\in\mathbb{N}}$ est majorée, disons par le réel M, l'ensemble A est majoré par M, et de plus il est non vide. Donc d'après le théorème $\mathbb{R}4$ du chapitre sur les réels, l'ensemble A admet une borne supérieure : notons $\ell = \sup A$. Montrons que $\lim_{n\to+\infty} u_n = \ell$. Soit $\epsilon > 0$. Par la caractérisation de la borne supérieure, il existe un élément u_N de A tel que $\ell - \epsilon < u_N \leqslant \ell$. Mais alors pour $n \geqslant N$ on a $\ell - \epsilon < u_N \leqslant u_n \leqslant \ell$, et donc $|u_n - \ell| \leqslant \epsilon$. □

4.3. Deux exemples

La limite $\zeta(2)$

Soit $(u_n)_{n\geqslant 1}$ la suite de terme général :

$$u_n = 1 + \frac{1}{2^2} + \frac{1}{3^2} + \cdots + \frac{1}{n^2}.$$

- La suite $(u_n)_{n\geqslant 1}$ est croissante : en effet $u_{n+1} - u_n = \frac{1}{(n+1)^2} > 0$.
- Montrons par récurrence que pour tout entier naturel $n \geqslant 1$ on a $u_n \leqslant 2 - \frac{1}{n}$.
  - — Pour $n = 1$, on a $u_1 = 1 \leqslant 1 = 2 - \frac{1}{1}$.
  - — Fixons $n \geqslant 1$ pour lequel on suppose $u_n \leqslant 2 - \frac{1}{n}$. Alors $u_{n+1} = u_n + \frac{1}{(n+1)^2} \leqslant 2 - \frac{1}{n} + \frac{1}{(n+1)^2}$. Or $\frac{1}{(n+1)^2} \leqslant \frac{1}{n(n+1)} = \frac{1}{n} - \frac{1}{n+1}$, donc $u_{n+1} \leqslant 2 - \frac{1}{n+1}$, ce qui achève la récurrence.
- Donc la suite $(u_n)_{n\geqslant 1}$ est croissante et majorée par 2 : elle converge.

On note $\zeta(2)$ cette limite, vous montrerez plus tard qu'en fait $\zeta(2) = \frac{\pi^2}{6}$.

Suite harmonique

C'est la suite $(u_n)_{n\geqslant 1}$ de terme général :

$$u_n = 1 + \frac{1}{2} + \frac{1}{3} + \cdots + \frac{1}{n}.$$

Calculons $\lim_{n\to+\infty} u_n$.

- La suite $(u_n)_{n\geqslant 1}$ est croissante : en effet $u_{n+1} - u_n = \frac{1}{n+1} > 0$.
- Minoration de $u_{2^p} - u_{2^{p-1}}$. On a $u_2 - u_1 = 1 + \frac{1}{2} - 1 = \frac{1}{2}$; $u_4 - u_2 = \frac{1}{3} + \frac{1}{4} > \frac{1}{4} + \frac{1}{4} = \frac{1}{2}$, et en général :

$$u_{2^p} - u_{2^{p-1}} = \underbrace{\frac{1}{2^{p-1}+1} + \frac{1}{2^{p-1}+2} + \cdots + \frac{1}{2^p}}_{2^{p-1}=2^p-2^{p-1} \text{ termes } \geqslant \frac{1}{2^p}} > 2^{p-1} \times \frac{1}{2^p} = \frac{1}{2}$$

- $\lim_{n\to+\infty} u_n = +\infty$. En effet

$$u_{2^p} - 1 = u_{2^p} - u_1 = (u_2 - u_1) + (u_4 - u_2) + \cdots + (u_{2^p} - u_{2^{p-1}}) \geqslant \frac{p}{2}$$

  donc la suite $(u_n)_{n\geqslant 1}$ est croissante mais n'est pas bornée, donc elle tend vers $+\infty$.

4.4. Suites adjacentes

Définition 7.
Les suites $(u_n)_{n\in\mathbb{N}}$ et $(v_n)_{n\in\mathbb{N}}$ sont dites **adjacentes** si

1. $(u_n)_{n\in\mathbb{N}}$ est croissante et $(v_n)_{n\in\mathbb{N}}$ est décroissante,
2. pour tout $n \geqslant 0$, on a $u_n \leqslant v_n$,
3. $\lim_{n\to+\infty}(v_n - u_n) = 0$.

Théorème 3.

Si les suites $(u_n)_{n\in\mathbb{N}}$ et $(v_n)_{n\in\mathbb{N}}$ sont adjacentes, elles convergent vers la même limite.

Il y a donc deux résultats dans ce théorème, la convergence de (u_n) et (v_n) et en plus l'égalité des limites. Les termes de la suites sont ordonnées ainsi :

$$u_0 \leqslant u_1 \leqslant u_2 \leqslant \cdots \leqslant u_n \leqslant \cdots\cdots \leqslant v_n \leqslant \cdots \leqslant v_2 \leqslant v_1 \leqslant v_0$$

Démonstration.

- La suite $(u_n)_{n\in\mathbb{N}}$ est croissante et majorée par v_0, donc elle converge vers une limite ℓ.
- La suite $(v_n)_{n\in\mathbb{N}}$ est décroissante et minorée par u_0, donc elle converge vers une limite ℓ'.
- Donc $\ell' - \ell = \lim_{n\to+\infty}(v_n - u_n) = 0$, d'où $\ell' = \ell$.

□

Exemple 12.
Reprenons l'exemple de $\zeta(2)$. Soient (u_n) et (v_n) les deux suites définies pour $n \geqslant 1$ par

$$u_n = \sum_{k=1}^{n} \frac{1}{k^2} = 1 + \frac{1}{2^2} + \frac{1}{3^2} + \cdots + \frac{1}{n^2} \quad \text{et} \quad v_n = u_n + \frac{2}{n+1}.$$

Montrons que (u_n) et (v_n) sont deux suites adjacentes :

1. (a) (u_n) est croissante car $u_{n+1} - u_n = \frac{1}{(n+1)^2} > 0$.
   (b) (v_n) est décroissante :
   $v_{n+1} - v_n = \frac{1}{(n+1)^2} + \frac{2}{n+2} - \frac{2}{n+1} = \frac{n+2+2(n+1)^2-2(n+1)(n+2)}{(n+2)(n+1)^2} = \frac{-n}{(n+2)(n+1)^2} < 0$
2. Pour tout $n \geqslant 1$: $v_n - u_n = \frac{2}{n+1} > 0$, donc $u_n \leqslant v_n$.

3. Enfin comme $v_n - u_n = \frac{2}{n+1}$ alors $\lim(v_n - u_n) = 0$.

Les suites (u_n) et (v_n) sont deux suites adjacentes, elles convergent donc vers une même limite finie ℓ. Nous avons en plus l'encadrement $u_n \leqslant \ell \leqslant v_n$ pour tout $n \geqslant 1$. Ceci fournit des approximations de la limite : par exemple pour $n = 3$, $1 + \frac{1}{4} + \frac{1}{9} \leqslant \ell \leqslant 1 + \frac{1}{4} + \frac{1}{9} + \frac{1}{2}$ donc $1{,}3611\ldots \leqslant \ell \leqslant 1{,}8611\ldots$

Exercice 2.

Soit $(u_n)_{n\geqslant 1}$ la suite de terme général :

$$u_n = 1 + \frac{1}{2^3} + \frac{1}{3^3} + \cdots + \frac{1}{n^3}.$$

Montrer que la suite $(u_n)_{n\geqslant 1}$ converge (on pourra considérer la suite $(v_n)_{n\geqslant 1}$ de terme général $v_n = u_n + \frac{1}{n^2}$).

Remarque.

On note $\zeta(3)$ cette limite. On l'appelle aussi constante d'Apéry qui a prouvé en 1978 que $\zeta(3) \notin \mathbb{Q}$.

4.5. Théorème de Bolzano-Weierstrass

Définition 8.

Soit $(u_n)_{n\in\mathbb{N}}$ une suite. Une **suite extraite** ou **sous-suite** de $(u_n)_{n\in\mathbb{N}}$ est une suite de la forme $(u_{\phi(n)})_{n\in\mathbb{N}}$, où $\phi : \mathbb{N} \to \mathbb{N}$ est une application strictement croissante.

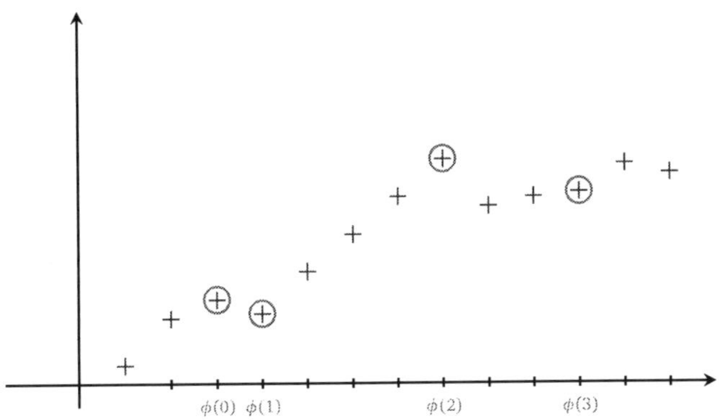

Exemple 13.

Soit la suite $(u_n)_{n\in\mathbb{N}}$ de terme général $u_n = (-1)^n$.

- Si on considère $\phi : \mathbb{N} \to \mathbb{N}$ donnée par $\phi(n) = 2n$, alors la suite extraite correspondante a pour terme général $u_{\phi(n)} = (-1)^{2n} = 1$, donc la suite $(u_{\phi(n)})_{n\in\mathbb{N}}$ est constante égale à 1.
- Si on considère $\psi : \mathbb{N} \to \mathbb{N}$ donnée par $\psi(n) = 3n$, alors la suite extraite correspondante a pour terme général $u_{\psi(n)} = (-1)^{3n} = \left((-1)^3\right)^n = (-1)^n$. La suite $(u_{\psi(n)})_{n\in\mathbb{N}}$ est donc égale à $(u_n)_{n\in\mathbb{N}}$.

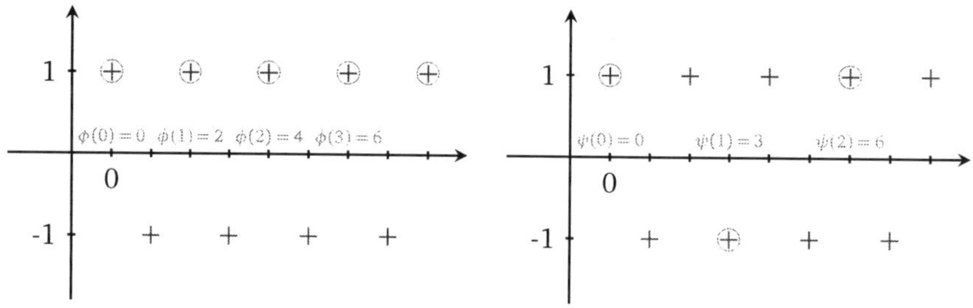

Proposition 12.
Soit $(u_n)_{n\in\mathbb{N}}$ une suite. Si $\lim_{n\to+\infty} u_n = \ell$, alors pour toute suite extraite $(u_{\phi(n)})_{n\in\mathbb{N}}$ on a $\lim_{n\to+\infty} u_{\phi(n)} = \ell$.

Démonstration. Soit $\epsilon > 0$. D'après la définition de limite (définition 4), il existe un entier naturel N tel que $n \geqslant N$ implique $|u_n - \ell| < \epsilon$. Comme l'application ϕ est strictement croissante, on montre facilement par récurrence que pour tout n, on a $\phi(n) \geqslant n$. Ceci implique en particulier que si $n \geqslant N$, alors aussi $\phi(n) \geqslant N$, et donc $|u_{\phi(n)} - \ell| < \epsilon$. Donc la définition de limite (définition 4) s'applique aussi à la suite extraite.

□

Corollaire 2.
Soit $(u_n)_{n\in\mathbb{N}}$ une suite. Si elle admet une sous-suite divergente, ou bien si elle admet deux sous-suites convergeant vers des limites distinctes, alors elle diverge.

Exemple 14.
Soit la suite $(u_n)_{n\in\mathbb{N}}$ de terme général $u_n = (-1)^n$. Alors $(u_{2n})_{n\in\mathbb{N}}$ converge vers 1, et $(u_{2n+1})_{n\in\mathbb{N}}$ converge vers -1 (en fait ces deux sous-suites sont constantes). On en déduit que la suite $(u_n)_{n\in\mathbb{N}}$ diverge.

Exercice 3.
Soit $(u_n)_{n\in\mathbb{N}}$ une suite. On suppose que les deux sous-suites $(u_{2n})_{n\in\mathbb{N}}$ et $(u_{2n+1})_{n\in\mathbb{N}}$ convergent vers la même limite ℓ. Montrer que $(u_n)_{n\in\mathbb{N}}$ converge également vers ℓ.

Terminons par un résultat théorique très important.

Théorème 4 (Théorème de Bolzano-Weierstrass).
Toute suite bornée admet une sous-suite convergente.

Exemple 15.

1. On considère la suite $(u_n)_{n\in\mathbb{N}}$ de terme général $u_n = (-1)^n$. Alors on peut considérer les deux sous-suites $(u_{2n})_{n\in\mathbb{N}}$ et $(u_{2n+1})_{n\in\mathbb{N}}$.
2. On considère la suite $(v_n)_{n\in\mathbb{N}}$ de terme général $v_n = \cos n$. Le théorème affirme qu'il existe une sous-suite convergente, mais il est moins facile de l'expliciter.

Démonstration du théorème 4. On procède par dichotomie. L'ensemble des valeurs de la suite est par hypothèse contenu dans un intervalle $[a,b]$. Posons $a_0 = a$, $b_0 = b$, $\phi(0) = 0$. Au moins l'un des deux intervalles $\left[a_0, \frac{a_0+b_0}{2}\right]$ ou $\left[\frac{a_0+b_0}{2}, b_0\right]$ contient u_n pour une infinité d'indices n. On note $[a_1, b_1]$ un tel intervalle, et on note $\phi(1)$ un entier $\phi(1) > \phi(0)$ tel que $u_{\phi(1)} \in [a_1, b_1]$.

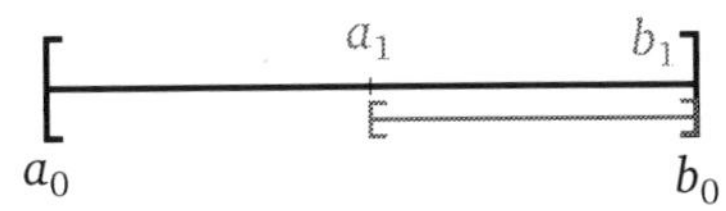

En itérant cette construction, on construit pour tout entier naturel n un intervalle $[a_n, b_n]$, de longueur $\frac{b-a}{2^n}$, et un entier $\phi(n) > \phi(n-1)$ tel que $u_{\phi(n)} \in [a_n, b_n]$. Notons que par construction la suite $(a_n)_{n\in\mathbb{N}}$ est croissante et la suite $(b_n)_{n\in\mathbb{N}}$ est décroissante.
Comme de plus $\lim_{n\to+\infty}(b_n - a_n) = \lim_{n\to+\infty} \frac{b-a}{2^n} = 0$, les suites $(a_n)_{n\in\mathbb{N}}$ et $(b_n)_{n\in\mathbb{N}}$ sont adjacentes et donc convergent vers une même limite ℓ. On peut appliquer le théorème « des gendarmes » pour conclure que $\lim_{n\to+\infty} u_{\phi(n)} = \ell$. □

Mini-exercices.

1. Soit $(u_n)_{n\in\mathbb{N}}$ la suite définie par $u_0 = 1$ et pour $n \geqslant 1$, $u_n = \sqrt{2 + u_{n-1}}$. Montrer que cette suite est croissante et majorée par 2. Que peut-on en conclure ?
2. Soit $(u_n)_{n\geqslant 2}$ la suite définie par $u_n = \frac{\ln 4}{\ln 5} \times \frac{\ln 6}{\ln 7} \times \frac{\ln 8}{\ln 9} \times \cdots \times \frac{\ln(2n)}{\ln(2n+1)}$. Étudier la croissance de la suite. Montrer que la suite (u_n) converge.

3. Soit $N \geqslant 1$ un entier et $(u_n)_{n\in\mathbb{N}}$ la suite de terme général $u_n = \cos(\frac{n\pi}{N})$. Montrer que la suite diverge.
4. Montrer que les suites de terme général $u_n = \sum_{k=1}^{n} \frac{1}{k!}$ et $v_n = u_n + \frac{1}{n\cdot(n!)}$ sont adjacentes. Que peut-on en déduire ?
5. Soit $(u_n)_{n\geqslant 1}$ la suite de terme général $\sum_{k=1}^{n} \frac{(-1)^{k+1}}{k}$. On considère les deux suites extraites de terme général $v_n = u_{2n}$ et $w_n = u_{2n+1}$. Montrer que les deux suites $(v_n)_{n\geqslant 1}$ et $(w_n)_{n\geqslant 1}$ sont adjacentes. En déduire que la suite $(u_n)_{n\geqslant 1}$ converge.
6. Montrer qu'une suite bornée et divergente admet deux sous-suites convergeant vers des valeurs distinctes.

5. Suites récurrentes

Les suites récurrentes définies par une fonction forment une catégorie essentielle de suites.
Ce paragraphe est l'aboutissement de notre étude des suites, mais sa lecture nécessite aussi la maîtrise préalable de l'étude de fonctions (voir « Limites et fonctions continues »).

5.1. Suite récurrente définie par une fonction

Soit $f : \mathbb{R} \to \mathbb{R}$ une fonction. Une **suite récurrente** est définie par son premier terme et une relation permettant de calculer les termes de proche en proche :

$$u_0 \in \mathbb{R} \quad \text{et} \quad u_{n+1} = f(u_n) \quad \text{pour } n \geqslant 0.$$

Une suite récurrente est donc définie par deux données : un terme initial u_0, et une relation de récurrence $u_{n+1} = f(u_n)$. La suite s'écrit ainsi :

$$u_0, \quad u_1 = f(u_0), \quad u_2 = f(u_1) = f(f(u_0)), \quad u_3 = f(u_2) = f(f(f(u_0))), \ldots$$

Le comportement d'une telle suite peut très vite devenir complexe.

Exemple 16.
Soit $f(x) = 1 + \sqrt{x}$. Fixons $u_0 = 2$ et définissons pour $n \geqslant 0$: $u_{n+1} = f(u_n)$. C'est-à-dire $u_{n+1} = 1 + \sqrt{u_n}$. Alors les premiers termes de la suite sont :

$$2, \quad 1+\sqrt{2}, \quad 1+\sqrt{1+\sqrt{2}}, \quad 1+\sqrt{1+\sqrt{1+\sqrt{2}}}, \quad 1+\sqrt{1+\sqrt{1+\sqrt{1+\sqrt{2}}}}, \ldots$$

Une suite récurrente donnée n'est pas forcément convergente. Lorsqu'elle admet une limite, l'ensemble des valeurs possibles est restreint par le résultat essentiel suivant.

Proposition 13.
Si f est une fonction continue et la suite récurrente (u_n) converge vers ℓ, alors ℓ est une solution de l'équation :

$$\boxed{f(\ell) = \ell}$$

Si on arrive à montrer que la limite existe, cette proposition affirme qu'elle est à chercher parmi les solutions de l'équation $f(\ell) = \ell$.

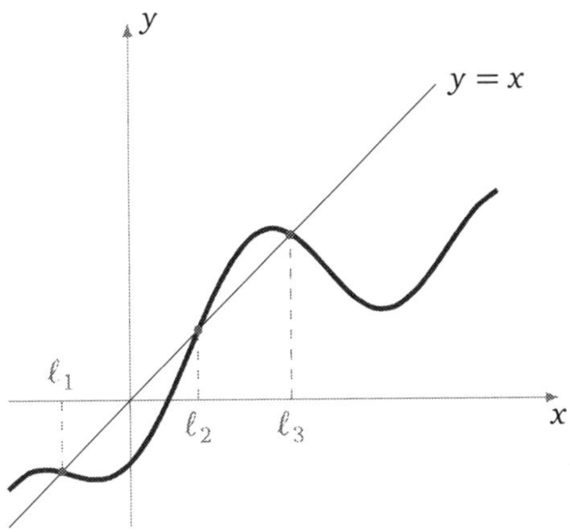

Une valeur ℓ, vérifiant $f(\ell) = \ell$ est un **point fixe** de f. La preuve est très simple et utilise essentiellement la continuité de la fonction f :

Démonstration. Lorsque $n \to +\infty$, $u_n \to \ell$ et donc aussi $u_{n+1} \to \ell$. Comme $u_n \to \ell$ et que f est continue alors la suite $(f(u_n)) \to f(\ell)$. La relation $u_{n+1} = f(u_n)$ devient à la limite (lorsque $n \to +\infty$) : $\ell = f(\ell)$. □

Nous allons étudier en détail deux cas particuliers, celui ou la fonction est croissante, puis celui ou la fonction est décroissante.

5.2. Cas d'une fonction croissante

Commençons par remarquer que pour une fonction croissante, le comportement de la suite (u_n) définie par récurrence est assez simple :

- Si $u_1 \geqslant u_0$ alors (u_n) est croissante.
- Si $u_1 \leqslant u_0$ alors (u_n) est décroissante.

La preuve est facile par récurrence : par exemple si $u_1 \geqslant u_0$, alors comme f est croissante on a $u_2 = f(u_1) \geqslant f(u_0) = u_1$. Partant de $u_2 \geqslant u_1$ on en déduit $u_3 \geqslant u_2$,...

Voici le résultat principal :

Proposition 14.
Si $f : [a,b] \to [a,b]$ une fonction continue et ***croissante****, alors quelque soit $u_0 \in [a,b]$, la suite récurrente (u_n) est monotone et converge vers $\ell \in [a,b]$ vérifiant* $\boxed{f(\ell) = \ell}$.

Il y a une hypothèse importante qui est un peu cachée : f va de l'intervalle $[a,b]$ dans lui-même. Dans la pratique, pour appliquer cette proposition, il faut commencer par choisir $[a,b]$ et vérifier que $f([a,b]) \subset [a,b]$.

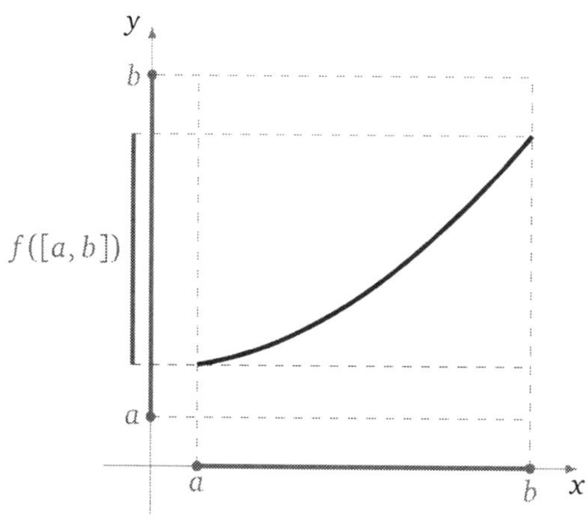

Démonstration. La preuve est une conséquence des résultats précédents. Par exemple si $u_1 \geqslant u_0$ alors la suite (u_n) est croissante, comme par ailleurs elle est majorée par b, elle converge vers un réel ℓ. Par la proposition 13, on a $f(\ell) = \ell$. Si $u_1 \leqslant u_0$, (u_n) est une décroissante et minorée par a, et la conclusion est la même. □

Exemple 17.
Soit $f : \mathbb{R} \to \mathbb{R}$ définie par $f(x) = \frac{1}{4}(x^2 - 1)(x - 2) + x$ et $u_0 \in [0, 2]$. Étudions la suite (u_n) définie par récurrence : $u_{n+1} = f(u_n)$ (pour tout $n \geqslant 0$).

1. Étude de f
   (a) f est continue sur $\mathbb{R}$.
   (b) f est dérivable sur $\mathbb{R}$ et $f'(x) > 0$.
   (c) Sur l'intervalle $[0, 2]$, f est strictement croissante.
   (d) Et comme $f(0) = \frac{1}{2}$ et $f(2) = 2$ alors $f([0, 2]) \subset [0, 2]$.
2. Graphe de f

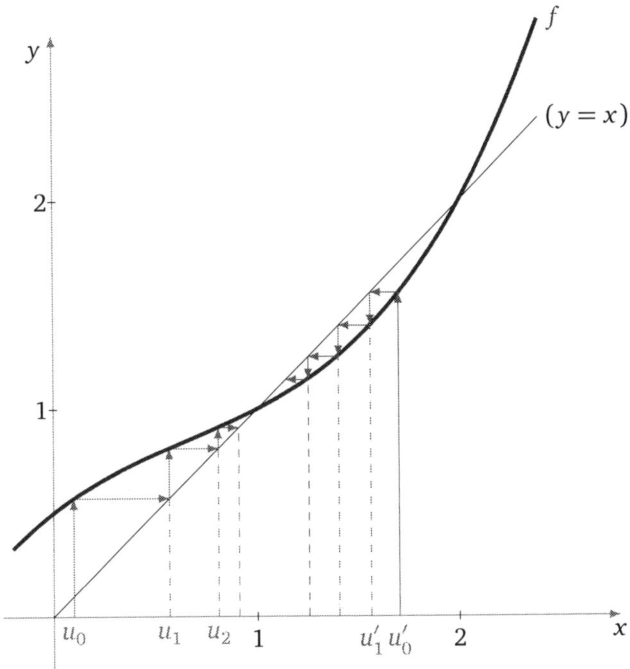

Voici comment tracer la suite : on trace le graphe de f et la bissectrice $(y = x)$. On part d'une valeur u_0 sur l'axe des abscisses, la valeur $u_1 = f(u_0)$ se lit sur l'axe des ordonnées, mais on reporte la valeur de u_1 sur l'axe des abscisses par symétrie par rapport à la bissectrice. On recommence : $u_2 = f(u_1)$ se lit sur l'axe des ordonnées et on le reporte sur l'axe des abscisses, etc. On obtient ainsi une sorte d'escalier, et graphiquement on conjecture que la suite est croissante et tend vers 1. Si on part d'une autre valeur initiale u'_0 , c'est le même principe, mais cette fois on obtient un escalier qui descend.

3. Calcul des points fixes.

   Cherchons les valeurs x qui vérifient $(f(x) = x)$, autrement dit $(f(x) - x = 0)$, mais
   $$f(x) - x = \frac{1}{4}(x^2 - 1)(x - 2) \tag{1}$$
   Donc les points fixes sont les $\{-1, 1, 2\}$. La limite de (u_n) est donc à chercher parmi ces 3 valeurs.

4. Premier cas : $u_0 = 1$ ou $u_0 = 2$.

   Alors $u_1 = f(u_0) = u_0$ et par récurrence la suite (u_n) est constante (et converge donc vers u_0).

5. Deuxième cas : $0 \leqslant u_0 < 1$.
   - Comme $f([0,1]) \subset [0,1]$, la fonction f se restreint sur l'intervalle $[0,1]$ en une fonction $f : [0,1] \to [0,1]$.
   - De plus sur $[0,1]$, $f(x) - x \geqslant 0$. Cela se déduit de l'étude de f ou directement de l'expression (1).
   - Pour $u_0 \in [0,1[$, $u_1 = f(u_0) \geqslant u_0$ d'après le point précédent. Comme f est croissante, par récurrence, comme on l'a vu, la suite (u_n) est croissante.
   - La suite (u_n) est croissante et majorée par 1, donc elle converge. Notons ℓ sa limite.
   - D'une part ℓ doit être un point fixe de f : $f(\ell) = \ell$. Donc $\ell \in \{-1, 1, 2\}$.
   - D'autre part la suite (u_n) étant croissante avec $u_0 \geqslant 0$ et majorée par 1, donc $\ell \in [0,1]$.
   - Conclusion : si $0 \leqslant u_0 < 1$ alors (u_n) converge vers $\ell = 1$.

6. Troisième cas : $1 < u_0 < 2$.

   La fonction f se restreint en $f : [1,2] \to [1,2]$. Sur l'intervalle $[1,2]$, f est croissante mais cette fois $f(x) \leqslant x$. Donc $u_1 \leqslant u_0$, et la suite (u_n) est décroissante. La suite (u_n) étant minorée par 1, elle converge. Si on note ℓ sa limite alors d'une part $f(\ell) = \ell$, donc $\ell \in \{-1, 1, 2\}$, et d'autre part $\ell \in [1, 2[$. Conclusion : (u_n) converge vers $\ell = 1$.

Le graphe de f joue un rôle très important, il faut le tracer même si on ne le demande pas explicitement. Il permet de se faire une idée très précise du comportement de la suite : Est-elle croissante ? Est-elle positive ? Semble-t-elle converger ? Vers quelle limite ? Ces indications sont essentielles pour savoir ce qu'il faut montrer lors de l'étude de la suite.

5.3. Cas d'une fonction décroissante

Proposition 15.
Soit $f : [a,b] \to [a,b]$ une fonction continue et ***décroissante****. Soit $u_0 \in [a,b]$ et la suite récurrente (u_n) définie par $u_{n+1} = f(u_n)$. Alors :*

- *La sous-suite (u_{2n}) converge vers une limite ℓ vérifiant $f \circ f(\ell) = \ell$.*
- *La sous-suite (u_{2n+1}) converge vers une limite ℓ' vérifiant $f \circ f(\ell') = \ell'$.*

Il se peut (ou pas !) que $\ell = \ell'$.

Démonstration. La preuve se déduit du cas croissant. La fonction f étant décroissante, la fonction $f \circ f$ est croissante. Et on applique la proposition 14 à la fonction $f \circ f$ et à la sous-suite (u_{2n}) définie par récurrence $u_2 = f \circ f(u_0)$, $u_4 = f \circ f(u_2)$,...

De même en partant de u_1 et $u_3 = f \circ f(u_1)$,... □

Exemple 18.

$$f(x) = 1 + \frac{1}{x}, \qquad u_0 > 0, \qquad u_{n+1} = f(u_n) = 1 + \frac{1}{u_n}$$

1. Étude de f. La fonction $f :]0,+\infty[\to]0,+\infty[$ est une fonction continue et strictement décroissante.

2. Graphe de f.

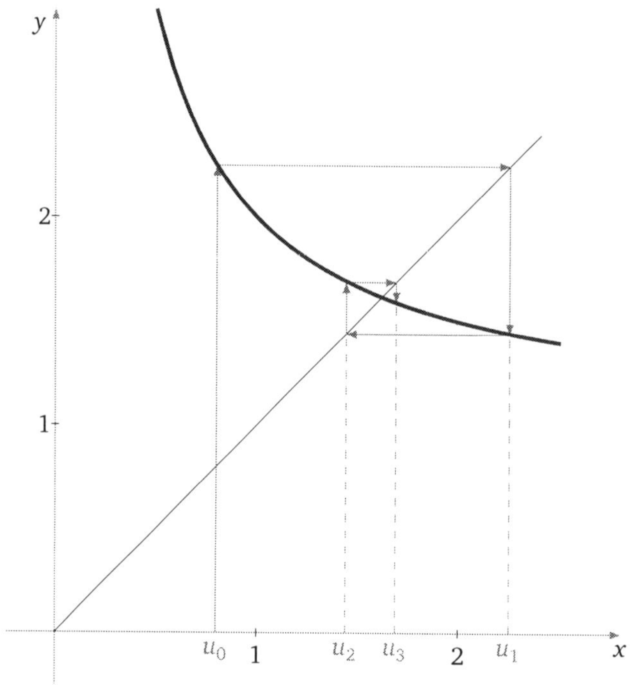

Le principe pour tracer la suite est le même qu'auparavant : on place u_0, on trace $u_1 = f(u_0)$ sur l'axe des ordonnées et on le reporte par symétrie sur l'axe des abscisses,... On obtient ainsi une sorte d'escargot, et graphiquement on conjecture que la suite converge vers le point fixe de f. En plus on note que la suite des termes de rang pair semble une suite croissante, alors que la suite des termes de rang impair semble décroissante.

3. Points fixes de $f \circ f$.

$$f \circ f(x) = f\big(f(x)\big) = f\Big(1 + \frac{1}{x}\Big) = 1 + \frac{1}{1 + \frac{1}{x}} = 1 + \frac{x}{x+1} = \frac{2x+1}{x+1}$$

Donc

$$f \circ f(x) = x \iff \frac{2x+1}{x+1} = x \iff x^2 - x - 1 = 0 \iff x \in \left\{ \frac{1-\sqrt{5}}{2}, \frac{1+\sqrt{5}}{2} \right\}$$

Comme la limite doit être positive, le seul point fixe à considérer est $\ell = \frac{1+\sqrt{5}}{2}$. Attention ! Il y a un unique point fixe, mais on ne peut pas conclure à ce stade car f est définie sur $]0, +\infty[$ qui n'est pas un intervalle compact.

4. Premier cas $0 < u_0 \leqslant \ell = \frac{1+\sqrt{5}}{2}$.

Alors, $u_1 = f(u_0) \geqslant f(\ell) = \ell$; et par une étude de $f \circ f(x) - x$, on obtient que : $u_2 = f \circ f(u_0) \geqslant u_0$; $u_1 \geqslant f \circ f(u_1) = u_3$.
Comme $u_2 \geqslant u_0$ et $f \circ f$ est croissante, la suite (u_{2n}) est croissante. De même $u_3 \leqslant u_1$, donc la suite (u_{2n+1}) est décroissante. De plus comme $u_0 \leqslant u_1$, en appliquant f un nombre *pair* de fois, on obtient que $u_{2n} \leqslant u_{2n+1}$. La situation est donc la suivante :

$$u_0 \leqslant u_2 \leqslant \cdots \leqslant u_{2n} \leqslant \cdots \leqslant u_{2n+1} \leqslant \cdots \leqslant u_3 \leqslant u_1$$

La suite (u_{2n}) est croissante et majorée par u_1, donc elle converge. Sa limite ne peut être que l'unique point fixe de $f \circ f$: $\ell = \frac{1+\sqrt{5}}{2}$.
La suite (u_{2n+1}) est décroissante et minorée par u_0, donc elle converge aussi vers $\ell = \frac{1+\sqrt{5}}{2}$.
On en conclut que la suite (u_n) converge vers $\ell = \frac{1+\sqrt{5}}{2}$.

5. Deuxième cas $u_0 \geqslant \ell = \frac{1+\sqrt{5}}{2}$.
On montre de la même façon que (u_{2n}) est décroissante et converge vers $\frac{1+\sqrt{5}}{2}$, et que (u_{2n+1}) est croissante et converge aussi vers $\frac{1+\sqrt{5}}{2}$.

Mini-exercices.

1. Soit $f(x) = \frac{1}{9}x^3 + 1$, $u_0 = 0$ et pour $n \geqslant 0$: $u_{n+1} = f(u_n)$. Étudier en détail la suite (u_n) : (a) montrer que $u_n \geqslant 0$; (b) étudier et tracer le graphe de g ; (c) tracer les premiers termes de (u_n) ; (d) montrer que (u_n) est croissante ; (e) étudier la fonction $g(x) = f(x) - x$; (f) montrer que f admet deux points fixes sur $\mathbb{R}_+$, $0 < \ell < \ell'$; (g) montrer que $f([0,\ell]) \subset [0,\ell]$; (h) en déduire que (u_n) converge vers ℓ.
2. Soit $f(x) = 1 + \sqrt{x}$, $u_0 = 2$ et pour $n \geqslant 0$: $u_{n+1} = f(u_n)$. Étudier en détail la suite (u_n).
3. Soit $(u_n)_{n\in\mathbb{N}}$ la suite définie par : $u_0 \in [0,1]$ et $u_{n+1} = u_n - u_n^2$. Étudier en détail la suite (u_n).
4. Étudier la suite définie par $u_0 = 4$ et $u_{n+1} = \frac{4}{u_n+2}$.

Auteurs du chapitre
Auteurs : Arnaud Bodin, Niels Borne, Laura Desideri
Dessins : Benjamin Boutin

Chapitre 3

Limites et fonctions continues

Motivation

Les équations en une variable x qu'on sait résoudre explicitement, c'est-à-dire en donnant une formule pour la solution, sont très particulières : par exemple les équations du premier degré $ax + b = 0$, celles du second degré $ax^2 + bx + c = 0$.

Mais pour la plupart des équations, il n'est pas possible de donner une formule pour la ou les solutions. En fait il n'est même pas évident de déterminer seulement le nombre de solutions, ni même s'il en existe. Considérons par exemple l'équation extrêmement simple :

$$x + \exp x = 0$$

Il n'y a pas de formule explicite (utilisant des sommes, des produits, des fonctions usuelles) pour trouver la solution x.

Dans ce chapitre nous allons voir que grâce à l'étude de la fonction $f(x) = x + \exp x$, il est possible d'obtenir beaucoup d'informations sur l'ensemble des solutions de l'équation $x + \exp x = 0$, et même de l'équation plus générale $x + \exp x = y$ (où $y \in \mathbb{R}$ est fixé).

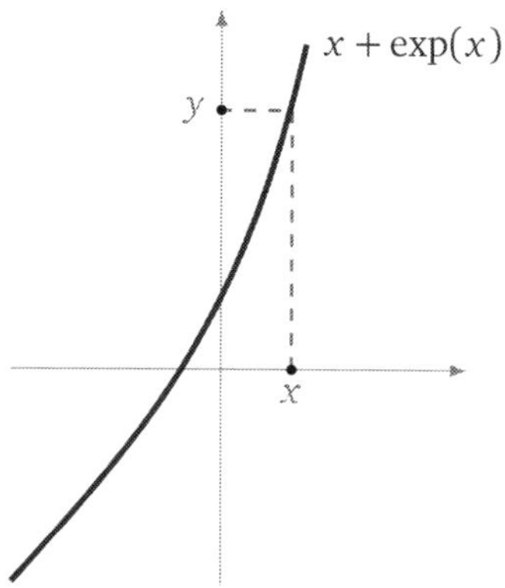

Nous serons capables de prouver que pour chaque $y \in \mathbb{R}$ l'équation « $x+\exp x = y$ » admet une solution x, que cette solution est unique, et nous saurons dire comment varie x en fonction de y. Le point clé de cette résolution est l'étude de la fonction f et en particulier de sa continuité. Même s'il n'est pas possible de trouver l'expression exacte de la solution x en fonction de y, nous allons mettre en place les outils théoriques qui permettent d'en trouver une solution approchée.

1. Notions de fonction

1.1. Définitions

Définition 1.
Une **fonction** d'une variable réelle à valeurs réelles est une application $f : U \to \mathbb{R}$, où U est une partie de $\mathbb{R}$. En général, U est un intervalle ou une réunion d'intervalles. On appelle U le **domaine de définition** de la fonction f.

Exemple 1.
La fonction inverse :

$$\begin{array}{rcl} f :]-\infty,0[\cup]0,+\infty[& \longrightarrow & \mathbb{R} \\ x & \longmapsto & \dfrac{1}{x}. \end{array}$$

Le **graphe** d'une fonction $f : U \to \mathbb{R}$ est la partie Γ_f de $\mathbb{R}^2$ définie par $\Gamma_f = \{(x, f(x)) \mid x \in U\}$.

Le graphe d'une fonction (à gauche), l'exemple du graphe de $x \mapsto \frac{1}{x}$ (à droite).

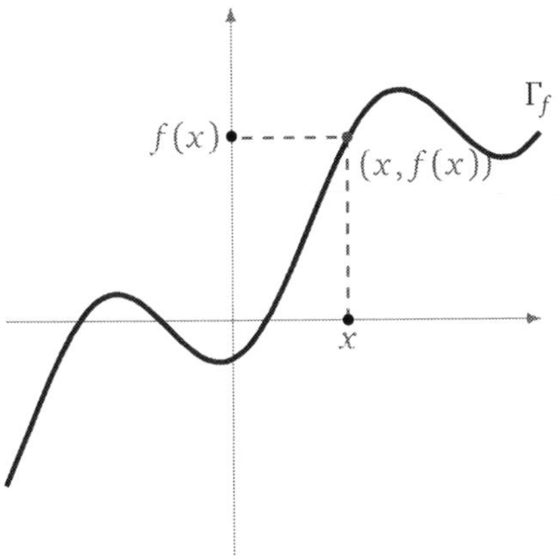

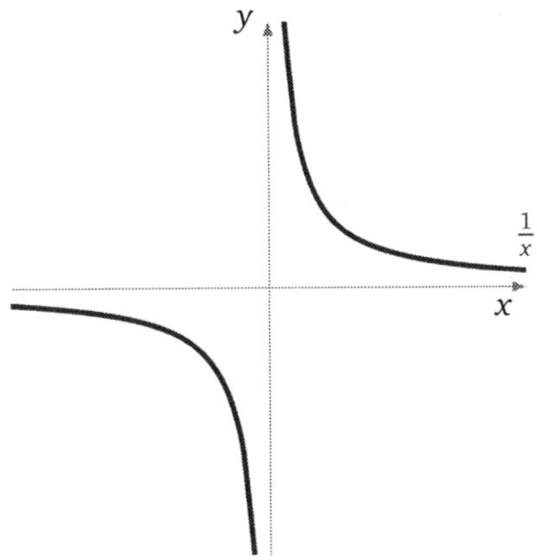

1.2. Opérations sur les fonctions

Soient $f : U \to \mathbb{R}$ et $g : U \to \mathbb{R}$ deux fonctions définies sur une même partie U de $\mathbb{R}$. On peut alors définir les fonctions suivantes :

- la **somme** de f et g est la fonction $f + g : U \to \mathbb{R}$ définie par $(f+g)(x) = f(x) + g(x)$ pour tout $x \in U$;
- le **produit** de f et g est la fonction $f \times g : U \to \mathbb{R}$ définie par $(f \times g)(x) = f(x) \times g(x)$ pour tout $x \in U$;
- la **multiplication par un scalaire** $\lambda \in \mathbb{R}$ de f est la fonction $\lambda \cdot f : U \to \mathbb{R}$ définie par $(\lambda \cdot f)(x) = \lambda \cdot f(x)$ pour tout $x \in U$.

Comment tracer le graphe d'une somme de fonction ?

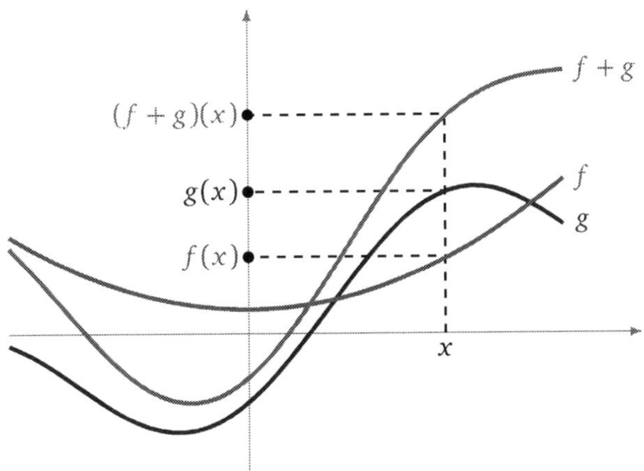

1.3. Fonctions majorées, minorées, bornées

Définition 2.

Soient $f : U \to \mathbb{R}$ et $g : U \to \mathbb{R}$ deux fonctions. Alors :

- $f \geqslant g$ si $\forall x \in U \quad f(x) \geqslant g(x)$;
- $f \geqslant 0$ si $\forall x \in U \quad f(x) \geqslant 0$;
- $f > 0$ si $\forall x \in U \quad f(x) > 0$;
- f est dite **constante** sur U si $\exists a \in \mathbb{R} \quad \forall x \in U \; f(x) = a$;
- f est dite **nulle** sur U si $\forall x \in U \quad f(x) = 0$.

Définition 3.

Soit $f : U \to \mathbb{R}$ une fonction. On dit que :

- f est **majorée** sur U si $\exists M \in \mathbb{R} \quad \forall x \in U \; f(x) \leqslant M$;
- f est **minorée** sur U si $\exists m \in \mathbb{R} \quad \forall x \in U \; f(x) \geqslant m$;
- f est **bornée** sur U si f est à la fois majorée et minorée sur U, c'est-à-dire si $\exists M \in \mathbb{R} \; \forall x \in U \quad |f(x)| \leqslant M$.

Voici le graphe d'une fonction bornée (minorée par m et majorée par M).

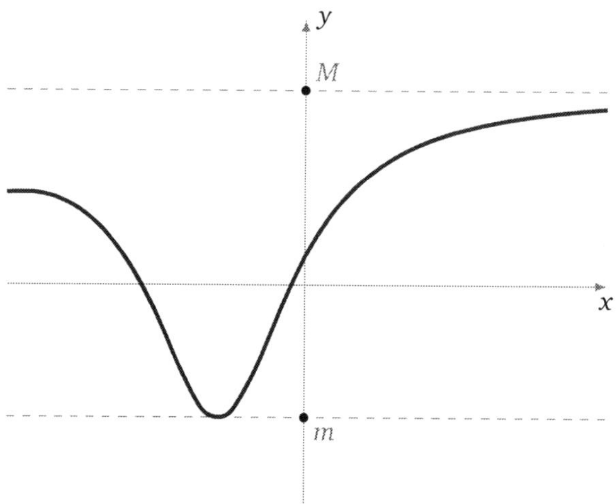

1.4. Fonctions croissantes, décroissantes

Définition 4.

Soit $f : U \to \mathbb{R}$ une fonction. On dit que :

- f est **croissante** sur U si $\boxed{\forall x,y \in U \quad x \leqslant y \implies f(x) \leqslant f(y)}$
- f est **strictement croissante** sur U si $\forall x,y \in U \quad x < y \implies f(x) < f(y)$
- f est **décroissante** sur U si $\forall x,y \in U \quad x \leqslant y \implies f(x) \geqslant f(y)$
- f est **strictement décroissante** sur U si $\forall x,y \in U \quad x < y \implies f(x) > f(y)$
- f est **monotone** (resp. **strictement monotone**) sur U si f est croissante ou décroissante (resp. strictement croissante ou strictement décroissante) sur U.

Un exemple de fonction croissante (et même strictement croissante) :

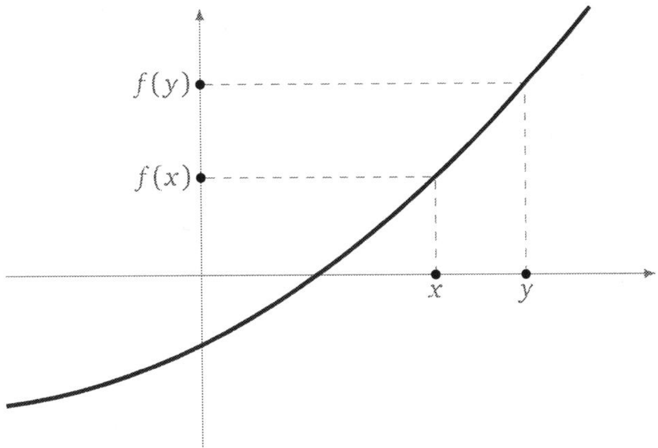

Exemple 2.

- La fonction racine carrée $\begin{cases} [0,+\infty[\longrightarrow \mathbb{R} \\ x \longmapsto \sqrt{x} \end{cases}$ est strictement croissante.
- Les fonctions exponentielle $\exp : \mathbb{R} \to \mathbb{R}$ et logarithme $\ln :]0,+\infty[\to \mathbb{R}$ sont strictement croissantes.
- La fonction valeur absolue $\begin{cases} \mathbb{R} \longrightarrow \mathbb{R} \\ x \longmapsto |x| \end{cases}$ n'est ni croissante, ni décroissante. Par contre, la fonction $\begin{cases} [0,+\infty[\longrightarrow \mathbb{R} \\ x \longmapsto |x| \end{cases}$ est strictement croissante.

1.5. Parité et périodicité

Définition 5.
Soit I un intervalle de $\mathbb{R}$ symétrique par rapport à 0 (c'est-à-dire de la forme $]-a,a[$ ou $[-a,a]$ ou $\mathbb{R}$). Soit $f : I \to \mathbb{R}$ une fonction définie sur cet intervalle. On dit que :

- f est **paire** si $\forall x \in I \quad f(-x) = f(x)$,
- f est **impaire** si $\forall x \in I \quad f(-x) = -f(x)$.

Interprétation graphique :

- f est paire si et seulement si son graphe est symétrique par rapport à l'axe des ordonnées (figure de gauche).
- f est impaire si et seulement si son graphe est symétrique par rapport à l'origine (figure de droite).

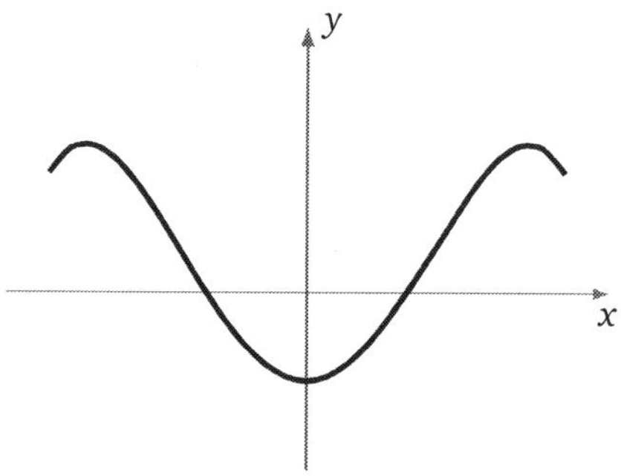

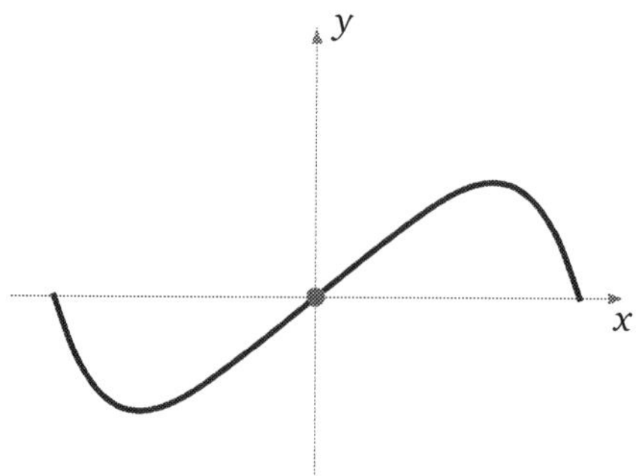

Exemple 3.

- La fonction définie sur $\mathbb{R}$ par $x \mapsto x^{2n}$ $(n \in \mathbb{N})$ est paire.
- La fonction définie sur $\mathbb{R}$ par $x \mapsto x^{2n+1}$ $(n \in \mathbb{N})$ est impaire.
- La fonction $\cos : \mathbb{R} \to \mathbb{R}$ est paire. La fonction $\sin : \mathbb{R} \to \mathbb{R}$ est impaire.

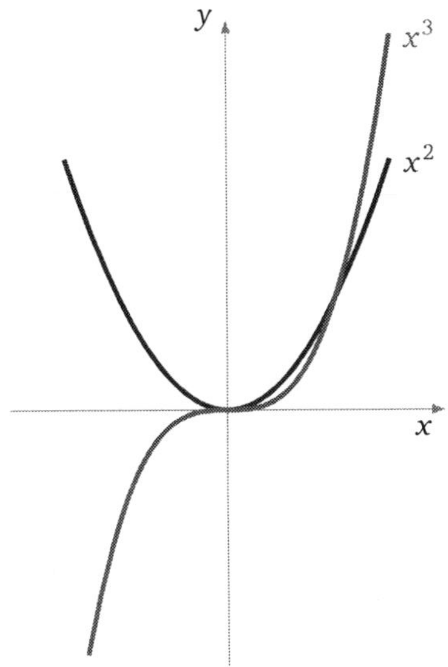

Définition 6.
Soit $f : \mathbb{R} \to \mathbb{R}$ une fonction et T un nombre réel, $T > 0$. La fonction f est dite **périodique** de période T si $\forall x \in \mathbb{R} \ \ f(x+T) = f(x)$.

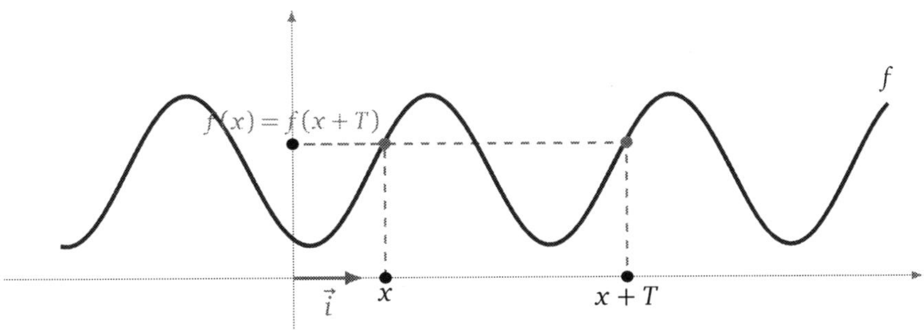

Interprétation graphique : f est périodique de période T si et seulement si son graphe est invariant par la translation de vecteur $T\vec{i}$, où $\vec{i}$ est le premier vecteur de coordonnées.

Exemple 4.
Les fonctions sinus et cosinus sont 2π-périodiques. La fonction tangente est π-périodique.

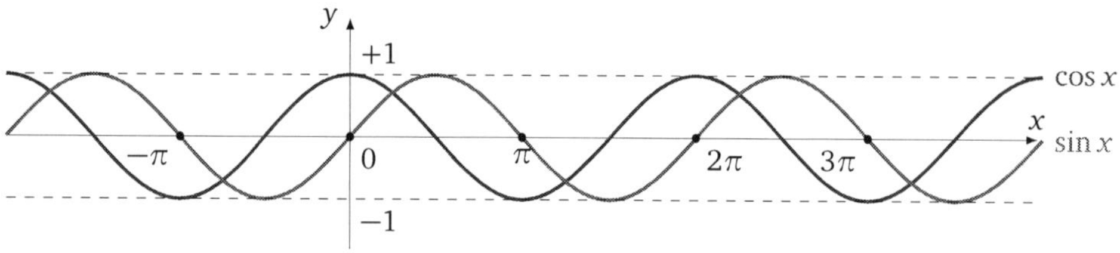

Mini-exercices.

1. Soit $U =]-\infty, 0[$ et $f : U \to \mathbb{R}$ définie par $f(x) = 1/x$. f est-elle monotone ? Et sur $U =]0, +\infty[$? Et sur $U =]-\infty, 0[\cup]0, +\infty[$?
2. Pour deux fonctions paires que peut-on dire sur la parité de la somme ? du produit ? et de la composée ? Et pour deux fonctions impaires ? Et si l'une est paire et l'autre impaire ?
3. On note $\{x\} = x - E(x)$ la partie fractionnaire de x. Tracer le graphe de la fonction $x \mapsto \{x\}$ et montrer qu'elle est périodique.
4. Soit $f : \mathbb{R} \to \mathbb{R}$ la fonction définie par $f(x) = \frac{x}{1+x^2}$. Montrer que $|f|$ est majorée par $\frac{1}{2}$, étudier les variations de f (sans utiliser de dérivée) et tracer son graphe.
5. On considère la fonction $g : \mathbb{R} \to \mathbb{R}$, $g(x) = \sin\big(\pi f(x)\big)$, où f est définie à la question précédente. Déduire de l'étude de f les variations, la parité, la périodicité de g et tracer son graphe.

2. Limites

2.1. Définitions

Limite en un point

Soit $f : I \to \mathbb{R}$ une fonction définie sur un intervalle I de $\mathbb{R}$. Soit $x_0 \in \mathbb{R}$ un point de I ou une extrémité de I.

Définition 7.
Soit $\ell \in \mathbb{R}$. On dit que **f a pour limite ℓ en x_0** si

$$\forall \epsilon > 0 \quad \exists \delta > 0 \quad \forall x \in I \quad |x - x_0| < \delta \implies |f(x) - \ell| < \epsilon$$

On dit aussi que **$f(x)$ tend vers ℓ lorsque x tend vers x_0**. On note alors $\lim_{x \to x_0} f(x) = \ell$ ou bien $\lim_{x_0} f = \ell$.

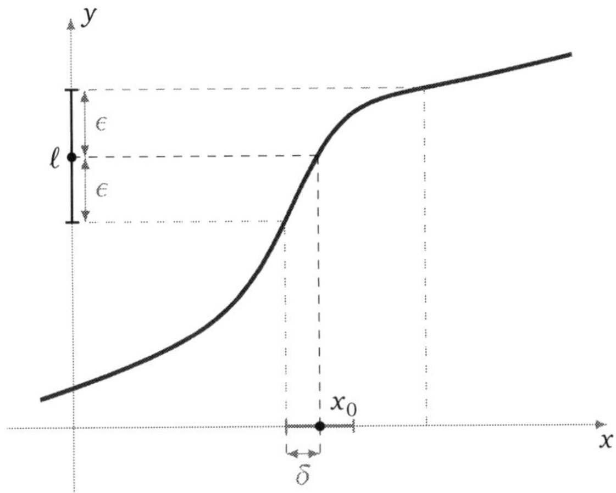

Remarque.

- L'inégalité $|x - x_0| < \delta$ équivaut à $x \in]x_0 - \delta, x_0 + \delta[$. L'inégalité $|f(x) - \ell| < \epsilon$ équivaut à $f(x) \in]\ell - \epsilon, \ell + \epsilon[$.
- On peut remplacer certaines inégalités strictes « $<$ » par des inégalités larges « $\leqslant$ » dans la définition : $\forall \epsilon > 0 \quad \exists \delta > 0 \quad \forall x \in I \quad |x - x_0| \leqslant \delta \implies |f(x) - \ell| \leqslant \epsilon$
- Dans la définition de la limite

$$\forall \epsilon > 0 \quad \exists \delta > 0 \quad \forall x \in I \quad |x - x_0| < \delta \implies |f(x) - \ell| < \epsilon$$

  le quantificateur $\forall x \in I$ n'est là que pour être sûr que l'on puisse parler de $f(x)$. Il est souvent omis et l'existence de la limite s'écrit alors juste :

$$\forall \epsilon > 0 \quad \exists \delta > 0 \quad |x - x_0| < \delta \implies |f(x) - \ell| < \epsilon.$$

- N'oubliez pas que l'ordre des quantificateurs est important, on ne peut pas échanger le $\forall \epsilon$ avec le $\exists \delta$: le δ dépend en général du ϵ. Pour marquer cette dépendance on peut écrire : $\forall \epsilon > 0 \quad \exists \delta(\epsilon) > 0 \ldots$

Exemple 5.

- $\lim_{x \to x_0} \sqrt{x} = \sqrt{x_0}$ pour tout $x_0 \geqslant 0$,
- la fonction partie entière E n'a pas de limite aux points $x_0 \in \mathbb{Z}$.

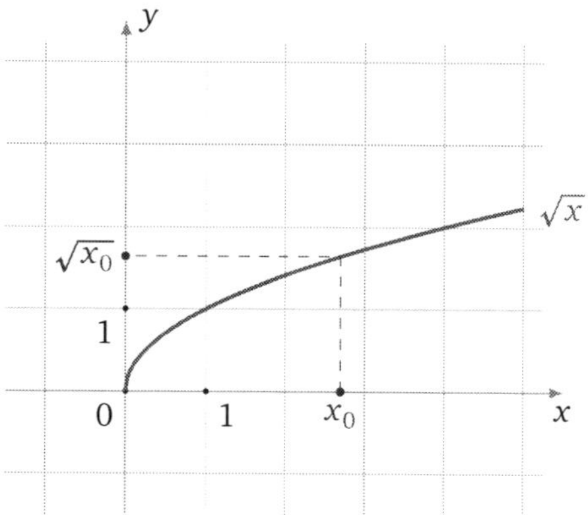

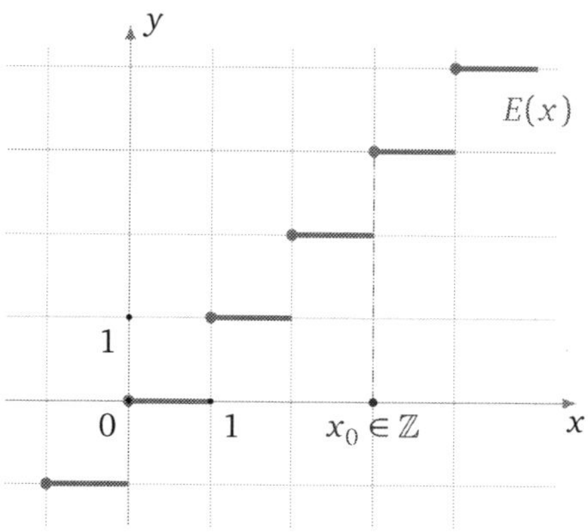

Soit f une fonction définie sur un ensemble de la forme $]a, x_0[\cup]x_0, b[$.

Définition 8.

- On dit que **f a pour limite $+\infty$ en x_0** si

$$\forall A > 0 \quad \exists \delta > 0 \quad \forall x \in I \quad |x - x_0| < \delta \implies f(x) > A$$

  On note alors $\lim_{x \to x_0} f(x) = +\infty$.

- On dit que **f a pour limite $-\infty$ en x_0** si

$$\forall A > 0 \quad \exists \delta > 0 \quad \forall x \in I \quad |x - x_0| < \delta \implies f(x) < -A$$

  On note alors $\lim_{x \to x_0} f(x) = -\infty$.

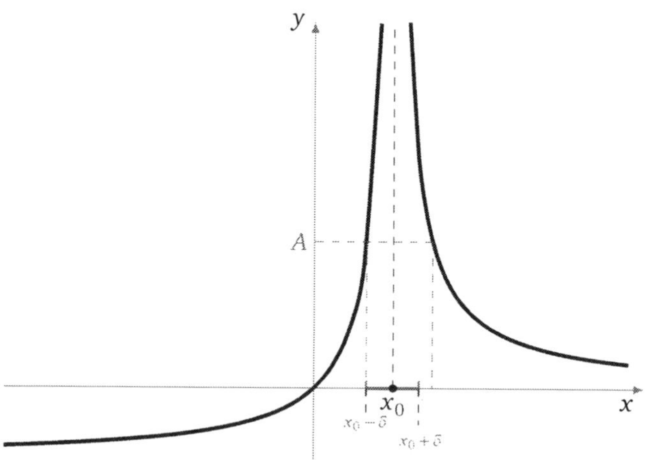

Limite en l'infini

Soit $f : I \to \mathbb{R}$ une fonction définie sur un intervalle de la forme $I =]a, +\infty[$.

Définition 9.

- Soit $\ell \in \mathbb{R}$. On dit que **f a pour limite ℓ en $+\infty$** si
$$\forall \epsilon > 0 \quad \exists B > 0 \quad \forall x \in I \quad x > B \implies |f(x) - \ell| < \epsilon$$
On note alors $\lim_{x \to +\infty} f(x) = \ell$ ou $\lim_{+\infty} f = \ell$.
- On dit que **f a pour limite $+\infty$ en $+\infty$** si
$$\forall A > 0 \quad \exists B > 0 \quad \forall x \in I \quad x > B \implies f(x) > A$$
On note alors $\lim_{x \to +\infty} f(x) = +\infty$.

On définirait de la même manière la limite en $-\infty$ pour des fonctions définies sur les intervalles du type $]-\infty, a[$.

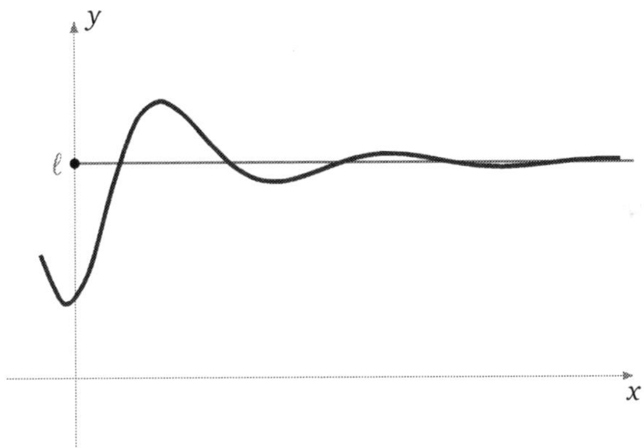

Exemple 6.
On a les limites classiques suivantes pour tout $n \geqslant 1$:

- $\lim_{x \to +\infty} x^n = +\infty$ et $\lim_{x \to -\infty} x^n = \begin{cases} +\infty & \text{si } n \text{ est pair} \\ -\infty & \text{si } n \text{ est impair} \end{cases}$
- $\lim_{x \to +\infty} \left(\frac{1}{x^n}\right) = 0$ et $\lim_{x \to -\infty} \left(\frac{1}{x^n}\right) = 0.$

Exemple 7.
Soit $P(x) = a_n x^n + a_{n-1} x^{n-1} + \cdots + a_1 x + a_0$ avec $a_n > 0$ et $Q(x) = b_m x^m + b_{m-1} x^{m-1} + \cdots + b_1 x + b_0$ avec $b_m > 0$.

$$\lim_{x\to+\infty}\frac{P(x)}{Q(x)}=\begin{cases}+\infty & \text{si } n>m\\ \frac{a_n}{b_m} & \text{si } n=m\\ 0 & \text{si } n<m\end{cases}$$

Limite à gauche et à droite

Soit f une fonction définie sur un ensemble de la forme $]a,x_0[\cup]x_0,b[$.

Définition 10.

- On appelle **limite à droite** en x_0 de f la limite de la fonction $f_{\big|]x_0,b[}$ en x_0 et on la note $\lim\limits_{x_0^+} f$.
- On définit de même la **limite à gauche** en x_0 de f : la limite de la fonction $f_{\big|]a,x_0[}$ en x_0 et on la note $\lim\limits_{x_0^-} f$.
- On note aussi $\lim\limits_{\substack{x\to x_0\\ x>x_0}} f(x)$ pour la limite à droite et $\lim\limits_{\substack{x\to x_0\\ x<x_0}} f(x)$ pour la limite à gauche.

Dire que $f : I \to \mathbb{R}$ admet une limite $\ell \in \mathbb{R}$ à droite en x_0 signifie donc :

$$\forall \epsilon>0 \quad \exists \delta>0 \quad x_0<x<x_0+\delta \implies |f(x)-\ell|<\epsilon$$

Si la fonction f a une limite en x_0, alors ses limites à gauche et à droite en x_0 coïncident et valent $\lim\limits_{x_0} f$.

Réciproquement, si f a une limite à gauche et une limite à droite en x_0 et si ces limites valent $f(x_0)$ (si f est bien définie en x_0) alors f admet une limite en x_0.

Exemple 8.
Considérons la fonction partie entière au point $x=2$:

- comme pour tout $x \in]2,3[$ on a $E(x)=2$, on a $\lim\limits_{2^+} E = 2$,
- comme pour tout $x \in [1,2[$ on a $E(x)=1$, on a $\lim\limits_{2^-} E = 1$.

Ces deux limites étant différentes, on en déduit que E n'a pas de limite en 2.

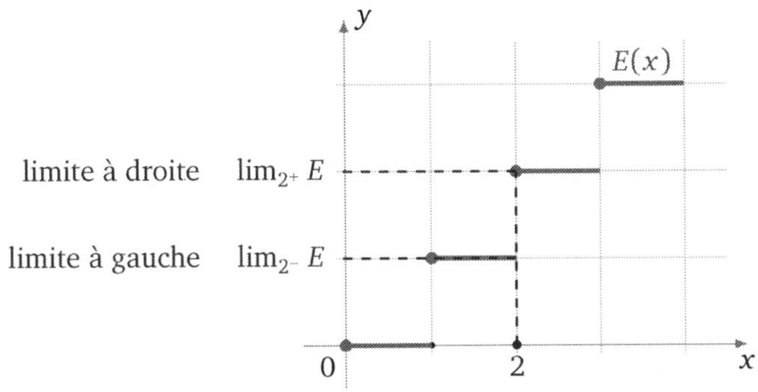

2.2. Propriétés

Proposition 1.

Si une fonction admet une limite, alors cette limite est unique.

On ne donne pas la démonstration de cette proposition, qui est très similaire à celle de l'unicité de la limite pour les suites (un raisonnement par l'absurde).

Soient deux fonctions f et g. On suppose que x_0 est un réel, ou que $x_0 = \pm\infty$.

Proposition 2.
Si $\lim_{x_0} f = \ell \in \mathbb{R}$ *et* $\lim_{x_0} g = \ell' \in \mathbb{R}$, *alors :*

- $\lim_{x_0}(\lambda \cdot f) = \lambda \cdot \ell$ *pour tout* $\lambda \in \mathbb{R}$
- $\lim_{x_0}(f+g) = \ell + \ell'$
- $\lim_{x_0}(f \times g) = \ell \times \ell'$
- *si* $\ell \neq 0$, *alors* $\lim_{x_0} \frac{1}{f} = \frac{1}{\ell}$

De plus, si $\lim_{x_0} f = +\infty$ *(ou* $-\infty$*) alors* $\lim_{x_0} \frac{1}{f} = 0$.

Cette proposition se montre de manière similaire à la proposition analogue sur les limites de suites. Nous n'allons donc pas donner la démonstration de tous les résultats.

Démonstration. Montrons par exemple que si f tend en x_0 vers une limite ℓ non nulle, alors $\frac{1}{f}$ est bien définie dans un voisinage de x_0 et tend vers $\frac{1}{\ell}$.

Supposons $\ell > 0$, le cas $\ell < 0$ se montrerait de la même manière. Montrons tout d'abord que $\frac{1}{f}$ est bien définie et est bornée dans un voisinage de x_0 contenu dans l'intervalle I. Par hypothèse

$$\forall \epsilon' > 0 \quad \exists \delta > 0 \quad \forall x \in I \quad x_0 - \delta < x < x_0 + \delta \implies \ell - \epsilon' < f(x) < \ell + \epsilon'.$$

Si on choisit ϵ' tel que $0 < \epsilon' < \ell/2$, alors on voit qu'il existe un intervalle $J = I \cap]x_0 - \delta, x_0 + \delta[$ tel que pour tout x dans J, $f(x) > \ell/2 > 0$, c'est-à-dire, en posant $M = 2/\ell$:

$$\forall x \in J \quad 0 < \frac{1}{f(x)} < M.$$

Fixons à présent $\epsilon > 0$. Pour tout $x \in J$, on a

$$\left|\frac{1}{f(x)} - \frac{1}{\ell}\right| = \frac{|\ell - f(x)|}{f(x)\ell} < \frac{M}{\ell}|\ell - f(x)|.$$

Donc, si dans la définition précédente de la limite de f en x_0 on choisit $\epsilon' = \frac{\ell\epsilon}{M}$, alors on trouve qu'il existe un $\delta > 0$ tel que

$$\forall x \in J \quad x_0 - \delta < x < x_0 + \delta \implies \left|\frac{1}{f(x)} - \frac{1}{\ell}\right| < \frac{M}{\ell}|\ell - f(x)| < \frac{M}{\ell}\epsilon' = \epsilon.$$

□

Proposition 3.
Si $\lim_{x_0} f = \ell$ *et* $\lim_{\ell} g = \ell'$, *alors* $\lim_{x_0} g \circ f = \ell'$.

Ce sont des propriétés que l'on utilise sans s'en apercevoir !

Exemple 9.
Soit $x \mapsto u(x)$ une fonction et $x_0 \in \mathbb{R}$ tel que $u(x) \to 2$ lorsque $x \to x_0$. Posons $f(x) = \sqrt{1 + \frac{1}{u(x)^2} + \ln u(x)}$. Si elle existe, quelle est la limite de f en x_0 ?

- Tout d'abord comme $u(x) \to 2$ alors $u(x)^2 \to 4$ donc $\frac{1}{u(x)^2} \to \frac{1}{4}$ (lorsque $x \to x_0$).
- De même comme $u(x) \to 2$ alors, dans un voisinage de x_0, $u(x) > 0$ donc $\ln u(x)$ est bien définie dans ce voisinage et de plus $\ln u(x) \to \ln 2$ (lorsque $x \to x_0$).
- Cela entraîne que $1 + \frac{1}{u(x)^2} + \ln u(x) \to 1 + \frac{1}{4} + \ln 2$ lorsque $x \to x_0$. En particulier $1 + \frac{1}{u(x)^2} + \ln u(x) \geqslant 0$ dans un voisinage de x_0, donc $f(x)$ est bien définie dans un voisinage de x_0.
- Et par composition avec la racine carrée alors $f(x)$ a bien une limite en x_0 et $\lim_{x \to x_0} f(x) = \sqrt{1 + \frac{1}{4} + \ln 2}$.

Il y a des situations où l'on ne peut rien dire sur les limites. Par exemple si $\lim_{x_0} f = +\infty$ et $\lim_{x_0} g = -\infty$ alors on ne peut à priori rien dire sur la limite de $f + g$ (cela dépend vraiment de f et de g). On raccourci cela en $+\infty - \infty$ est une **forme indéterminée.**

Voici une liste de formes indéterminées : $+\infty - \infty$; $0 \times \infty$; $\frac{\infty}{\infty}$; $\frac{0}{0}$; 1^∞ ; ∞^0.

Enfin voici une proposition très importante qui signifie qu'on peut passer à la limite dans une inégalité *large*.

Proposition 4.

- *Si* $f \leqslant g$ *et si* $\lim\limits_{x_0} f = \ell \in \mathbb{R}$ *et* $\lim\limits_{x_0} g = \ell' \in \mathbb{R}$*, alors* $\ell \leqslant \ell'$.
- *Si* $f \leqslant g$ *et si* $\lim\limits_{x_0} f = +\infty$*, alors* $\lim\limits_{x_0} g = +\infty$.
- *Théorème des gendarmes*

Si $f \leqslant g \leqslant h$ *et si* $\lim\limits_{x_0} f = \lim\limits_{x_0} h = \ell \in \mathbb{R}$*, alors* g *a une limite en* x_0 *et* $\lim\limits_{x_0} g = \ell$.

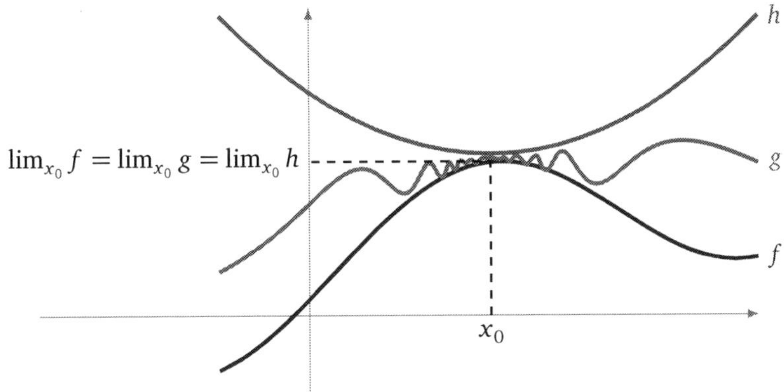

Mini-exercices.

1. Déterminer, si elle existe, la limite de $\frac{2x^2-x-2}{3x^2+2x+2}$ en 0. Et en $+\infty$?
2. Déterminer, si elle existe, la limite de $\sin\left(\frac{1}{x}\right)$ en $+\infty$. Et pour $\frac{\cos x}{\sqrt{x}}$?
3. En utilisant la définition de la limite (avec des ϵ), montrer que $\lim_{x\to 2}(3x+1) = 7$.
4. Montrer que si f admet une limite finie en x_0 alors il existe $\delta > 0$ tel que f soit bornée sur $]x_0 - \delta, x_0 + \delta[$.
5. Déterminer, si elle existe, $\lim_{x\to 0} \frac{\sqrt{1+x}-\sqrt{1+x^2}}{x}$. Et $\lim_{x\to 2} \frac{x^2-4}{x^2-3x+2}$?

3. Continuité en un point

3.1. Définition

Soit I un intervalle de $\mathbb{R}$ et $f : I \to \mathbb{R}$ une fonction.

Définition 11.

- On dit que f est **continue en un point** $x_0 \in I$ si

$$\forall \epsilon > 0 \quad \exists \delta > 0 \quad \forall x \in I \quad |x - x_0| < \delta \implies |f(x) - f(x_0)| < \epsilon$$

  c'est-à-dire si f admet une limite en x_0 (cette limite vaut alors nécessairement $f(x_0)$).
- On dit que f est **continue sur** I si f est continue en tout point de I.

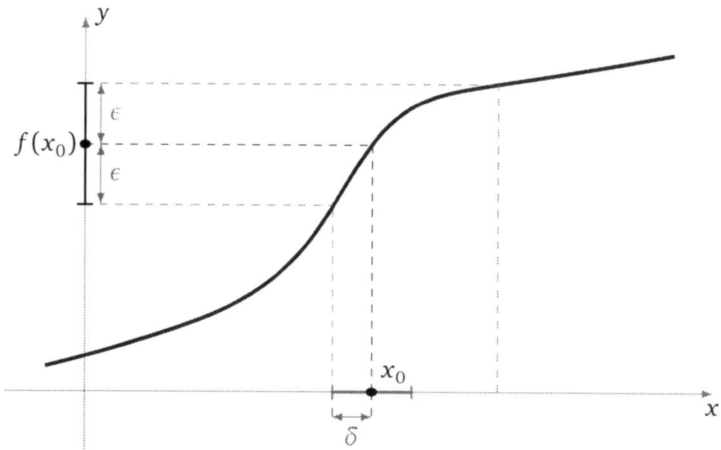

Intuitivement, une fonction est continue sur un intervalle, si on peut tracer son graphe « sans lever le crayon », c'est-à-dire si sa courbe représentative n'admet pas de saut.

Voici des fonctions qui ne sont pas continues en x_0 :

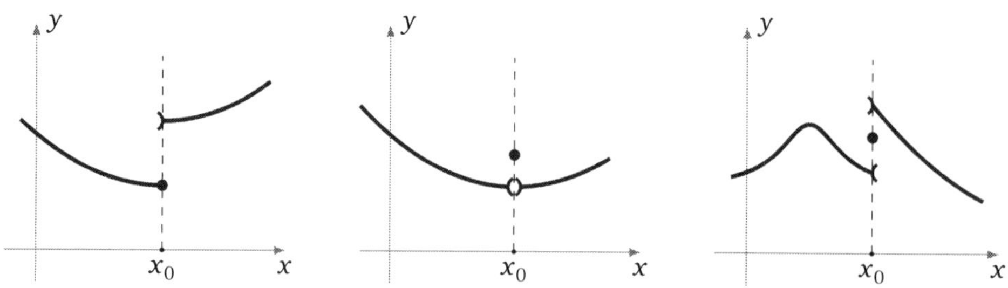

Exemple 10.
Les fonctions suivantes sont continues :

- une fonction constante sur un intervalle,
- la fonction racine carrée $x \mapsto \sqrt{x}$ sur $[0,+\infty[$,
- les fonctions sin et cos sur $\mathbb{R}$,
- la fonction valeur absolue $x \mapsto |x|$ sur $\mathbb{R}$,
- la fonction exp sur $\mathbb{R}$,
- la fonction ln sur $]0,+\infty[$.

Par contre, la fonction partie entière E n'est pas continue aux points $x_0 \in \mathbb{Z}$, puisqu'elle n'admet pas de limite en ces points. Pour $x_0 \in \mathbb{R} \setminus \mathbb{Z}$, elle est continue en x_0.

3.2. Propriétés

La continuité assure par exemple que si la fonction n'est pas nulle en un point (qui est une propriété ponctuelle) alors elle n'est pas nulle autour de ce point (propriété locale). Voici l'énoncé :

Lemme 1.
Soit $f : I \to \mathbb{R}$ une fonction définie sur un intervalle I et x_0 un point de I. Si f est continue en x_0 et si $f(x_0) \neq 0$, alors il existe $\delta > 0$ tel que

$$\forall x \in]x_0-\delta, x_0+\delta[\quad f(x) \neq 0$$

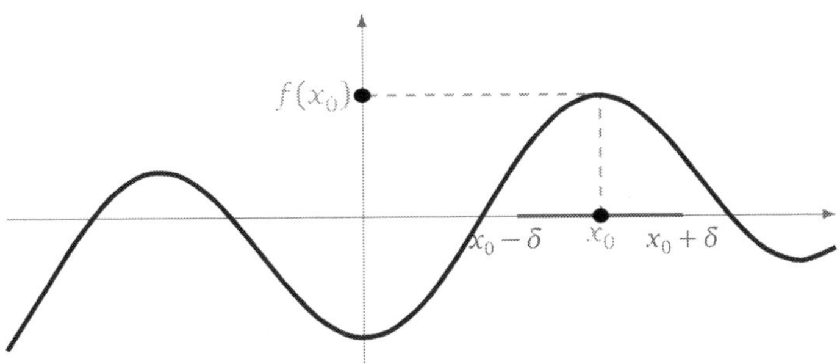

Démonstration. Supposons par exemple que $f(x_0) > 0$, le cas $f(x_0) < 0$ se montrerait de la même manière. Écrivons ainsi la définition de la continuité de f en x_0 :

$$\forall \epsilon > 0 \quad \exists \delta > 0 \quad \forall x \in I \quad x \in]x_0-\delta, x_0+\delta[\implies f(x_0)-\epsilon < f(x) < f(x_0)+\epsilon.$$

Il suffit donc de choisir ϵ tel que $0 < \epsilon < f(x_0)$. Il existe alors bien un intervalle $J = I \cap]x_0 - \delta, x_0 + \delta[$ tel que pour tout x dans J, on a $f(x) > 0$. □

La continuité se comporte bien avec les opérations élémentaires. Les propositions suivantes sont des conséquences immédiates des propositions analogues sur les limites.

Proposition 5.
Soient $f, g : I \to \mathbb{R}$ deux fonctions continues en un point $x_0 \in I$. Alors
- *$\lambda \cdot f$ est continue en x_0 (pour tout $\lambda \in \mathbb{R}$),*
- *$f + g$ est continue en x_0,*
- *$f \times g$ est continue en x_0,*
- *si $f(x_0) \neq 0$, alors $\frac{1}{f}$ est continue en x_0.*

Exemple 11.
La proposition précédente permet de vérifier que d'autres fonctions usuelles sont continues :
- les fonctions puissance $x \mapsto x^n$ sur $\mathbb{R}$ (comme produit $x \times x \times \cdots$),
- les polynômes sur $\mathbb{R}$ (somme et produit de fonctions puissance et de fonctions constantes),
- les fractions rationnelles $x \mapsto \frac{P(x)}{Q(x)}$ sur tout intervalle où le polynôme $Q(x)$ ne s'annule pas.

La composition conserve la continuité (mais il faut faire attention en quels points les hypothèses s'appliquent).

Proposition 6.
Soient $f : I \to \mathbb{R}$ et $g : J \to \mathbb{R}$ deux fonctions telles que $f(I) \subset J$. Si f est continue en un point $x_0 \in I$ et si g est continue en $f(x_0)$, alors $g \circ f$ est continue en x_0.

3.3. Prolongement par continuité

Définition 12.
Soit I un intervalle, x_0 un point de I et $f : I \setminus \{x_0\} \to \mathbb{R}$ une fonction.
- On dit que f est **prolongeable par continuité** en x_0 si f admet une limite finie en x_0. Notons alors $\ell = \lim_{x_0} f$.

- On définit alors la fonction $\tilde{f} : I \to \mathbb{R}$ en posant pour tout $x \in I$

$$\tilde{f}(x) = \begin{cases} f(x) & \text{si } x \neq x_0 \\ \ell & \text{si } x = x_0. \end{cases}$$

Alors $\tilde{f}$ est continue en x_0 et on l'appelle le **prolongement par continuité** de f en x_0.

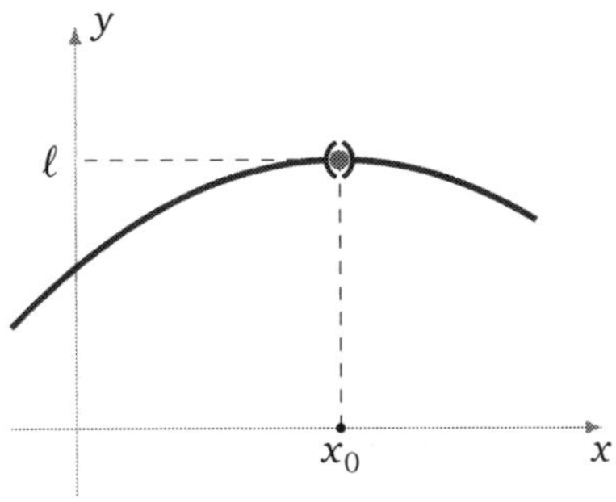

Dans la pratique, on continuera souvent à noter f à la place de $\tilde{f}$.

Exemple 12.
Considérons la fonction f définie sur $\mathbb{R}^*$ par $f(x) = x\sin\left(\frac{1}{x}\right)$. Voyons si f admet un prolongement par continuité en 0 ?
Comme pour tout $x \in \mathbb{R}^*$ on a $|f(x)| \leqslant |x|$, on en déduit que f tend vers 0 en 0. Elle est donc prolongeable par continuité en 0 et son prolongement est la fonction $\tilde{f}$ définie sur $\mathbb{R}$ tout entier par :

$$\tilde{f}(x) = \begin{cases} x\sin\left(\frac{1}{x}\right) & \text{si } x \neq 0 \\ 0 & \text{si } x = 0. \end{cases}$$

3.4. Suites et continuité

Proposition 7.
Soit $f : I \to \mathbb{R}$ une fonction et x_0 un point de I. Alors :

$$f \text{ est continue en } x_0 \iff \begin{array}{c}\text{pour toute suite } (u_n) \text{ qui converge vers } x_0 \\ \text{la suite } (f(u_n)) \text{ converge vers } f(x_0)\end{array}$$

Démonstration.

$\Longrightarrow$ *On suppose que f est continue en x_0 et que (u_n) est une suite qui converge vers x_0 et on veut montrer que $(f(u_n))$ converge vers $f(x_0)$.*

Soit $\epsilon > 0$. Comme f est continue en x_0, il existe un $\delta > 0$ tel que

$$\forall x \in I \quad |x - x_0| < \delta \implies |f(x) - f(x_0)| < \epsilon.$$

Pour ce δ, comme (u_n) converge vers x_0, il existe $N \in \mathbb{N}$ tel que

$$\forall n \in \mathbb{N} \quad n \geqslant N \implies |u_n - x_0| < \delta.$$

On en déduit que, pour tout $n \geqslant N$, comme $|u_n - x_0| < \delta$, on a $|f(u_n) - f(x_0)| < \epsilon$. Comme c'est vrai pour tout $\epsilon > 0$, on peut maintenant conclure que $(f(u_n))$ converge vers $f(x_0)$.

$\Longleftarrow$ *On va montrer la contraposée : supposons que f n'est pas continue en x_0 et montrons qu'alors il existe une suite (u_n) qui converge vers x_0 et telle que $(f(u_n))$ ne converge pas vers $f(x_0)$.*

Par hypothèse, comme f n'est pas continue en x_0 :

$$\exists \epsilon_0 > 0 \quad \forall \delta > 0 \quad \exists x_\delta \in I \quad \text{tel que} \quad |x_\delta - x_0| < \delta \text{ et } |f(x_\delta) - f(x_0)| > \epsilon_0.$$

On construit la suite (u_n) de la façon suivante : pour tout $n \in \mathbb{N}^*$, on choisit dans l'assertion précédente $\delta = 1/n$ et on obtient qu'il existe u_n (qui est $x_{1/n}$) tel que

$$|u_n - x_0| < \frac{1}{n} \quad \text{et} \quad |f(u_n) - f(x_0)| > \epsilon_0.$$

La suite (u_n) converge vers x_0 alors que la suite $(f(u_n))$ ne peut pas converger vers $f(x_0)$.

□

Remarque.

On retiendra surtout l'implication : si f est continue sur I et si (u_n) est une suite convergente de limite ℓ, alors $(f(u_n))$ converge vers $f(\ell)$. On l'utilisera intensivement pour l'étude des suites récurrentes $u_{n+1} = f(u_n)$: si f est continue et $u_n \to \ell$, alors $f(\ell) = \ell$.

Mini-exercices.

1. Déterminer le domaine de définition et de continuité des fonctions suivantes : $f(x) = 1/\sin x$, $g(x) = 1/\sqrt{x + \frac{1}{2}}$, $h(x) = \ln(x^2 + x - 1)$.
2. Trouver les couples $(a, b) \in \mathbb{R}^2$ tels que la fonction f définie sur $\mathbb{R}$ par $f(x) = ax + b$ si $x < 0$ et $f(x) = \exp(x)$ si $x \geqslant 0$ soit continue sur $\mathbb{R}$. Et si on avait $f(x) = \frac{a}{x-1} + b$ pour $x < 0$?

3. Soit f une fonction continue telle que $f(x_0) = 1$. Montrer qu'il existe $\delta > 0$ tel que : pour tout $x \in]x_0 - \delta, x_0 + \delta[\quad f(x) > \frac{1}{2}$.
4. Étudier la continuité de $f : \mathbb{R} \to \mathbb{R}$ définie par : $f(x) = \sin(x)\cos\left(\frac{1}{x}\right)$ si $x \neq 0$ et $f(0) = 0$. Et pour $g(x) = xE(x)$?
5. La fonction définie par $f(x) = \frac{x^3+8}{|x+2|}$ admet-elle un prolongement par continuité en -2 ?
6. Soit la suite définie par $u_0 > 0$ et $u_{n+1} = \sqrt{u_n}$. Montrer que (u_n) admet une limite $\ell \in \mathbb{R}$ lorsque $n \to +\infty$. À l'aide de la fonction $f(x) = \sqrt{x}$ calculer cette limite.

4. Continuité sur un intervalle

4.1. Le théorème des valeurs intermédiaires

Théorème 1 (Théorème des valeurs intermédiaires).
Soit $f : [a, b] \to \mathbb{R}$ une fonction continue sur un segment.

Pour tout réel y compris entre $f(a)$ et $f(b)$,
il existe $c \in [a, b]$ tel que $f(c) = y$.

Une illustration du théorème des valeurs intermédiaires (figure de gauche), le réel c n'est pas nécessairement unique. De plus si la fonction n'est pas continue, le théorème n'est plus vrai (figure de droite).

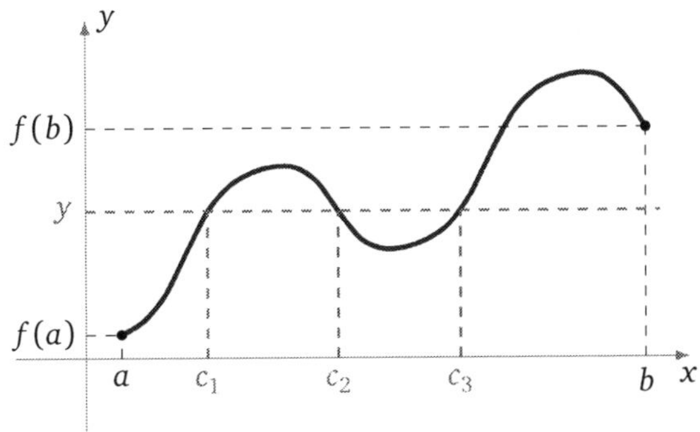

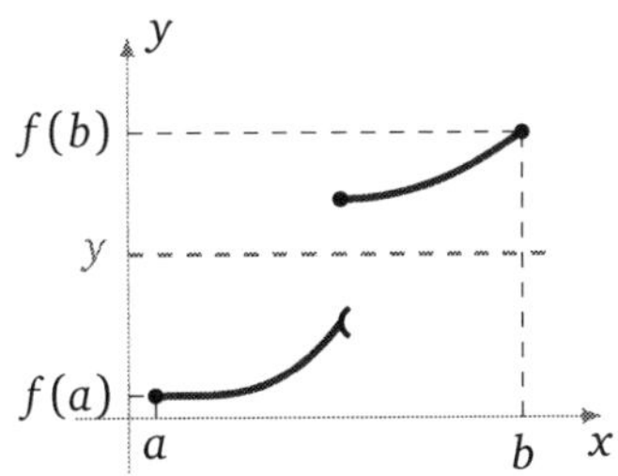

Démonstration. Montrons le théorème dans le cas où $f(a) < f(b)$. On considère alors un réel y tel que $f(a) \leqslant y \leqslant f(b)$ et on veut montrer qu'il a un antécédent par f.

1. On introduit l'ensemble suivant

$$A = \left\{x \in [a, b] \mid f(x) \leqslant y\right\}.$$

Tout d'abord l'ensemble A est non vide (car $a \in A$) et il est majoré (car il est contenu dans $[a, b]$) : il admet donc une borne supérieure, que l'on note $c = \sup A$. Montrons que $f(c) = y$.

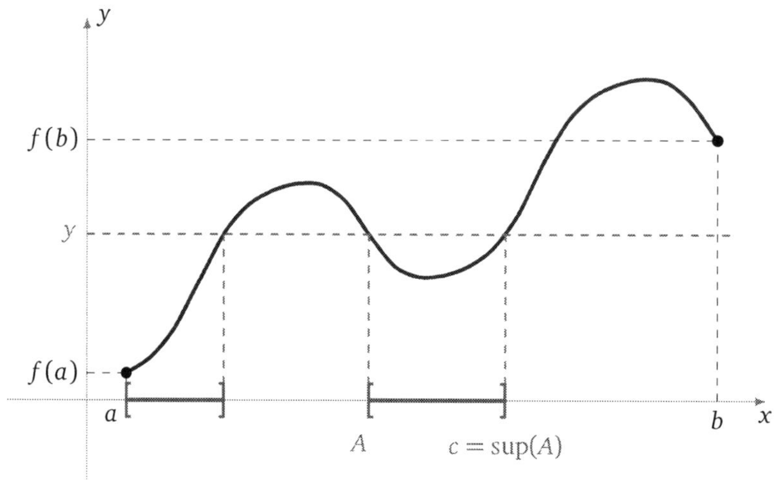

2. Montrons tout d'abord que $f(c) \leqslant y$. Comme $c = \sup A$, il existe une suite $(u_n)_{n\in\mathbb{N}}$ contenue dans A telle que (u_n) converge vers c. D'une part, pour tout $n \in \mathbb{N}$, comme $u_n \in A$, on a $f(u_n) \leqslant y$. D'autre part, comme f est continue en c, la suite $(f(u_n))$ converge vers $f(c)$. On en déduit donc, par passage à la limite, que $f(c) \leqslant y$.

3. Montrons à présent que $f(c) \geqslant y$. Remarquons tout d'abord que si $c = b$, alors on a fini, puisque $f(b) \geqslant y$. Sinon, pour tout $x \in]c, b]$, comme $x \notin A$, on a $f(x) > y$. Or, étant donné que f est continue en c, f admet une limite à droite en c, qui vaut $f(c)$ et on obtient $f(c) \geqslant y$.

□

4.2. Applications du théorème des valeurs intermédiaires

Voici la version la plus utilisée du théorème des valeurs intermédiaires.

Corollaire 1.
Soit $f : [a,b] \to \mathbb{R}$ une fonction continue sur un segment.

Si $f(a) \cdot f(b) < 0$, alors il existe $c \in]a,b[$ tel que $f(c) = 0$.

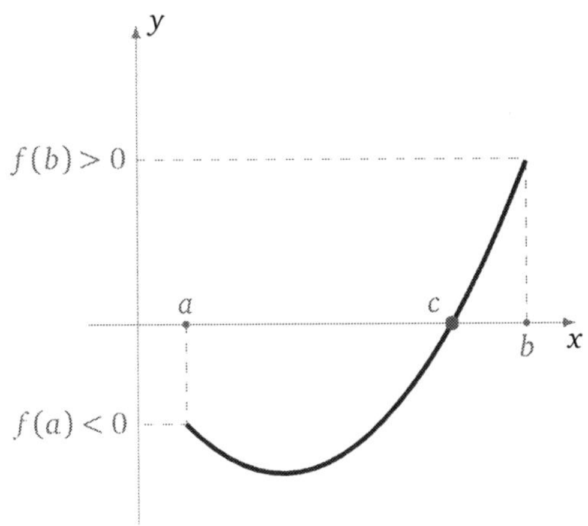

Démonstration. Il s'agit d'une application directe du théorème des valeurs intermédiaires avec $y = 0$. L'hypothèse $f(a) \cdot f(b) < 0$ signifiant que $f(a)$ et $f(b)$ sont de signes contraires. □

Exemple 13.
Tout polynôme de degré impair possède au moins une racine réelle.

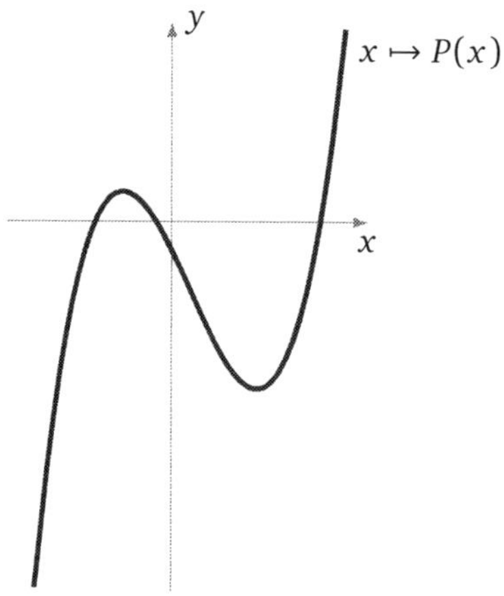

En effet, un tel polynôme s'écrit $P(x) = a_n x^n + \cdots + a_1 x + a_0$ avec n un entier impair. On peut supposer que le coefficient a_n est strictement positif. Alors on a $\lim_{-\infty} P = -\infty$ et $\lim_{+\infty} P = +\infty$. En particulier, il existe deux réels a et b tels que $f(a) < 0$ et $f(b) > 0$ et on conclut grâce au corollaire précédent.

Voici une formulation théorique du théorème des valeurs intermédiaires.

Corollaire 2.

Soit $f : I \to \mathbb{R}$ une fonction continue sur un intervalle I. Alors $f(I)$ est un intervalle.

Attention ! Il serait faux de croire que l'image par une fonction f de l'intervalle $[a, b]$ soit l'intervalle $[f(a), f(b)]$ (voir la figure ci-dessous).

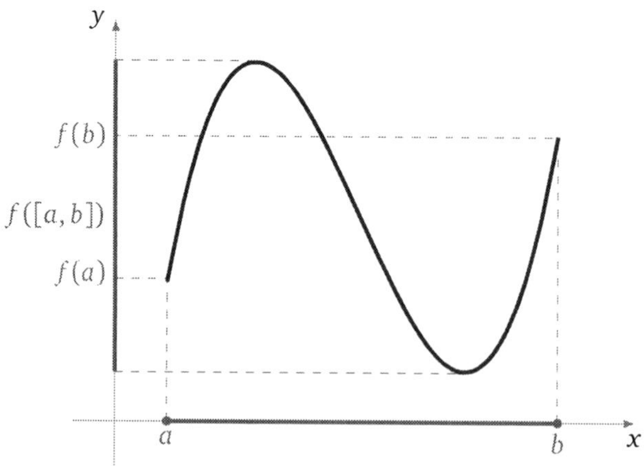

Démonstration. Soient $y_1, y_2 \in f(I)$, $y_1 \leqslant y_2$. Montrons que si $y \in [y_1, y_2]$, alors $y \in f(I)$. Par hypothèse, il existe $x_1, x_2 \in I$ tels que $y_1 = f(x_1)$, $y_2 = f(x_2)$ et donc y est compris entre $f(x_1)$ et $f(x_2)$. D'après le théorème des valeurs intermédiaires, comme f est continue, il existe donc $x \in I$ tel que $y = f(x)$, et ainsi $y \in f(I)$. □

4.3. Fonctions continues sur un segment

Théorème 2.
Soit $f : [a,b] \to \mathbb{R}$ une fonction continue sur un segment. Alors il existe deux réels m et M tels que $f([a,b]) = [m, M]$. Autrement dit, l'image d'un segment par une fonction continue est un segment.

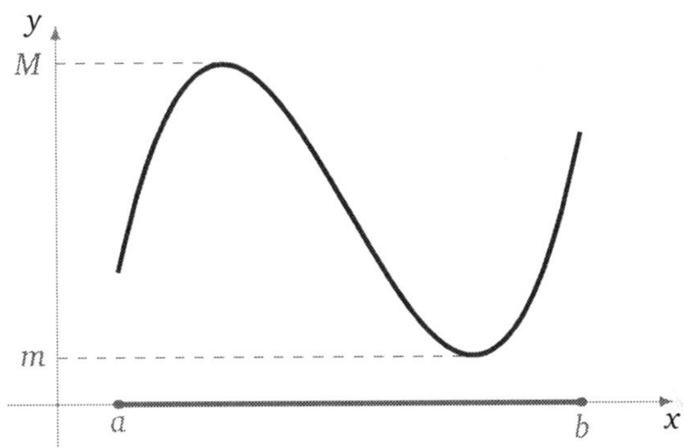

Comme on sait déjà par le théorème des valeurs intermédiaires que $f([a,b])$ est un intervalle, le théorème précédent signifie exactement que

Si f est continue sur $[a,b]$ alors f est bornée sur $[a,b]$, et elle atteint ses bornes.

Donc m est le minimum de la fonction sur l'intervalle $[a,b]$ alors que M est le maximum.

Démonstration.

1. Montrons d'abord que f est bornée.
   - Pour $r \in \mathbb{R}$, on note $A_r = \{x \in [a,b] \mid f(x) \geqslant r\}$. Fixons r tel que $A_r \neq \varnothing$, comme $A_r \subset [a,b]$, le nombre $s = \sup A_r$ existe. Soit $x_n \to s$ avec $x_n \in A_r$. Par définition $f(x_n) \geqslant r$ donc, f étant continue, à la limite $f(s) \geqslant r$ et ainsi $s \in A_r$.

- Supposons par l'absurde que f ne soit pas bornée. Alors pour tout $n \geqslant 0, A_n$ est non vide. Notons $s_n = \sup A_n$. Comme $f(x) \geqslant n+1$ implique $f(x) \geqslant n$ alors $A_{n+1} \subset A_n$, ce qui entraîne $s_{n+1} \leqslant s_n$. Bilan : (s_n) est une suite décroissante, minorée par a donc converge vers $\ell \in [a,b]$. Encore une fois f est continue donc $s_n \to \ell$, implique $f(s_n) \to f(\ell)$. Mais $f(s_n) \geqslant n$ donc $\lim f(s_n) = +\infty$. Cela contredit $\lim f(s_n) = f(\ell) < +\infty$. Conclusion : f est majorée.
- Un raisonnement tout à fait similaire prouve que f est aussi minorée, donc bornée. Par ailleurs on sait déjà que $f(I)$ est un intervalle (c'est le théorème des valeurs intermédiaires), donc maintenant $f(I)$ est un intervalle borné. Il reste à montrer qu'il du type $[m,M]$ (et pas $]m,M[$ par exemple).

2. Montrons maintenant que $f(I)$ est un intervalle fermé. Sachant déjà que $f(I)$ est un intervalle borné, notons m et M ses extrémités : $m = \inf f(I)$ et $M = \sup f(I)$. Supposons par l'absurde que $M \notin f(I)$. Alors pour $t \in [a,b]$, $M > f(t)$. La fonction $g : t \mapsto \frac{1}{M-f(t)}$ est donc bien définie. La fonction g est continue sur I donc d'après le premier point de cette preuve (appliqué à g) elle est bornée, disons par un réel K. Mais il existe $y_n \to M$, $y_n \in f(I)$. Donc il existe $x_n \in [a,b]$ tel que $y_n = f(x_n) \to M$ et alors $g(x_n) = \frac{1}{M-f(x_n)} \to +\infty$. Cela contredit que g soit une fonction bornée par K. Bilan : $M \in f(I)$. De même on a $m \in f(I)$. Conclusion finale : $f(I) = [m,M]$.

□

Mini-exercices.

1. Soient $P(x) = x^5 - 3x - 2$ et $f(x) = x2^x - 1$ deux fonctions définies sur $\mathbb{R}$. Montrer que l'équation $P(x) = 0$ a au moins une racine dans $[1,2]$; l'équation $f(x) = 0$ a au moins une racine dans $[0,1]$; l'équation $P(x) = f(x)$ a au moins une racine dans $]0,2[$.
2. Montrer qu'il existe $x > 0$ tel que $2^x + 3^x = 7^x$.
3. Dessiner le graphe d'une fonction continue $f : \mathbb{R} \to \mathbb{R}$ tel que $f(\mathbb{R}) = [0,1]$. Puis $f(\mathbb{R}) =]0,1[$; $f(\mathbb{R}) = [0,1[$; $f(\mathbb{R}) =]-\infty,1]$, $f(\mathbb{R}) =]-\infty,1[$.
4. Soient $f, g : [0,1] \to \mathbb{R}$ deux fonctions continues. Quelles sont, parmi les fonctions suivantes, celles dont on peut affirmer qu'elles sont bornées : $f+g$, $f \times g$, f/g ?
5. Soient f et g deux fonctions continues sur $[0,1]$ telles que $\forall x \in [0,1]$ $f(x) < g(x)$. Montrer qu'il existe $m > 0$ tel que $\forall x \in [0,1]$ $f(x) + m < g(x)$. Ce résultat est-il vrai si on remplace $[0,1]$ par $\mathbb{R}$?

5. Fonctions monotones et bijections

5.1. Rappels : injection, surjection, bijection

Dans cette section nous rappelons le matériel nécessaire concernant les applications bijectives.

Définition 13.
Soit $f : E \to F$ une fonction, où E et F sont des parties de $\mathbb{R}$.

- f est **injective** si $\forall x, x' \in E \quad f(x) = f(x') \implies x = x'$;
- f est **surjective** si $\forall y \in F \quad \exists x \in E \quad y = f(x)$;
- f est **bijective** si f est à la fois injective et surjective, c'est-à-dire si $\forall y \in F \quad \exists! x \in E \quad y = f(x)$.

Proposition 8.
Si $f : E \to F$ est une fonction bijective alors il existe une unique application $g : F \to E$ telle que $g \circ f = \mathrm{id}_E$ et $f \circ g = \mathrm{id}_F$. La fonction g est la ***bijection réciproque*** *de f et se note f^{-1}.*

Remarque.

- On rappelle que l'**identité**, $\mathrm{id}_E : E \to E$ est simplement définie par $x \mapsto x$.
- $g \circ f = \mathrm{id}_E$ se reformule ainsi : $\forall x \in E \quad g\big(f(x)\big) = x$.
- Alors que $f \circ g = \mathrm{id}_F$ s'écrit : $\forall y \in F \quad f\big(g(y)\big) = y$.
- Dans un repère orthonormé les graphes des fonctions f et f^{-1} sont symétriques par rapport à la première bissectrice.

Voici le graphe d'une fonction injective (à gauche), d'une fonction surjective (à droite) et enfin le graphe d'une fonction bijective ainsi que le graphe de sa bijection réciproque.

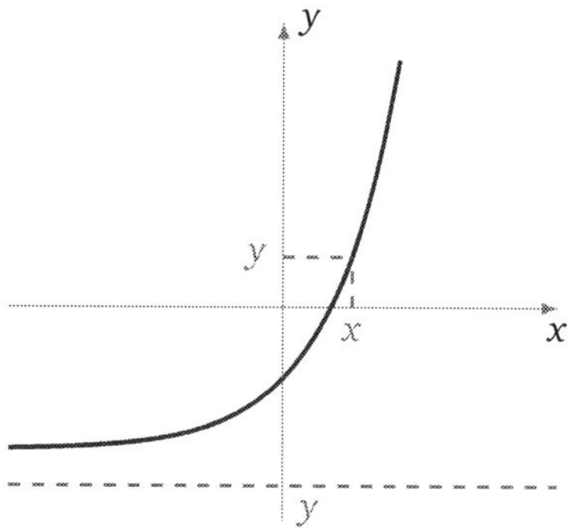

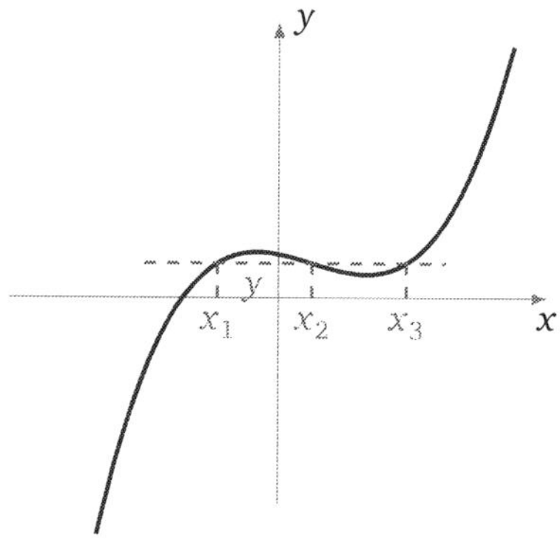

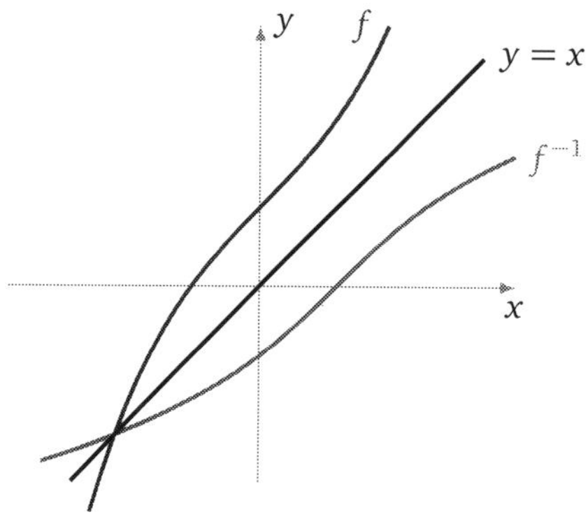

5.2. Fonctions monotones et bijections

Voici un théorème très utilisé dans la pratique pour montrer qu'une fonction est bijective.

> **Théorème 3** (Théorème de la bijection).
> *Soit $f : I \to \mathbb{R}$ une fonction définie sur un intervalle I de $\mathbb{R}$. Si f est continue et strictement monotone sur I, alors*
>
> 1. *f établit une bijection de l'intervalle I dans l'intervalle image $J = f(I)$,*
> 2. *la fonction réciproque $f^{-1} : J \to I$ est continue et strictement monotone sur J et elle a le même sens de variation que f.*

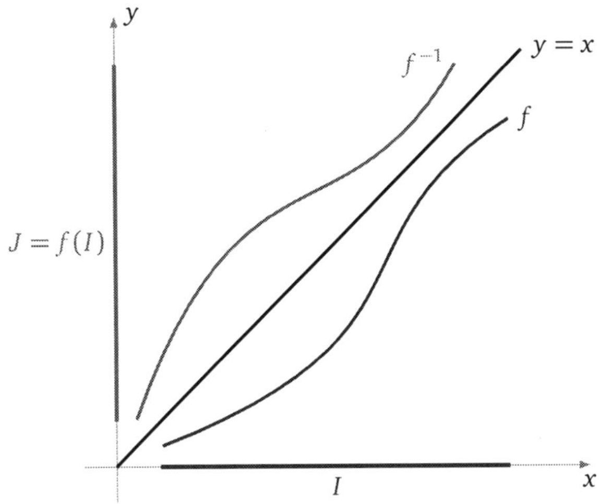

En pratique, si on veut appliquer ce théorème à une fonction continue $f : I \to \mathbb{R}$, on découpe l'intervalle I en sous-intervalles sur lesquels la fonction f est strictement monotone.

Exemple 14.
Considérons la fonction carrée définie sur $\mathbb{R}$ par $f(x) = x^2$. La fonction f n'est pas strictement monotone sur $\mathbb{R}$: elle n'est pas même pas injective car un nombre et son opposé ont même carré. Cependant, en restreignant son ensemble de définition à $]-\infty, 0]$ d'une part et à $[0, +\infty[$ d'autre part, on définit deux fonctions strictement monotones :

$$f_1 : \begin{cases}]-\infty, 0] \longrightarrow [0, +\infty[\\ x \longmapsto x^2 \end{cases} \qquad \text{et} \qquad f_2 : \begin{cases} [0, +\infty[\longrightarrow [0, +\infty[\\ x \longmapsto x^2 \end{cases}$$

On remarque que $f(]-\infty, 0]) = f([0, +\infty[) = [0, +\infty[$. D'après le théorème précédent, les fonctions f_1 et f_2 sont des bijections. Déterminons leurs fonctions réciproques $f_1^{-1} : [0, +\infty[\to]-\infty, 0]$ et $f_2^{-1} : [0, +\infty[\to [0, +\infty[$. Soient deux réels x et y tels que $y \geqslant 0$. Alors

$$\begin{aligned} y = f(x) &\Leftrightarrow y = x^2 \\ &\Leftrightarrow x = \sqrt{y} \quad \text{ou} \quad x = -\sqrt{y}, \end{aligned}$$

c'est-à-dire y admet (au plus) deux antécédents, l'un dans $[0, +\infty[$ et l'autre dans $]-\infty, 0]$. Et donc $f_1^{-1}(y) = -\sqrt{y}$ et $f_2^{-1}(y) = \sqrt{y}$. On vérifie bien que chacune des deux fonctions f_1 et f_2 a le même sens de variation que sa réciproque.

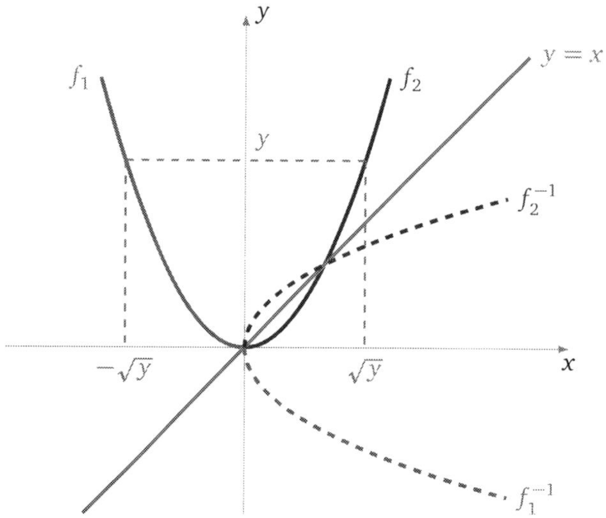

On remarque que la courbe totale en pointillé , qui est l'image du graphe de f par la symétrie par rapport à la première bissectrice, ne peut pas être le graphe d'une fonction : c'est une autre manière de voir que f n'est pas bijective.

Généralisons en partie l'exemple précédent.

Exemple 15.
Soit $n \geqslant 1$. Soit $f : [0, +\infty[\to [0, +\infty[$ définie par $f(x) = x^n$. Alors f est continue et strictement croissante. Comme $\lim_{+\infty} f = +\infty$ alors f est une bijection. Sa bijection réciproque f^{-1} est notée : $x \mapsto x^{\frac{1}{n}}$ (ou aussi $x \mapsto \sqrt[n]{x}$) : c'est la fonction racine n-ième. Elle est continue et strictement croissante.

5.3. Démonstration

On établit d'abord un lemme utile à la démonstration du « théorème de la bijection ».

Lemme 2.
Soit $f : I \to \mathbb{R}$ une fonction définie sur un intervalle I de $\mathbb{R}$. Si f est strictement monotone sur I, alors f est injective sur I.

Démonstration. Soient $x, x' \in I$ tels que $f(x) = f(x')$. Montrons que $x = x'$. Si on avait $x < x'$, alors on aurait nécessairement $f(x) < f(x')$ ou $f(x) > f(x')$, suivant que f est strictement croissante, ou strictement décroissante. Comme c'est impossible, on en déduit que $x \geqslant x'$. En échangeant les rôles de x et de x', on montre de même que $x \leqslant x'$. On en conclut que $x = x'$ et donc que f est injective. □

Démonstration du théorème.

1. D'après le lemme précédent, f est injective sur I. En restreignant son ensemble d'arrivée à son image $J = f(I)$, on obtient que f établit une bijection de I dans J. Comme f est continue, par le théorème des valeurs intermédiaires, l'ensemble J est un intervalle.

2. Supposons pour fixer les idées que f est strictement croissante.

   (a) Montrons que f^{-1} est strictement croissante sur J. Soient $y, y' \in J$ tels que $y < y'$. Notons $x = f^{-1}(y) \in I$ et $x' = f^{-1}(y') \in I$. Alors $y = f(x)$, $y' = f(x')$ et donc

   $$\begin{aligned} y < y' &\Longrightarrow f(x) < f(x') \\ &\Longrightarrow x < x' \qquad \text{(car } f \text{ est strictement croissante)} \\ &\Longrightarrow f^{-1}(y) < f^{-1}(y'), \end{aligned}$$

   c'est-à-dire f^{-1} est strictement croissante sur J.

   (b) Montrons que f^{-1} est continue sur J. On se limite au cas où I est de la forme $]a, b[$, les autres cas se montrent de la même manière. Soit $y_0 \in J$. On note $x_0 = f^{-1}(y_0) \in I$. Soit $\epsilon > 0$. On peut toujours supposer que $[x_0 - \epsilon, x_0 + \epsilon] \subset I$. On cherche un réel $\delta > 0$ tel que pour tout $y \in J$ on ait

   $$y_0 - \delta < y < y_0 + \delta \Longrightarrow f^{-1}(y_0) - \epsilon < f^{-1}(y) < f^{-1}(y_0) + \epsilon$$

   c'est-à-dire tel que pour tout $x \in I$ on ait

   $$y_0 - \delta < f(x) < y_0 + \delta \Longrightarrow f^{-1}(y_0) - \epsilon < x < f^{-1}(y_0) + \epsilon.$$

   Or, comme f est strictement croissante, on a pour tout $x \in I$

   $$\begin{aligned} f(x_0 - \epsilon) < f(x) < f(x_0 + \epsilon) &\Longrightarrow x_0 - \epsilon < x < x_0 + \epsilon \\ &\Longrightarrow f^{-1}(y_0) - \epsilon < x < f^{-1}(y_0) + \epsilon. \end{aligned}$$

   Comme $f(x_0 - \epsilon) < y_0 < f(x_0 + \epsilon)$, on peut choisir le réel $\delta > 0$ tel que

   $$f(x_0 - \epsilon) < y_0 - \delta \quad \text{et} \quad f(x_0 + \epsilon) > y_0 + \delta$$

   et on a bien alors pour tout $x \in I$

   $$\begin{aligned} y_0 - \delta < f(x) < y_0 + \delta &\Longrightarrow f(x_0 - \epsilon) < f(x) < f(x_0 + \epsilon) \\ &\Longrightarrow f^{-1}(y_0) - \epsilon < x < f^{-1}(y_0) + \epsilon. \end{aligned}$$

   La fonction f^{-1} est donc continue sur J.

□

Mini-exercices.

1. Montrer que chacune des hypothèses « continue » et « strictement monotone » est nécessaire dans l'énoncé du théorème de la bijection.
2. Soit $f:\mathbb{R}\to\mathbb{R}$ définie par $f(x)=x^3+x$. Montrer que f est bijective, tracer le graphe de f et de f^{-1}.
3. Soit $n\geqslant 1$. Montrer que $f(x)=1+x+x^2+\cdots+x^n$ définit une bijection de l'intervalle $[0,1]$ vers un intervalle à préciser.
4. Existe-t-il une fonction continue : $f:[0,1[\to]0,1[$ qui soit bijective ? $f:[0,1[\to]0,1[$ qui soit injective ? $f:]0,1[\to[0,1]$ qui soit surjective ?
5. Pour $y\in\mathbb{R}$ on considère l'équation $x+\exp x=y$. Montrer qu'il existe une unique solution y. Comment varie y en fonction de x ? Comme varie x en fonction de y ?

Auteurs du chapitre

Auteurs : Arnaud Bodin, Niels Borne, Laura Desideri
Dessins : Benjamin Boutin

Chapitre 4

Fonctions usuelles

Vous connaissez déjà des fonctions classiques : exp, ln, cos, sin, tan. Dans ce chapitre il s'agit d'ajouter à notre catalogue de nouvelles fonctions : ch, sh, th, arccos, arcsin, arctan, Argch, Argsh, Argth.

Ces fonctions apparaissent naturellement dans la résolution de problèmes simples, en particulier issus de la physique. Par exemple lorsqu'un fil est suspendu entre deux poteaux (ou un collier tenu entre deux mains) alors la courbe dessinée est une **chaînette** dont l'équation fait intervenir le cosinus hyperbolique et un paramètre a (qui dépend de la longueur du fil et de l'écartement des poteaux) :

$$y = a \operatorname{ch}\left(\frac{x}{a}\right)$$

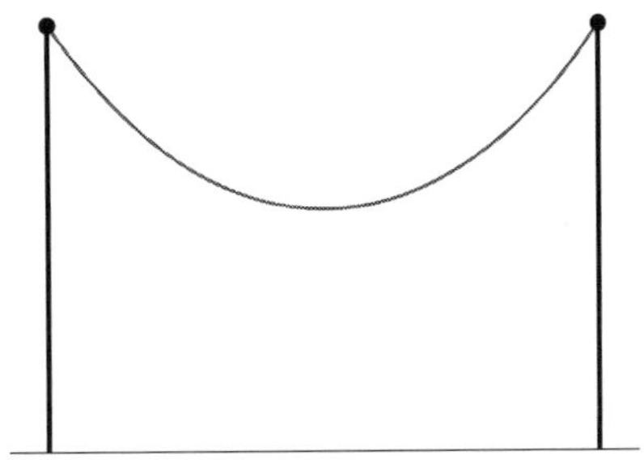

1. Logarithme et exponentielle

1.1. Logarithme

Proposition 1.
Il existe une unique fonction, notée $\ln :]0, +\infty[\to \mathbb{R}$ *telle que :*

$$\ln'(x) = \frac{1}{x} \quad (\text{pour tout } x > 0) \qquad \text{et} \qquad \ln(1) = 0.$$

De plus cette fonction vérifie (pour tout $a, b > 0$*) :*

1. $\ln(a \times b) = \ln a + \ln b$,
2. $\ln(\frac{1}{a}) = -\ln a$,
3. $\ln(a^n) = n \ln a$, *(pour tout* $n \in \mathbb{N}$*)*
4. $\ln$ *est une fonction continue, strictement croissante et définit une bijection de* $]0, +\infty[$ *sur* $\mathbb{R}$,
5. $\lim_{x \to 0} \frac{\ln(1+x)}{x} = 1$,
6. *la fonction* $\ln$ *est concave et* $\ln x \leqslant x - 1$ *(pour tout* $x > 0$*).*

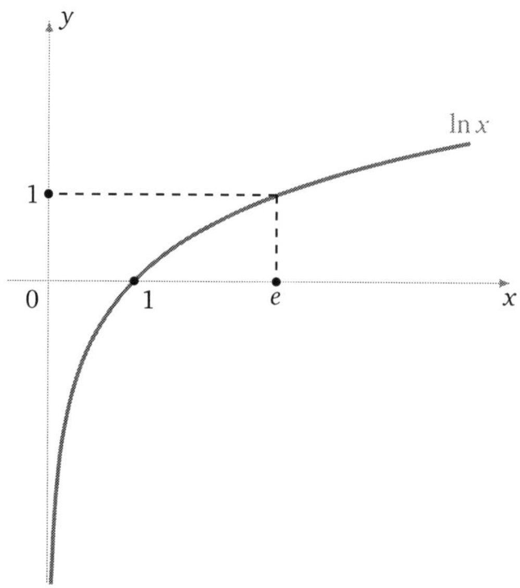

Remarque.
$\ln x$ s'appelle le **logarithme naturel** ou aussi **logarithme néperien**. Il est caractérisé par $\ln(e) = 1$. On définit le **logarithme en base a** par

$$\log_a(x) = \frac{\ln(x)}{\ln(a)}$$

De sorte que $\log_a(a) = 1$.
Pour $a = 10$ on obtient le **logarithme décimal** $\log_{10}$ qui vérifie $\log_{10}(10) = 1$ (et donc $\log_{10}(10^n) = n$). Dans la pratique on utilise l'équivalence :

$$\boxed{x = 10^y \iff y = \log_{10}(x)}$$

En informatique intervient aussi le logarithme en base 2 : $\log_2(2^n) = n$.

Démonstration. L'existence et l'unicité viennent de la théorie de l'intégrale : $\ln(x) = \int_1^x \frac{1}{t}\,dt$. Passons aux propriétés.

1. Posons $f(x) = \ln(xy) - \ln(x)$ où $y > 0$ est fixé. Alors $f'(x) = y\ln'(xy) - \ln'(x) = \frac{y}{xy} - \frac{1}{x} = 0$. Donc $x \mapsto f(x)$ a une dérivée nulle, donc est constante et vaut $f(1) = \ln(y) - \ln(1) = \ln(y)$. Donc $\ln(xy) - \ln(x) = \ln(y)$.
2. D'une part $\ln(a \times \frac{1}{a}) = \ln a + \ln\frac{1}{a}$, mais d'autre part $\ln(a \times \frac{1}{a}) = \ln(1) = 0$. Donc $\ln a + \ln\frac{1}{a} = 0$.
3. Similaire ou récurrence.
4. ln est dérivable donc continue, $\ln'(x) = \frac{1}{x} > 0$ donc la fonction est strictement croissante. Comme $\ln(2) > \ln(1) = 0$ alors $\ln(2^n) = n\ln(2) \to +\infty$ (lorsque $n \to +\infty$). Donc $\lim_{x\to+\infty} \ln x = +\infty$. De $\ln x = -\ln\frac{1}{x}$ on déduit $\lim_{x\to 0} \ln x = -\infty$. Par le théorème sur les fonctions continues et strictement croissantes, $\ln :]0, +\infty[\to \mathbb{R}$ est une bijection.
5. $\lim_{x\to 0} \frac{\ln(1+x)}{x}$ est la dérivée de ln au point $x_0 = 1$, donc cette limite existe et vaut $\ln'(1) = 1$.
6. $\ln'(x) = \frac{1}{x}$ est décroissante, donc la fonction ln est concave. Posons $f(x) = x - 1 - \ln x$; $f'(x) = 1 - \frac{1}{x}$. Par une étude de fonction f atteint son minimum en $x_0 = 1$. Donc $f(x) \geqslant f(1) = 0$. Donc $\ln x \leqslant x - 1$.

□

1.2. Exponentielle

Définition 1.
La bijection réciproque de $\ln :]0,+\infty[\to \mathbb{R}$ s'appelle la fonction **exponentielle**, notée $\exp : \mathbb{R} \to]0,+\infty[$.

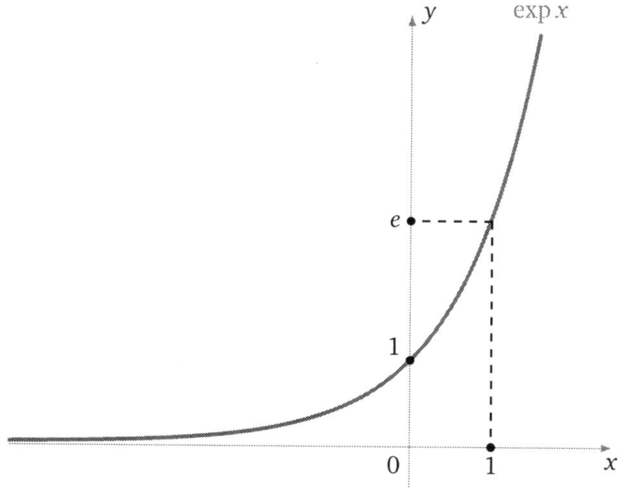

Pour $x \in \mathbb{R}$ on note aussi e^x pour $\exp x$.

Proposition 2.
La fonction exponentielle vérifie les propriétés suivantes :

- $\boxed{\exp(\ln x) = x \text{ pour tout } x > 0}$ *et* $\boxed{\ln(\exp x) = x \text{ pour tout } x \in \mathbb{R}}$
- $\exp(a+b) = \exp(a) \times \exp(b)$
- $\exp(nx) = (\exp x)^n$
- $\exp : \mathbb{R} \to]0,+\infty[$ *est une fonction continue, strictement croissante vérifiant* $\lim_{x\to-\infty} \exp x = 0$ *et* $\lim_{x\to+\infty} \exp = +\infty$.
- *La fonction exponentielle est dérivable et* $\exp' x = \exp x$, *pour tout* $x \in \mathbb{R}$. *Elle est convexe et* $\exp x \geqslant 1 + x$.

Remarque.
La fonction exponentielle est l'unique fonction qui vérifie $\exp'(x) = \exp(x)$ (pour tout $x \in \mathbb{R}$) et $\exp(1) = e$. Où $e \simeq 2,718\ldots$ est le nombre qui vérifie $\ln e = 1$.

Démonstration. Ce sont les propriétés du logarithme retranscrites pour sa bijection réciproque.

Par exemple pour la dérivée : on part de l'égalité $\ln(\exp x) = x$ que l'on dérive. Cela donne $\exp'(x) \times \ln'(\exp x) = 1$ donc $\exp'(x) \times \frac{1}{\exp x} = 1$ et ainsi $\exp'(x) = \exp x$. □

1.3. Puissance et comparaison

Par définition, pour $a > 0$ et $b \in \mathbb{R}$,

$$\boxed{a^b = \exp\big(b \ln a\big)}$$

Remarque.

- $\sqrt{a} = a^{\frac{1}{2}} = \exp\big(\frac{1}{2}\ln a\big)$
- $\sqrt[n]{a} = a^{\frac{1}{n}} = \exp\big(\frac{1}{n}\ln a\big)$ (la **racine n-ème** de a)
- On note aussi $\exp x$ par e^x ce qui se justifie par le calcul : $e^x = \exp\big(x \ln e\big) = \exp(x)$.
- Les fonctions $x \mapsto a^x$ s'appellent aussi des fonctions exponentielles et se ramènent systématiquement à la fonction exponentielle classique par l'égalité $a^x = \exp(x \ln a)$. Il ne faut surtout pas les confondre avec les fonctions puissances $x \mapsto x^a$.

Proposition 3.
Soit $x, y > 0$ et $a, b \in \mathbb{R}$.

- $\boxed{x^{a+b} = x^a x^b}$
- $\boxed{x^{-a} = \frac{1}{x^a}}$
- $\boxed{(xy)^a = x^a y^a}$
- $\boxed{(x^a)^b = x^{ab}}$
- $\boxed{\ln(x^a) = a \ln x}$

Comparons les fonctions $\ln x$, $\exp x$ avec x :

Proposition 4.

$$\lim_{x\to+\infty} \frac{\ln x}{x} = 0 \qquad \textit{et} \qquad \lim_{x\to+\infty} \frac{\exp x}{x} = +\infty.$$

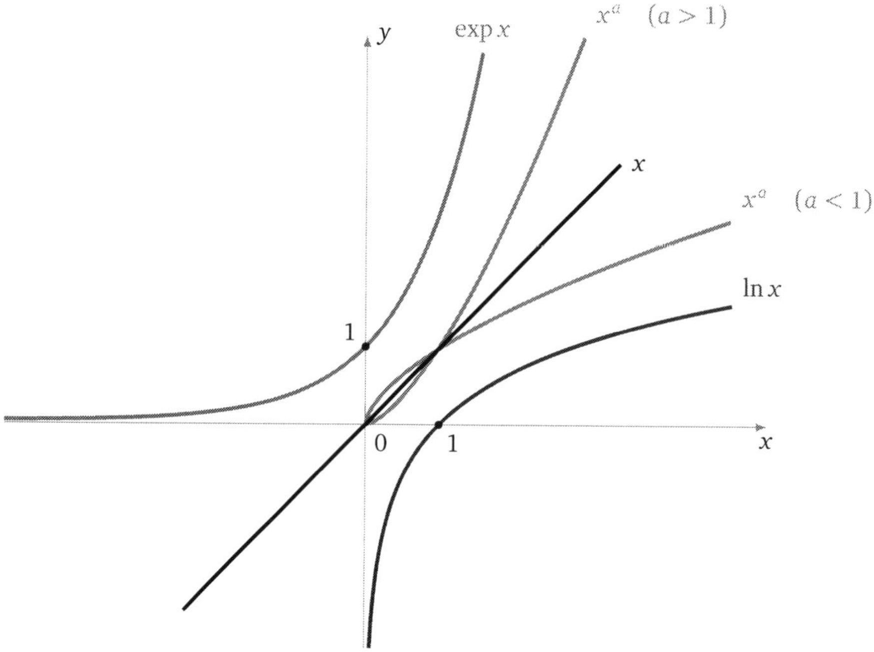

Démonstration.

1. On a vu $\ln x \leqslant x - 1$ (pour tout $x > 0$). Donc $\ln x \leqslant x$ donc $\frac{\ln \sqrt{x}}{\sqrt{x}} \leqslant 1$. Cela donne
$$0 \leqslant \frac{\ln x}{x} = \frac{\ln\left(\sqrt{x}^2\right)}{x} = 2\frac{\ln \sqrt{x}}{x} = 2\frac{\ln \sqrt{x}}{\sqrt{x}}\frac{1}{\sqrt{x}} \leqslant \frac{2}{\sqrt{x}}$$
Cette double inégalité entraîne $\lim_{x \to +\infty} \frac{\ln x}{x} = 0$.
2. On a vu $\exp x \geqslant 1+x$ (pour tout $x \in \mathbb{R}$). Donc $\exp x \to +\infty$ (lorsque $x \to +\infty$).
$$\frac{x}{\exp x} = \frac{\ln(\exp x)}{\exp x} = \frac{\ln u}{u}$$
Lorsque $x \to +\infty$ alors $u = \exp x \to +\infty$ et donc par le premier point $\frac{\ln u}{u} \to 0$. Donc $\frac{x}{\exp x} \to 0$ et reste positive, ainsi $\lim_{x \to +\infty} \frac{\exp x}{x} = +\infty$.

□

Mini-exercices.

1. Montrer que $\ln(1 + e^x) = x + \ln(1 + e^{-x})$, pour tout $x \in \mathbb{R}$.
2. Étudier la fonction $f(x) = \ln(x^2+1) - \ln(x) - 1$. Tracer son graphe. Résoudre l'équation ($f(x) = 0$). Idem avec $g(x) = \frac{1+\ln x}{x}$. Idem avec $h(x) = x^x$.

3. Expliquer comment $\log_{10}$ permet de calculer le nombre de chiffres d'un entier n.
4. Montrer $\ln(1+x) \geqslant x - \frac{x^2}{2}$ pour $x \geqslant 0$ (faire une étude de fonction). Idem avec $e^x \geqslant 1 + x + \frac{x^2}{2}$ pour tout $x \geqslant 0$.
5. Calculer la limite de la suite définie par $u_n = \left(1+\frac{1}{n}\right)^n$ lorsque $n \to +\infty$. Idem avec $v_n = \left(\frac{1}{n}\right)^n$ et $w_n = n^{\frac{1}{n}}$.

2. Fonctions circulaires inverses

2.1. Arccosinus

Considérons la fonction cosinus $\cos : \mathbb{R} \to [-1,1]$, $x \mapsto \cos x$. Pour obtenir une bijection à partir de cette fonction, il faut considérer la restriction de cosinus à l'intervalle $[0,\pi]$. Sur cet intervalle la fonction cosinus est continue et strictement décroissante, donc la restriction

$$\cos_| : [0,\pi] \to [-1,1]$$

est une bijection. Sa bijection réciproque est la fonction **arccosinus** :

$$\arccos : [-1,1] \to [0,\pi]$$

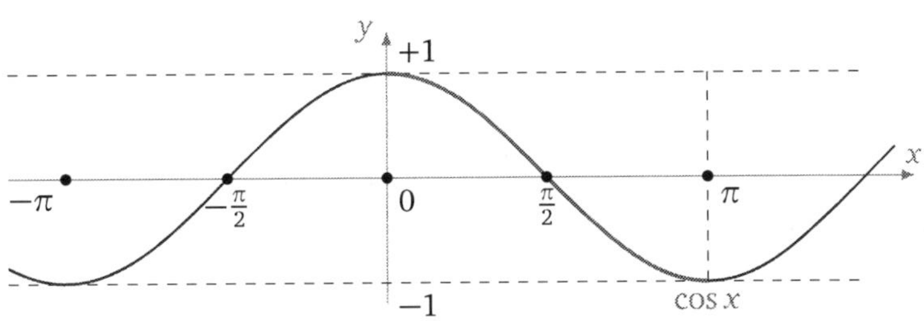

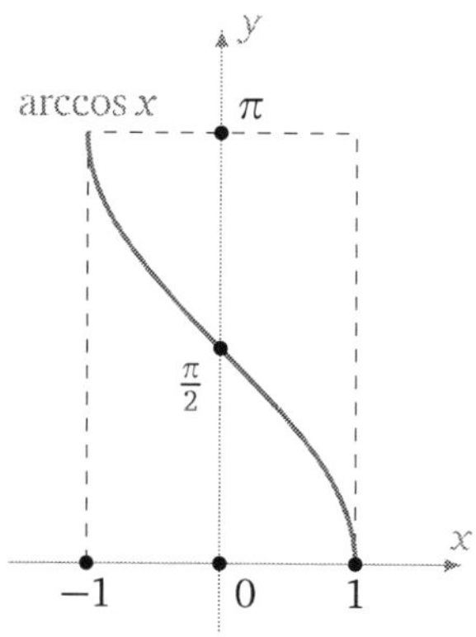

On a donc, par définition de la bijection réciproque :

$$\begin{array}{|ll|}\hline \cos\big(\arccos(x)\big) = x & \forall x \in [-1,1] \\ \arccos\big(\cos(x)\big) = x & \forall x \in [0,\pi] \\ \hline\end{array}$$

Autrement dit :

$$\boxed{\text{Si} \quad x \in [0,\pi] \qquad \cos(x) = y \iff x = \arccos y}$$

Terminons avec la dérivée de arccos :

$$\boxed{\arccos'(x) = \frac{-1}{\sqrt{1-x^2}} \qquad \forall x \in]-1,1[}$$

Démonstration. On démarre de l'égalité $\cos(\arccos x) = x$ que l'on dérive :

$$\begin{aligned} & \cos(\arccos x) = x \\ \Longrightarrow\ & -\arccos'(x) \times \sin(\arccos x) = 1 \\ \Longrightarrow\ & \arccos'(x) = \frac{-1}{\sin(\arccos x)} \\ \Longrightarrow\ & \arccos'(x) = \frac{-1}{\sqrt{1-\cos^2(\arccos x)}} \qquad (*) \\ \Longrightarrow\ & \arccos'(x) = \frac{-1}{\sqrt{1-x^2}} \end{aligned}$$

Le point crucial $(*)$ se justifie ainsi : on démarre de l'égalité $\cos^2 y + \sin^2 y = 1$, en substituant $y = \arccos x$ on obtient $\cos^2(\arccos x) + \sin^2(\arccos x) = 1$ donc

$x^2 + \sin^2(\arccos x) = 1$. On en déduit : $\sin(\arccos x) = +\sqrt{1-x^2}$ (avec le signe + car $\arccos x \in [0, \pi]$, et donc on a $\sin(\arccos x) \geqslant 0$). □

2.2. Arcsinus

La restriction

$$\sin_| : [-\tfrac{\pi}{2}, +\tfrac{\pi}{2}] \to [-1, 1]$$

est une bijection. Sa bijection réciproque est la fonction **<u>arcsinus</u>** :

$$\arcsin : [-1, 1] \to [-\tfrac{\pi}{2}, +\tfrac{\pi}{2}]$$

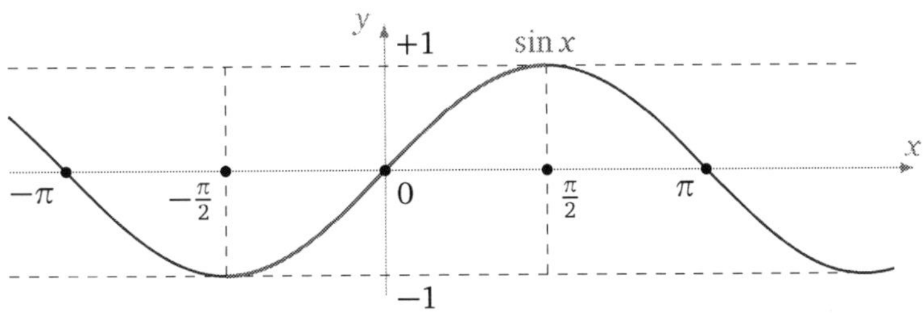

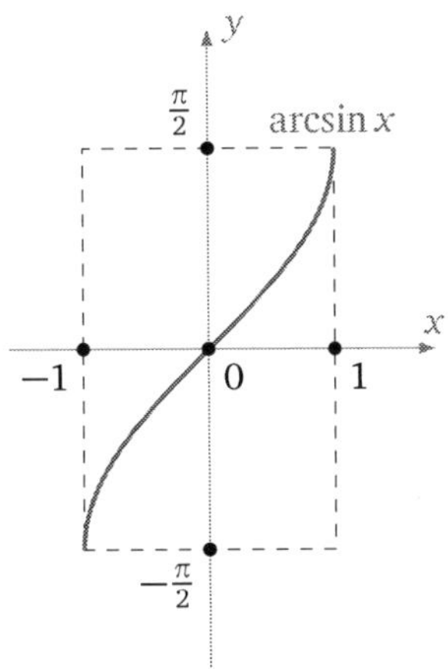

$$\boxed{\begin{array}{ll} \sin\big(\arcsin(x)\big) = x & \forall x \in [-1, 1] \\ \arcsin\big(\sin(x)\big) = x & \forall x \in [-\tfrac{\pi}{2}, +\tfrac{\pi}{2}] \end{array}}$$

$$\boxed{\text{Si} \quad x \in [-\tfrac{\pi}{2}, +\tfrac{\pi}{2}] \qquad \sin(x) = y \iff x = \arcsin y}$$

$$\boxed{\arcsin'(x) = \frac{1}{\sqrt{1-x^2}} \qquad \forall x \in]-1, 1[}$$

2.3. Arctangente

La restriction

$$\tan_| :]-\tfrac{\pi}{2}, +\tfrac{\pi}{2}[\to \mathbb{R}$$

est une bijection. Sa bijection réciproque est la fonction **arctangente** :

$$\arctan : \mathbb{R} \to]-\tfrac{\pi}{2}, +\tfrac{\pi}{2}[$$

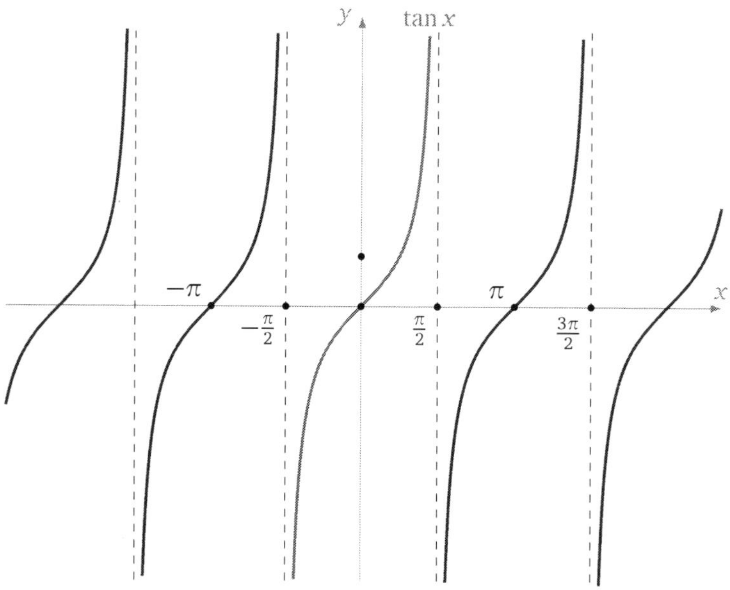

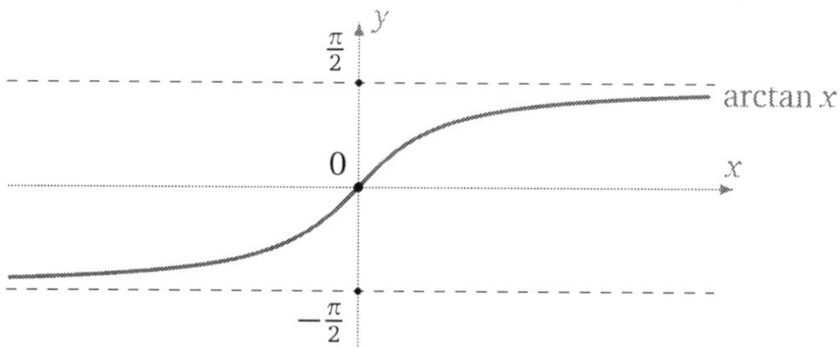

$$\tan\big(\arctan(x)\big) = x \quad \forall x \in \mathbb{R}$$
$$\arctan\big(\tan(x)\big) = x \quad \forall x \in]-\tfrac{\pi}{2}, +\tfrac{\pi}{2}[$$

$$\text{Si} \quad x \in]-\tfrac{\pi}{2}, +\tfrac{\pi}{2}[\qquad \tan(x) = y \iff x = \arctan y$$

$$\arctan'(x) = \frac{1}{1+x^2} \qquad \forall x \in \mathbb{R}$$

Mini-exercices.

1. Calculer les valeurs de arccos et arcsin en 0, 1, $\frac{1}{2}$, $\frac{\sqrt{2}}{2}$, $\frac{\sqrt{3}}{2}$. Idem pour arctan en 0, 1, $\sqrt{3}$ et $\frac{1}{\sqrt{3}}$.
2. Calculer $\arccos(\cos\frac{7\pi}{3})$. Idem avec $\arcsin(\sin\frac{7\pi}{3})$ et $\arctan(\tan\frac{7\pi}{3})$ (attention aux intervalles !)
3. Calculer $\cos(\arctan x)$, $\cos(\arcsin x)$, $\tan(\arcsin x)$.
4. Calculer la dérivée de $f(x) = \arctan\left(\frac{x}{\sqrt{1-x^2}}\right)$. En déduire que $f(x) = \arcsin x$, pour tout $x \in]-1,1[$.
5. Montrer que $\arccos x + \arcsin x = \frac{\pi}{2}$, pour tout $x \in [-1,1]$.

3. Fonctions hyperboliques et hyperboliques inverses

3.1. Cosinus hyperbolique et son inverse

Pour $x \in \mathbb{R}$, le **cosinus hyperbolique** est :

$$\boxed{\operatorname{ch} x = \frac{e^x + e^{-x}}{2}}$$

La restriction $\operatorname{ch}_| : [0,+\infty[\to [1,+\infty[$ est une bijection. Sa bijection réciproque est $\operatorname{Argch} : [1,+\infty[\to [0,+\infty[$.

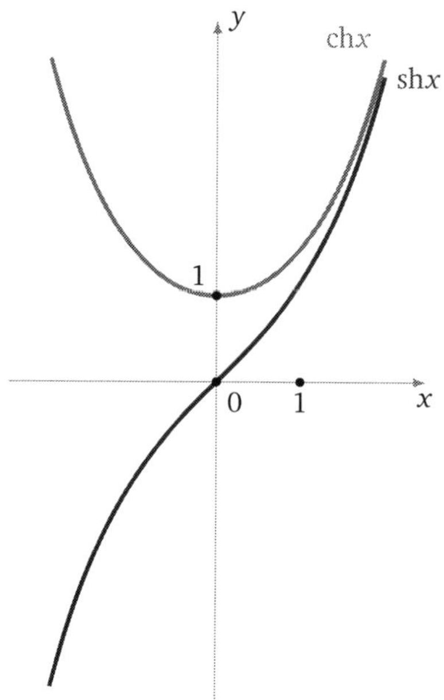

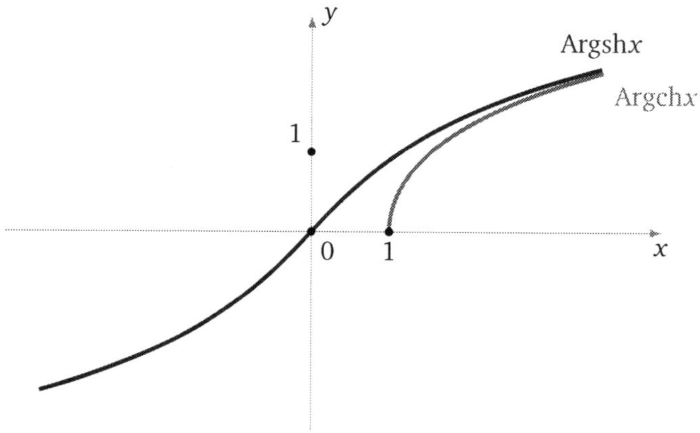

3.2. Sinus hyperbolique et son inverse

Pour $x \in \mathbb{R}$, le **sinus hyperbolique** est :

$$\boxed{\operatorname{sh} x = \frac{e^x - e^{-x}}{2}}$$

sh : $\mathbb{R} \to \mathbb{R}$ est une fonction continue, dérivable, strictement croissante vérifiant $\lim_{x\to-\infty} \operatorname{sh} x = -\infty$ et $\lim_{x\to+\infty} \operatorname{sh} x = +\infty$, c'est donc une bijection. Sa bijection réciproque est Argsh : $\mathbb{R} \to \mathbb{R}$.

Proposition 5.

- $\operatorname{ch}^2 x - \operatorname{sh}^2 x = 1$
- $\operatorname{ch}' x = \operatorname{sh} x$, $\operatorname{sh}' x = \operatorname{ch} x$
- $\operatorname{Argsh} : \mathbb{R} \to \mathbb{R}$ *est strictement croissante et continue.*
- Argsh *est dérivable et* $\operatorname{Argsh}' x = \frac{1}{\sqrt{x^2+1}}$.
- $\operatorname{Argsh} x = \ln\left(x + \sqrt{x^2+1}\right)$

Démonstration.

- $\operatorname{ch}^2 x - \operatorname{sh}^2 x = \frac{1}{4}\left[(e^x + e^{-x})^2 - (e^x - e^{-x})^2\right] = \frac{1}{4}\left[(e^{2x} + 2 + e^{-2x}) - (e^{2x} - 2 + e^{-2x})\right] = 1.$
- $\frac{d}{dx}(\operatorname{ch} x) = \frac{d}{dx}\frac{e^x+e^{-x}}{2} = \frac{e^x-e^{-x}}{2} = \operatorname{sh} x$. Idem pour la dérivée de $\operatorname{sh} x$.
- Car c'est la réciproque de sh.
- Comme la fonction $x \mapsto \operatorname{sh}' x$ ne s'annule pas sur $\mathbb{R}$ alors la fonction Argsh est dérivable sur $\mathbb{R}$. On calcule la dérivée par dérivation de l'égalité $\operatorname{sh}(\operatorname{Argsh} x) = x$:

$$\operatorname{Argsh}' x = \frac{1}{\operatorname{ch}(\operatorname{Argsh} x)} = \frac{1}{\sqrt{\operatorname{sh}^2(\operatorname{Argsh} x) + 1}} = \frac{1}{\sqrt{x^2+1}}$$

- Notons $f(x) = \ln\left(x + \sqrt{x^2+1}\right)$ alors

$$f'(x) = \frac{1 + \frac{x}{\sqrt{x^2+1}}}{x + \sqrt{x^2+1}} = \frac{1}{\sqrt{x^2+1}} = \operatorname{Argsh}' x$$

Comme de plus $f(0) = \ln(1) = 0$ et $\operatorname{Argsh} 0 = 0$ (car $\operatorname{sh} 0 = 0$), on en déduit que pour tout $x \in \mathbb{R}$, $f(x) = \operatorname{Argsh} x$.

□

3.3. Tangente hyperbolique et son inverse

Par définition la **tangente hyperbolique** est :

$$\boxed{\operatorname{th} x = \frac{\operatorname{sh} x}{\operatorname{ch} x}}$$

La fonction $\operatorname{th} : \mathbb{R} \to]-1,1[$ est une bijection, on note $\operatorname{Argth} :]-1,1[\to \mathbb{R}$ sa bijection réciproque.

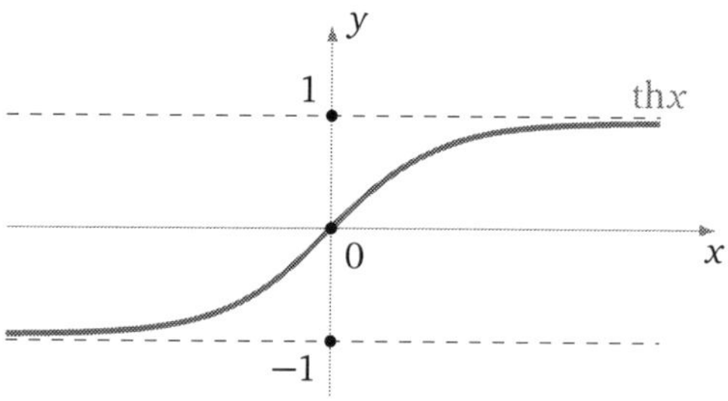

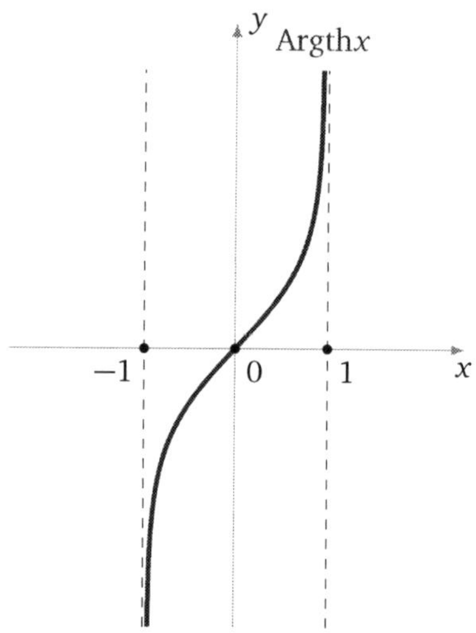

3.4. Trigonométrie hyperbolique

$$\mathrm{ch}^2 x - \mathrm{sh}^2 x = 1$$

$$\mathrm{ch}(a+b) = \mathrm{ch}\, a \cdot \mathrm{ch}\, b + \mathrm{sh}\, a \cdot \mathrm{sh}\, b$$

$$\mathrm{ch}(2a) = \mathrm{ch}^2 a + \mathrm{sh}^2 a = 2\,\mathrm{ch}^2 a - 1 = 1 + 2\,\mathrm{sh}^2 a$$

$$\mathrm{sh}(a+b) = \mathrm{sh}\, a \cdot \mathrm{ch}\, b + \mathrm{sh}\, b \cdot \mathrm{ch}\, a$$

$$\mathrm{sh}(2a) = 2\,\mathrm{sh}\, a \cdot \mathrm{ch}\, a$$

$$\mathrm{th}(a+b) = \frac{\mathrm{th}\, a + \mathrm{th}\, b}{1 + \mathrm{th}\, a \cdot \mathrm{th}\, b}$$

$$\mathrm{ch}' x = \mathrm{sh}\, x$$

$$\mathrm{sh}' x = \mathrm{ch}\, x$$

$$\mathrm{th}' x = 1 - \mathrm{th}^2 x = \frac{1}{\mathrm{ch}^2 x}$$

$$\operatorname{Argch}' x = \frac{1}{\sqrt{x^2-1}} \quad (x > 1)$$
$$\operatorname{Argsh}' x = \frac{1}{\sqrt{x^2+1}}$$
$$\operatorname{Argth}' x = \frac{1}{1-x^2} \quad (|x| < 1)$$

$$\operatorname{Argch} x = \ln\left(x + \sqrt{x^2-1}\right) \quad (x \geqslant 1)$$
$$\operatorname{Argsh} x = \ln\left(x + \sqrt{x^2+1}\right) \quad (x \in \mathbb{R})$$
$$\operatorname{Argth} x = \frac{1}{2}\ln\left(\frac{1+x}{1-x}\right) \quad (-1 < x < 1)$$

Mini-exercices.

1. Dessiner les courbes paramétrées $t \mapsto (\cos t, \sin t)$ et $t \mapsto (\operatorname{ch} t, \operatorname{sh} t)$. Pourquoi cos et sin s'appellent des fonctions trigonométriques *circulaires* alors que ch et sh sont des fonctions trigonométriques *hyperboliques* ?
2. Prouver par le calcul la formule $\operatorname{ch}(a+b) = \ldots$ En utilisant que $\cos x = \frac{e^{\mathrm{i}x}+e^{-\mathrm{i}x}}{2}$ retrouver la formule pour $\cos(a+b)$.
3. Résoudre l'équation $\operatorname{sh} x = 3$.
4. Montrer que $\frac{\operatorname{sh}(2x)}{1+\operatorname{ch}(2x)} = \operatorname{th} x$.
5. Calculer les dérivées des fonctions définies par : $\operatorname{th}(1+x^2)$, $\ln(\operatorname{ch} x)$, $\operatorname{Argch}(\exp x)$, $\operatorname{Argth}(\cos x)$.

Auteurs du chapitre Arnaud Bodin, Niels Borne, Laura Desideri

Chapitre 5

Dérivée d'une fonction

Motivation

Nous souhaitons calculer $\sqrt{1,01}$ ou du moins en trouver une valeur approchée. Comme $1,01$ est proche de 1 et que $\sqrt{1} = 1$ on se doute bien que $\sqrt{1,01}$ sera proche de 1. Peut-on être plus précis ? Si l'on appelle f la fonction définie par $f(x) = \sqrt{x}$, alors la fonction f est une fonction continue en $x_0 = 1$. La continuité nous affirme que pour x suffisamment proche de x_0, $f(x)$ est proche de $f(x_0)$. Cela revient à dire que pour x au voisinage de x_0 on approche $f(x)$ par la constante $f(x_0)$.

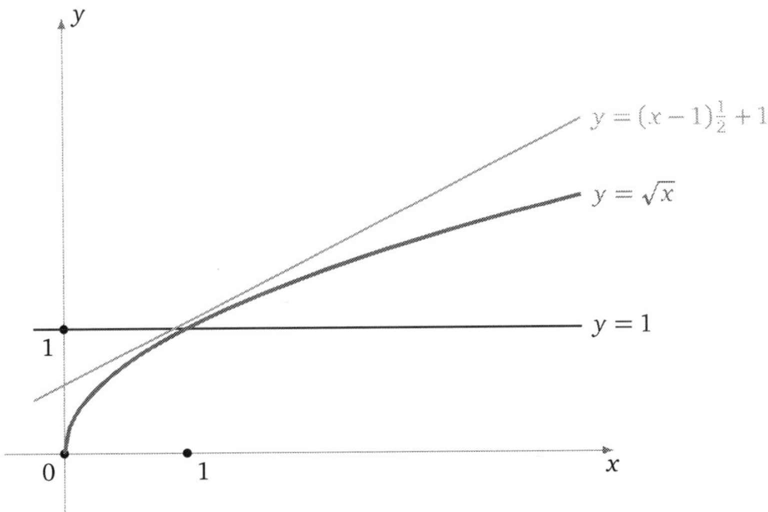

Nous pouvons faire mieux qu'approcher notre fonction par une droite horizontale ! Essayons avec une droite quelconque. Quelle droite se rapproche le plus du graphe de f autour de x_0 ? Elle doit passer par le point $(x_0, f(x_0))$ et doit « coller » le plus possible au graphe : c'est la tangente au graphe en x_0. Une équation de la tangente est

$$y = (x - x_0)f'(x_0) + f(x_0)$$

où $f'(x_0)$ désigne le nombre dérivé de f en x_0.
On sait que pour $f(x) = \sqrt{x}$, on a $f'(x) = \frac{1}{2\sqrt{x}}$. Une équation de la tangente en $x_0 = 1$ est donc $y = (x-1)\frac{1}{2}+1$. Et donc pour x proche de 1 on a $f(x) \approx (x-1)\frac{1}{2}+1$. Qu'est-ce que cela donne pour notre calcul de $\sqrt{1,01}$? On pose $x = 1,01$ donc $f(x) \approx 1 + \frac{1}{2}(x-1) = 1 + \frac{0,01}{2} = 1,005$. Et c'est effectivement une très bonne de approximation de $\sqrt{0,01} = 1,00498\ldots$. En posant $h = x - 1$ on peut reformuler notre approximation en : $\sqrt{1+h} \approx 1 + \frac{1}{2}h$ qui est valable pour h proche de 0.
Dans ce chapitre nous allons donc définir ce qu'est la dérivée d'une fonction et établir les formules des dérivées des fonctions usuelles. Enfin, pour connaître l'erreur des approximations, il nous faudra travailler beaucoup plus afin d'obtenir le théorème des accroissements finis.

1. Dérivée

1.1. Dérivée en un point

Soit I un intervalle ouvert de $\mathbb{R}$ et $f : I \to \mathbb{R}$ une fonction. Soit $x_0 \in I$.

Définition 1.
f est **dérivable en x_0** si le **taux d'accroissement** $\frac{f(x)-f(x_0)}{x-x_0}$ a une limite finie lorsque x tend vers x_0. La limite s'appelle alors le **nombre dérivé** de f en x_0 et est noté $f'(x_0)$. Ainsi

$$\boxed{f'(x_0) = \lim_{x \to x_0} \frac{f(x)-f(x_0)}{x-x_0}}$$

Définition 2.
f est **dérivable sur I** si f est dérivable en tout point $x_0 \in I$. La fonction $x \mapsto f'(x)$ est la **fonction dérivée** de f, elle se note f' ou $\frac{df}{dx}$.

Exemple 1.
La fonction définie par $f(x) = x^2$ est dérivable en tout point $x_0 \in \mathbb{R}$. En effet :

$$\frac{f(x)-f(x_0)}{x-x_0} = \frac{x^2-x_0^2}{x-x_0} = \frac{(x-x_0)(x+x_0)}{x-x_0} = x+x_0 \xrightarrow[x\to x_0]{} 2x_0.$$

On a même montré que le nombre dérivé de f en x_0 est $2x_0$, autrement dit : $f'(x) = 2x$.

Exemple 2.
Montrons que la dérivée de $f(x) = \sin x$ est $f'(x) = \cos x$. Nous allons utiliser les deux assertions suivantes :

$$\frac{\sin x}{x} \xrightarrow[x\to 0]{} 1 \qquad \text{et} \qquad \sin p - \sin q = 2\sin\frac{p-q}{2}\cdot\cos\frac{p+q}{2}.$$

Remarquons déjà que la première assertion prouve $\frac{f(x)-f(0)}{x-0} = \frac{\sin x}{x} \to 1$ et donc f est dérivable en $x_0 = 0$ et $f'(0) = 1$.

Pour x_0 quelconque on écrit :

$$\frac{f(x)-f(x_0)}{x-x_0} = \frac{\sin x - \sin x_0}{x-x_0} = \frac{\sin\frac{x-x_0}{2}}{\frac{x-x_0}{2}}\cdot\cos\frac{x+x_0}{2}.$$

Lorsque $x \to x_0$ alors d'une part $\cos\frac{x+x_0}{2} \to \cos x_0$ et d'autre part en posant $u = \frac{x-x_0}{2}$ alors $u \to 0$ et on a $\frac{\sin u}{u} \to 1$. Ainsi $\frac{f(x)-f(x_0)}{x-x_0} \to \cos x_0$ et donc $f'(x) = \cos x$.

1.2. Tangente

La droite qui passe par les points distincts $(x_0, f(x_0))$ et $(x, f(x))$ a pour coefficient directeur $\frac{f(x)-f(x_0)}{x-x_0}$. À la limite on trouve que le coefficient directeur de la tangente est $f'(x_0)$. Une équation de la **tangente** au point $(x_0, f(x_0))$ est donc :

$$\boxed{y = (x-x_0)f'(x_0) + f(x_0)}$$

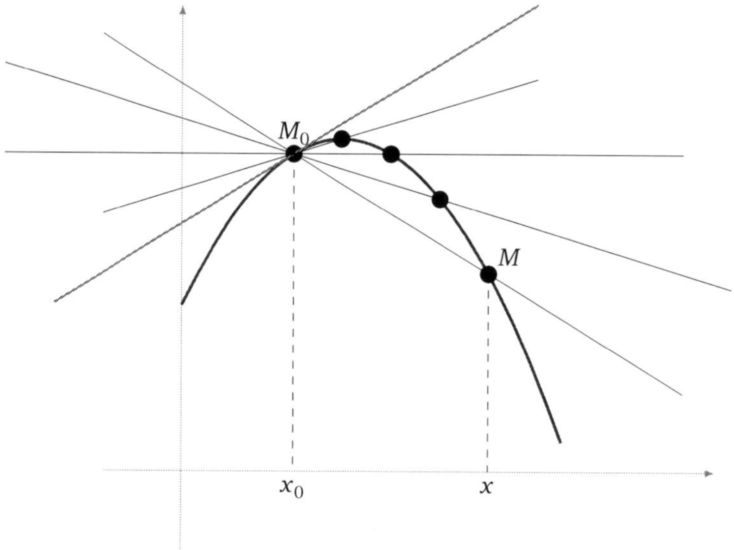

1.3. Autres écritures de la dérivée

Voici deux autres formulations de la dérivabilité de f en x_0.

Proposition 1.

- *f est dérivable en x_0 si et seulement si $\lim_{h\to 0} \frac{f(x_0+h)-f(x_0)}{h}$ existe et est finie.*
- *f est dérivable en x_0 si et seulement s'il existe $\ell \in \mathbb{R}$ (qui sera $f'(x_0)$) et une fonction $\epsilon : I \to \mathbb{R}$ telle que $\epsilon(x) \xrightarrow[x\to x_0]{} 0$ avec*

$$f(x) = f(x_0) + (x - x_0)\ell + (x - x_0)\epsilon(x).$$

Démonstration. Il s'agit juste de reformuler la définition de $f'(x_0)$. Par exemple, après division par $x - x_0$, la deuxième écriture devient

$$\frac{f(x)-f(x_0)}{x-x_0} = \ell + \epsilon(x).$$

□

Proposition 2.

Soit I un intervalle ouvert, $x_0 \in I$ et soit $f : I \to \mathbb{R}$ une fonction.

- *Si f est dérivable en x_0 alors f est continue en x_0.*
- *Si f est dérivable sur I alors f est continue sur I.*

Démonstration. Supposons f dérivable en x_0 et montrons qu'elle est aussi continue en ce point. Voici une démonstration concise : partant de l'écriture alternative donnée dans la proposition 1, nous écrivons

$$f(x) = f(x_0) + \underbrace{(x - x_0)\ell}_{\to 0} + \underbrace{(x - x_0)\epsilon(x)}_{\to 0}.$$

Donc $f(x) \to f(x_0)$ lorsque $x \to x_0$ et ainsi f est continue en x_0.

On reprend cette démonstration sans utiliser les limites mais uniquement la définition de continuité et dérivabilité : fixons $\epsilon' > 0$ et écrivons $f(x) = f(x_0) + (x - x_0)\ell + (x - x_0)\epsilon(x)$ grâce à la proposition 1, où $\epsilon(x) \xrightarrow[x \to x_0]{} 0$ et $\ell = f'(x_0)$. Choisissons $\delta > 0$ de sorte qu'il vérifie tous les points suivants :

- $\delta \leqslant 1$,
- $\delta|\ell| < \epsilon'$,
- si $|x - x_0| < \delta$ alors $|\epsilon(x)| < \epsilon'$ (c'est possible car $\epsilon(x) \to 0$).

Alors l'égalité ci-dessus devient :

$$\begin{aligned}
\left|f(x) - f(x_0)\right| &= \left|(x - x_0)\ell + (x - x_0)\epsilon(x)\right| \\
&\leqslant |x - x_0| \cdot |\ell| + |x - x_0| \cdot |\epsilon(x)| \\
&\leqslant \delta|\ell| \quad + \quad \delta\epsilon' \qquad \text{pour } |x - x_0| < \delta \\
&\leqslant \epsilon' + \epsilon' = 2\epsilon'
\end{aligned}$$

Nous venons de prouver que si $|x - x_0| < \delta$ alors $\left|f(x) - f(x_0)\right| < 2\epsilon'$, ce qui exprime exactement que f est continue en x_0. □

Remarque.

La réciproque est **fausse** : par exemple, la fonction valeur absolue est continue en 0 mais n'est pas dérivable en 0.

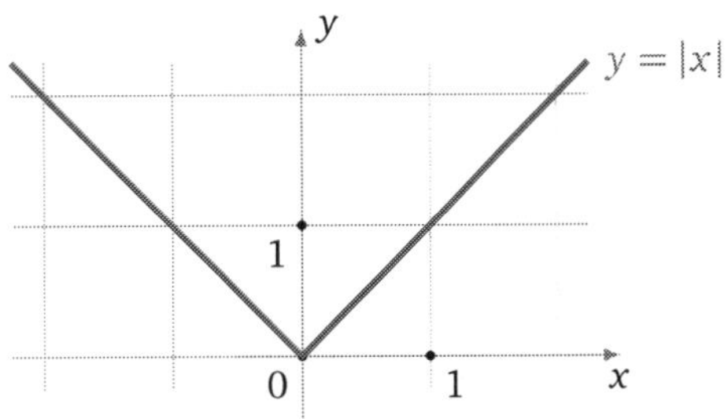

En effet, le taux d'accroissement de $f(x)=|x|$ en $x_0=0$ vérifie :

$$\frac{f(x)-f(0)}{x-0}=\frac{|x|}{x}=\begin{cases}+1 & \text{si } x>0\\ -1 & \text{si } x<0\end{cases}.$$

Il y a bien une limite à droite (qui vaut $+1$), une limite à gauche (qui vaut -1) mais elles ne sont pas égales : il n'y a pas de limite en 0. Ainsi f n'est pas dérivable en $x=0$.

Cela se lit aussi sur le dessin, il y a une demi-tangente à droite, une demi-tangente à gauche, mais elles ont des directions différentes.

Mini-exercices.

1. Montrer que la fonction $f(x)=x^3$ est dérivable en tout point $x_0\in\mathbb{R}$ et que $f'(x_0)=3x_0^2$.
2. Montrer que la fonction $f(x)=\sqrt{x}$ est dérivable en tout point $x_0>0$ et que $f'(x_0)=\frac{1}{2\sqrt{x_0}}$.
3. Montrer que la fonction $f(x)=\sqrt{x}$ (qui est continue en $x_0=0$) n'est pas dérivable en $x_0=0$.
4. Calculer l'équation de la tangente (T_0) à la courbe d'équation $y=x^3-x^2-x$ au point d'abscisse $x_0=2$. Calculer x_1 afin que la tangente (T_1) au point d'abscisse x_1 soit parallèle à (T_0).
5. Montrer que si une fonction f est paire et dérivable, alors f' est une fonction impaire.

2. Calcul des dérivées

2.1. Somme, produit,...

Proposition 3.

Soient $f,g:I\to\mathbb{R}$ deux fonctions dérivables sur I. Alors pour tout $x\in I$:

- $(f+g)'(x)=f'(x)+g'(x)$
- $(\lambda f)'(x)=\lambda f'(x)$ *où λ est un réel fixé*
- $(f\times g)'(x)=f'(x)g(x)+f(x)g'(x)$
- $\left(\frac{1}{f}\right)'(x)=-\frac{f'(x)}{f(x)^2}$ *(si $f(x)\neq 0$)*

- $\left(\frac{f}{g}\right)'(x) = \frac{f'(x)g(x) - f(x)g'(x)}{g(x)^2}$ *(si $g(x) \neq 0$)*

Remarque.
Il est plus facile de mémoriser les égalités de fonctions :

$$\boxed{(f+g)' = f' + g' \qquad (\lambda f)' = \lambda f' \qquad (f \times g)' = f'g + fg'}$$

$$\boxed{\left(\frac{1}{f}\right)' = -\frac{f'}{f^2} \qquad \left(\frac{f}{g}\right)' = \frac{f'g - fg'}{g^2}}$$

Démonstration. Prouvons par exemple $(f \times g)' = f'g + fg'$.

Fixons $x_0 \in I$. Nous allons réécrire le taux d'accroissement de $f(x) \times g(x)$:

$$\begin{aligned}\frac{f(x)g(x) - f(x_0)g(x_0)}{x - x_0} &= \frac{f(x) - f(x_0)}{x - x_0} g(x) + \frac{g(x) - g(x_0)}{x - x_0} f(x_0) \\ &\xrightarrow[x \to x_0]{} f'(x_0)g(x_0) + g'(x_0)f(x_0).\end{aligned}$$

Ceci étant vrai pour tout $x_0 \in I$ la fonction $f \times g$ est dérivable sur I de dérivée $f'g + fg'$. □

2.2. Dérivée de fonctions usuelles

Le tableau de gauche est un résumé des principales formules à connaître, x est une variable. Le tableau de droite est celui des compositions (voir paragraphe suivant), u représente une fonction $x \mapsto u(x)$.

Fonction	Dérivée
x^n	$nx^{n-1} \quad (n \in \mathbb{Z})$
$\frac{1}{x}$	$-\frac{1}{x^2}$
$\sqrt{x}$	$\frac{1}{2}\frac{1}{\sqrt{x}}$
x^α	$\alpha x^{\alpha-1} \quad (\alpha \in \mathbb{R})$
e^x	e^x
$\ln x$	$\frac{1}{x}$
$\cos x$	$-\sin x$
$\sin x$	$\cos x$
$\tan x$	$1+\tan^2 x = \frac{1}{\cos^2 x}$

Fonction	Dérivée
u^n	$nu'u^{n-1} \quad (n \in \mathbb{Z})$
$\frac{1}{u}$	$-\frac{u'}{u^2}$
$\sqrt{u}$	$\frac{1}{2}\frac{u'}{\sqrt{u}}$
u^α	$\alpha u'u^{\alpha-1} \quad (\alpha \in \mathbb{R})$
e^u	$u'e^u$
$\ln u$	$\frac{u'}{u}$
$\cos u$	$-u'\sin u$
$\sin u$	$u'\cos u$
$\tan u$	$u'(1+\tan^2 u) = \frac{u'}{\cos^2 u}$

Remarque.

- Notez que les formules pour x^n, $\frac{1}{x}$, $\sqrt{x}$ et x^α sont aussi des conséquences de la dérivée de l'exponentielle. Par exemple $x^\alpha = e^{\alpha \ln x}$ et donc
$$\frac{d}{dx}(x^\alpha) = \frac{d}{dx}(e^{\alpha \ln x}) = \alpha\frac{1}{x}e^{\alpha \ln x} = \alpha\frac{1}{x}x^\alpha = \alpha x^{\alpha-1}.$$
- Si vous devez dériver une fonction avec un exposant dépendant de x il faut absolument repasser à la forme exponentielle. Par exemple si $f(x) = 2^x$ alors on réécrit d'abord $f(x) = e^{x\ln 2}$ pour pouvoir calculer $f'(x) = \ln 2 \cdot e^{x\ln 2} = \ln 2 \cdot 2^x$.

2.3. Composition

Proposition 4.
Si f est dérivable en x et g est dérivable en $f(x)$ alors $g \circ f$ est dérivable en x de dérivée :

$$\boxed{\big(g \circ f\big)'(x) = g'\big(f(x)\big) \cdot f'(x)}$$

Démonstration. La preuve est similaire à celle ci-dessus pour le produit en écrivant cette fois :

$$\frac{g\circ f(x)-g\circ f(x_0)}{x-x_0}=\frac{g\big(f(x)\big)-g\big(f(x_0)\big)}{f(x)-f(x_0)}\times\frac{f(x)-f(x_0)}{x-x_0}$$
$$\xrightarrow[x\to x_0]{} g'\big(f(x_0)\big)\times f'(x_0).$$

□

Exemple 3.
Calculons la dérivée de $\ln(1+x^2)$. Nous avons $g(x)=\ln(x)$ avec $g'(x)=\frac{1}{x}$; et $f(x)=1+x^2$ avec $f'(x)=2x$. Alors la dérivée de $\ln(1+x^2)=g\circ f(x)$ est

$$\big(g\circ f\big)'(x)=g'\big(f(x)\big)\cdot f'(x)=g'\big(1+x^2\big)\cdot 2x=\frac{2x}{1+x^2}.$$

Corollaire 1.
Soit I un intervalle ouvert. Soit $f : I \to J$ dérivable et bijective dont on note $f^{-1} : J \to I$ la bijection réciproque. Si f' ne s'annule pas sur I alors f^{-1} est dérivable et on a pour tout $x \in J$:

$$\boxed{\big(f^{-1}\big)'(x)=\frac{1}{f'\big(f^{-1}(x)\big)}}$$

Démonstration. Notons $g=f^{-1}$ la bijection réciproque de f. Soit $y_0\in J$ et $x_0\in I$ tel que $y_0=f(x_0)$. Le taux d'accroissement de g en y_0 est :

$$\frac{g(y)-g(y_0)}{y-y_0}=\frac{g(y)-x_0}{f\big(g(y)\big)-f(x_0)}$$

Lorsque $y\to y_0$ alors $g(y)\to g(y_0)=x_0$ et donc ce taux d'accroissement tend vers $\frac{1}{f'(x_0)}$. Ainsi $g'(y_0)=\frac{1}{f'(x_0)}$. □

Remarque.
Il peut être plus simple de retrouver la formule à chaque fois en dérivant l'égalité

$$f\big(g(x)\big)=x$$

où $g=f^{-1}$ est la bijection réciproque de f.
En effet à droite la dérivée de x est 1 ; à gauche la dérivée de $f\big(g(x)\big)=f\circ g(x)$ est $f'\big(g(x)\big)\cdot g'(x)$. L'égalité $f\big(g(x)\big)=x$ conduit donc à l'égalité des dérivées :

$$f'\big(g(x)\big)\cdot g'(x)=1.$$

Mais $g = f^{-1}$ donc

$$\left(f^{-1}\right)'(x) = \frac{1}{f'\left(f^{-1}(x)\right)}.$$

Exemple 4.
Soit $f : \mathbb{R} \to \mathbb{R}$ la fonction définie par $f(x) = x + \exp(x)$. Étudions f en détail.

Tout d'abord :

1. f est dérivable car f est la somme de deux fonctions dérivables. En particulier f est continue.

2. f est strictement croissante car f est la somme de deux fonctions strictement croissante.

3. f est une bijection car $\lim_{x\to-\infty} f(x) = -\infty$ et $\lim_{x\to+\infty} f(x) = +\infty$.

4. $f'(x) = 1 + \exp(x)$ ne s'annule jamais (pour tout $x \in \mathbb{R}$).

Notons $g = f^{-1}$ la bijection réciproque de f. Même si on ne sait pas a priori exprimer g, on peut malgré tout connaître des informations sur cette fonction : par le corollaire ci-dessus g est dérivable et l'on calcule g' en dérivant l'égalité $f\left(g(x)\right) = x$. Ce qui donne $f'\left(g(x)\right) \cdot g'(x) = 1$ et donc ici

$$g'(x) = \frac{1}{f'\left(g(x)\right)} = \frac{1}{1 + \exp\left(g(x)\right)}.$$

Pour cette fonction f particulière on peut préciser davantage : comme $f\left(g(x)\right) = x$ alors $g(x) + \exp\left(g(x)\right) = x$ donc $\exp\left(g(x)\right) = x - g(x)$. Cela conduit à :

$$g'(x) = \frac{1}{1 + x - g(x)}.$$

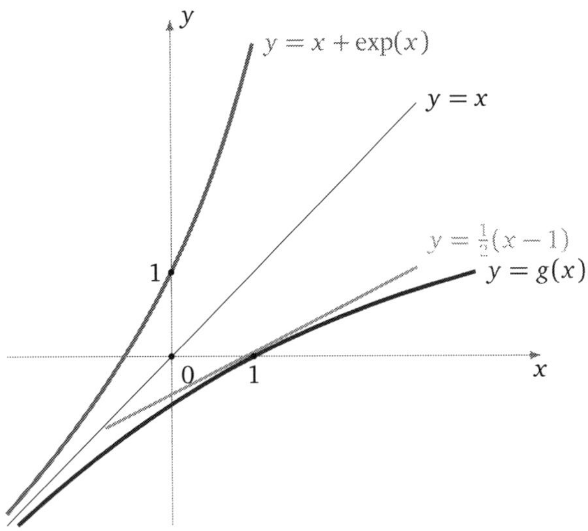

Par exemple $f(0)=1$ donc $g(1)=0$ et donc $g'(1)=\frac{1}{2}$. Autrement dit $\left(f^{-1}\right)'(1)=\frac{1}{2}$. L'équation de la tangente au graphe de f^{-1} au point d'abscisse $x_0=1$ est donc $y=\frac{1}{2}(x-1)$.

2.4. Dérivées successives

Soit $f : I \to \mathbb{R}$ une fonction dérivable et soit f' sa dérivée. Si la fonction $f' : I \to \mathbb{R}$ est aussi dérivable on note $f''=(f')'$ la **dérivée seconde** de f. Plus généralement on note :

$$f^{(0)}=f, \quad f^{(1)}=f', \quad f^{(2)}=f'' \quad \text{et} \quad f^{(n+1)}=\left(f^{(n)}\right)'$$

Si la **dérivée n-ième** $f^{(n)}$ existe on dit que f est **n fois dérivable**.

Théorème 1 (Formule de Leibniz).

$$\left(f\cdot g\right)^{(n)}=f^{(n)}\cdot g+\binom{n}{1}f^{(n-1)}\cdot g^{(1)}+\cdots+\binom{n}{k}f^{(n-k)}\cdot g^{(k)}+\cdots+f\cdot g^{(n)}$$

Autrement dit :

$$\left(f\cdot g\right)^{(n)}=\sum_{k=0}^{n}\binom{n}{k}f^{(n-k)}\cdot g^{(k)}.$$

La démonstration est similaire à celle de la formule du binôme de Newton et les coefficients que l'on obtient sont les mêmes.

Exemple 5.

- Pour $n = 1$ on retrouve $(f \cdot g)' = f'g + fg'$.
- Pour $n = 2$, on a $(f \cdot g)'' = f''g + 2f'g' + fg''$.

Exemple 6.

Calculons les dérivées n-ème de $\exp(x) \cdot (x^2 + 1)$ pour tout $n \geqslant 0$. Notons $f(x) = \exp(x)$ alors $f'(x) = \exp(x)$, $f''(x) = \exp(x)$,..., $f^{(k)}(x) = \exp(x)$. Notons $g(x) = x^2 + 1$ alors $g'(x) = 2x$, $g''(x) = 2$ et pour $k \geqslant 3$, $g^{(k)}(x) = 0$.

Appliquons la formule de Leibniz :

$$\left(f \cdot g\right)^{(n)}(x) = f^{(n)}(x) \cdot g(x) + \binom{n}{1} f^{(n-1)}(x) \cdot g^{(1)}(x) + \\ + \binom{n}{2} f^{(n-2)}(x) \cdot g^{(2)}(x) + \binom{n}{3} f^{(n-3)}(x) \cdot g^{(3)}(x) + \cdots$$

On remplace $f^{(k)}(x) = \exp(x)$ et on sait que $g^{(3)}(x) = 0$, $g^{(4)}(x) = 0$,... Donc cette somme ne contient que les trois premiers termes :

$$\left(f \cdot g\right)^{(n)}(x) = \exp(x) \cdot (x^2 + 1) + \binom{n}{1} \exp(x) \cdot 2x + \binom{n}{2} \exp(x) \cdot 2.$$

Que l'on peut aussi écrire :

$$\left(f \cdot g\right)^{(n)}(x) = \exp(x) \cdot \left(x^2 + 2nx + n(n-1) + 1\right).$$

Mini-exercices.

1. Calculer les dérivées des fonctions suivantes : $f_1(x) = x \ln x$, $f_2(x) = \sin \frac{1}{x}$, $f_3(x) = \sqrt{1 + \sqrt{1 + x^2}}$, $f_4(x) = \left(\ln(\frac{1+x}{1-x})\right)^{\frac{1}{3}}$, $f_5(x) = x^x$, $f_6(x) = \arctan x + \arctan \frac{1}{x}$.
2. On note $\Delta(f) = \frac{f'}{f}$. Calculer $\Delta(f \times g)$.
3. Soit $f :]1, +\infty[\to]-1, +\infty[$ définie par $f(x) = x \ln(x) - x$. Montrer que f est une bijection. Notons $g = f^{-1}$. Calculer $g(0)$ et $g'(0)$.
4. Calculer les dérivées successives de $f(x) = \ln(1 + x)$.
5. Calculer les dérivées successives de $f(x) = \ln(x) \cdot x^3$.

3. Extremum local, théorème de Rolle

3.1. Extremum local

Soit $f : I \to \mathbb{R}$ une fonction définie sur un intervalle I.

Définition 3.

- On dit que x_0 est un **point critique** de f si $f'(x_0) = 0$.
- On dit que f admet un **maximum local en x_0** (resp. un **minimum local en x_0**) s'il existe un intervalle ouvert J contenant x_0 tel que
$$\text{pour tout } x \in I \cap J \quad f(x) \leqslant f(x_0)$$
(resp. $f(x) \geqslant f(x_0)$).
- On dit que f admet un **extremum local en x_0** si f admet un maximum local ou un minimum local en ce point.

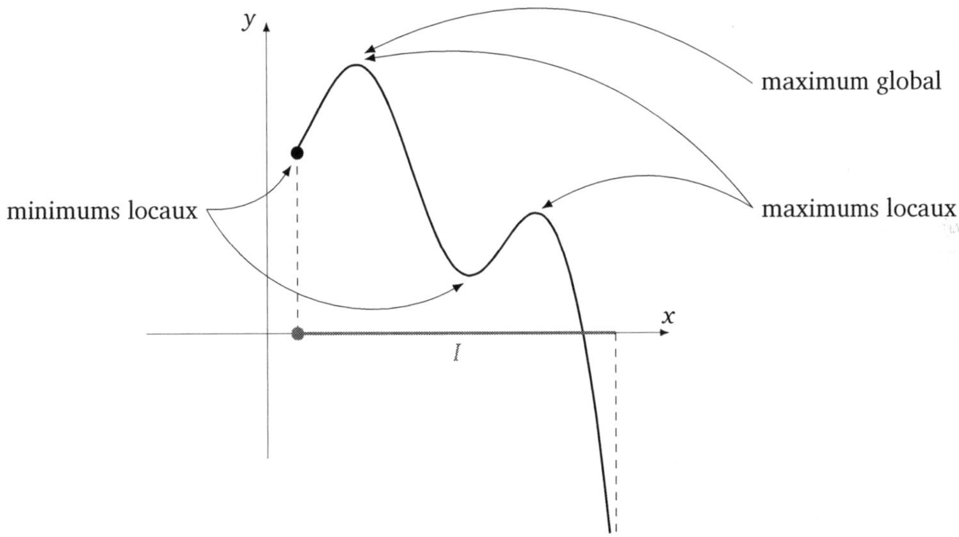

Dire que f a un maximum local en x_0 signifie que $f(x_0)$ est la plus grande des valeurs $f(x)$ pour les x proches de x_0. On dit que $f : I \to \mathbb{R}$ admet un **maximum global** en x_0 si pour toutes les autres valeurs $f(x)$, $x \in I$, on a $f(x) \leqslant f(x_0)$ (on ne regarde donc pas seulement les $f(x)$ pour x proche de x_0). Bien sûr un maximum global est aussi un maximum local, mais la réciproque est fausse.

Théorème 2.

Soit I un intervalle ouvert et $f : I \to \mathbb{R}$ une fonction dérivable. Si f admet un maximum local (ou un minimum local) en x_0 alors $f'(x_0) = 0$.

En d'autres termes, un maximum local (ou un minimum local) x_0 est toujours un point critique. Géométriquement, au point $(x_0, f(x_0))$ la tangente au graphe est horizontale.

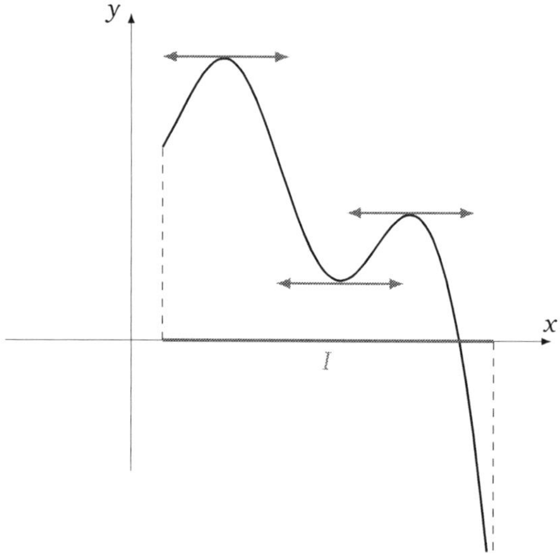

Exemple 7.

Étudions les extremums de la fonction f_λ définie par $f_\lambda(x) = x^3 + \lambda x$ en fonction du paramètre $\lambda \in \mathbb{R}$. La dérivée est $f'_\lambda(x) = 3x^2 + \lambda$. Si x_0 est un extremum local alors $f'_\lambda(x_0) = 0$.

- Si $\lambda > 0$ alors $f'_\lambda(x) > 0$ et ne s'annule jamais il n'y a pas de points critiques donc pas non plus d'extremums. En anticipant sur la suite : f_λ est strictement croissante sur $\mathbb{R}$.
- Si $\lambda = 0$ alors $f'_\lambda(x) = 3x^2$. Le seul point critique est $x_0 = 0$. Mais ce n'est ni un maximum local, ni un minimum local. En effet si $x < 0$, $f_0(x) < 0 = f_0(0)$ et si $x > 0$, $f_0(x) > 0 = f_0(0)$.
- Si $\lambda < 0$ alors $f'_\lambda(x) = 3x^2 - |\lambda| = 3\left(x + \sqrt{\frac{|\lambda|}{3}}\right)\left(x - \sqrt{\frac{|\lambda|}{3}}\right)$. Il y a deux points critiques $x_1 = -\sqrt{\frac{|\lambda|}{3}}$ et $x_2 = +\sqrt{\frac{|\lambda|}{3}}$. En anticipant sur la suite : $f'_\lambda(x) > 0$ sur $]-\infty, x_1[$ et $]x_2, +\infty[$ et $f'_\lambda(x) < 0$ sur $]x_1, x_2[$; maintenant f_λ est croissante sur $]-\infty, x_1[$, puis décroissante sur $]x_1, x_2[$, donc x_1 est un maximum local.

D'autre part f_λ est décroissante sur $]x_1, x_2[$ puis croissante sur $]x_2, +\infty[$ donc x_2 est un minimum local.

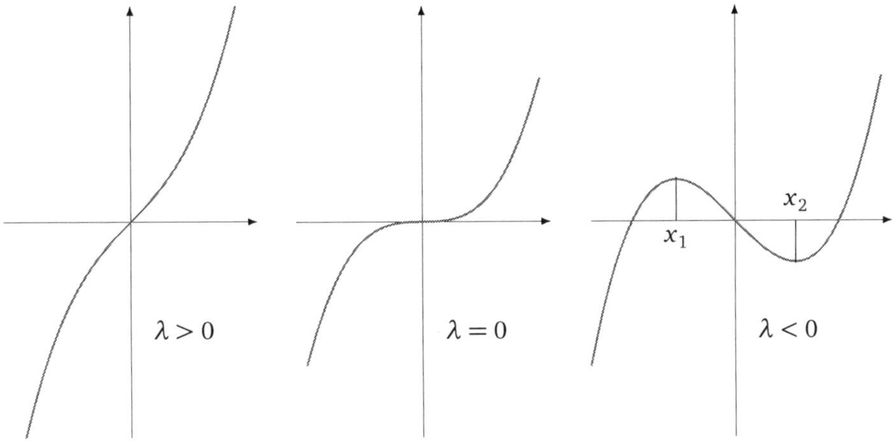

Remarque.

1. La réciproque du théorème 2 est fausse. Par exemple la fonction $f : \mathbb{R} \to \mathbb{R}$, définie par $f(x) = x^3$ vérifie $f'(0) = 0$ mais $x_0 = 0$ n'est ni maximum local ni un minimum local.
2. L'intervalle du théorème 2 est ouvert. Pour le cas d'un intervalle fermé, il faut faire attention aux extrémités. Par exemple si $f : [a, b] \to \mathbb{R}$ est une fonction dérivable qui admet un extremum en x_0, alors on est dans l'une des situations suivantes :
   - $x_0 = a$,
   - $x_0 = b$,
   - $x_0 \in]a, b[$ et dans ce cas on a bien $f'(x_0) = 0$ par le théorème 2.

   Aux extrémités on ne peut rien dire pour $f'(a)$ et $f'(b)$, comme le montre les différents maximums sur les dessins suivants.

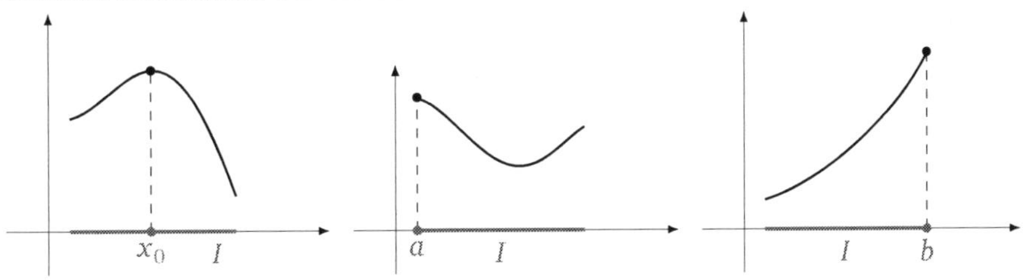

3. Pour déterminer $\max_{[a,b]} f$ et $\min_{[a,b]} f$ (où $f : [a, b] \to \mathbb{R}$ est une fonction dérivable) il faut comparer les valeurs de f aux différents points critiques et en a et en b.

Preuve du théorème. Supposons que x_0 soit un maximum local de f, soit donc J l'intervalle ouvert de la définition contenant x_0 tel que pour tout $x \in I \cap J$ on a $f(x) \leqslant f(x_0)$.

- Pour $x \in I \cap J$ tel que $x < x_0$ on a $f(x) - f(x_0) \leqslant 0$ et $x - x_0 < 0$ donc $\frac{f(x)-f(x_0)}{x-x_0} \geqslant 0$ et donc à la limite $\lim_{x \to x_0^-} \frac{f(x)-f(x_0)}{x-x_0} \geqslant 0$.
- Pour $x \in I \cap J$ tel que $x > x_0$ on a $f(x) - f(x_0) \leqslant 0$ et $x - x_0 > 0$ donc $\frac{f(x)-f(x_0)}{x-x_0} \leqslant 0$ et donc à la limite $\lim_{x \to x_0^+} \frac{f(x)-f(x_0)}{x-x_0} \leqslant 0$.

Or f est dérivable en x_0 donc

$$\lim_{x \to x_0^-} \frac{f(x)-f(x_0)}{x-x_0} = \lim_{x \to x_0^+} \frac{f(x)-f(x_0)}{x-x_0} = f'(x_0).$$

La première limite est positive, la seconde est négative, la seule possibilité est que $f'(x_0) = 0$. □

3.2. Théorème de Rolle

Théorème 3 (Théorème de Rolle).
Soit $f : [a, b] \to \mathbb{R}$ telle que
- *f est continue sur $[a, b]$,*
- *f est dérivable sur $]a, b[$,*
- *$f(a) = f(b)$.*

Alors il existe $c \in]a, b[$ tel que $f'(c) = 0$.

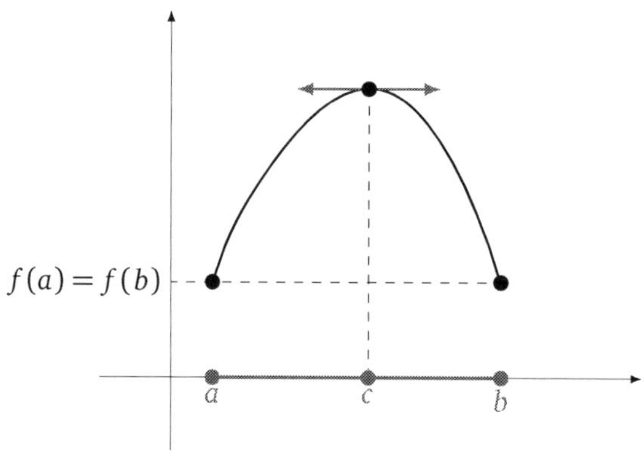

Interprétation géométrique : il existe au moins un point du graphe de f où la tangente est horizontale.

Démonstration. Tout d'abord, si f est constante sur $[a,b]$ alors n'importe quel $c \in]a,b[$ convient. Sinon il existe $x_0 \in [a,b]$ tel que $f(x_0) \neq f(a)$. Supposons par exemple $f(x_0) > f(a)$. Alors f est continue sur l'intervalle fermé et borné $[a,b]$, donc elle admet un maximum en un point $c \in [a,b]$. Mais $f(c) \geqslant f(x_0) > f(a)$ donc $c \neq a$. De même comme $f(a) = f(b)$ alors $c \neq b$. Ainsi $c \in]a,b[$. En c, f est donc dérivable et admet un maximum (local) donc $f'(c) = 0$. □

Exemple 8.
Soit $P(X) = (X-\alpha_1)(X-\alpha_2)\cdots(X-\alpha_n)$ un polynôme ayant n racines réelles différentes : $\alpha_1 < \alpha_2 < \cdots < \alpha_n$.

1. *Montrons que P' a $n-1$ racines distinctes.*

   On considère P comme une fonction polynomiale $x \mapsto P(x)$. P est une fonction continue et dérivable sur $\mathbb{R}$. Comme $P(\alpha_1) = 0 = P(\alpha_2)$ alors par le théorème de Rolle il existe $c_1 \in]\alpha_1, \alpha_2[$ tel que $P'(c_1) = 0$. Plus généralement, pour $1 \leqslant k \leqslant n-1$, comme $P(\alpha_k) = 0 = P(\alpha_{k+1})$ alors le théorème de Rolle implique l'existence de $c_k \in]\alpha_k, \alpha_{k+1}[$ tel que $P'(c_k) = 0$. Nous avons bien trouvé $n-1$ racines de P' : $c_1 < c_2 < \cdots < c_{n-1}$. Comme P' est un polynôme de degré $n-1$, toutes ses racines sont réelles et distinctes.

2. *Montrons que $P+P'$ a $n-1$ racines distinctes.*

   L'astuce consiste à considérer la fonction auxiliaire $f(x) = P(x)\exp x$. f est une fonction continue et dérivable sur $\mathbb{R}$. f s'annule comme P en $\alpha_1, \ldots, \alpha_n$. La dérivée de f est $f'(x) = \big(P(x) + P'(x)\big)\exp x$. Donc par le théorème de Rolle, pour chaque $1 \leqslant k \leqslant n-1$, comme $f(\alpha_k) = 0 = f(\alpha_{k+1})$ alors il existe $\gamma_k \in]\alpha_k, \alpha_{k+1}[$ tel que $f'(\gamma_k) = 0$. Mais comme la fonction exponentielle ne s'annule jamais alors $(P+P')(\gamma_k) = 0$. Nous avons bien trouvé $n-1$ racines distinctes de $P+P'$: $\gamma_1 < \gamma_2 < \cdots < \gamma_{n-1}$.

3. *Déduisons-en que $P+P'$ a toutes ses racines réelles.*

   $P+P'$ est un polynôme à coefficients réels qui admet $n-1$ racines réelles. Donc $(P+P')(X) = (X-\gamma_1)\cdots(X-\gamma_{n-1})Q(X)$ où $Q(x) = X - \gamma_n$ est un polynôme de degré 1. Comme $P+P'$ est à coefficients réels et que les γ_i sont aussi réels, ainsi $\gamma_n \in \mathbb{R}$. Ainsi on a obtenu une n-ème racine réelle γ_n (pas nécessairement distincte des autres γ_i).

Mini-exercices.

1. Dessiner le graphe de fonctions vérifiant : f_1 admet deux minimums locaux et un maximum local ; f_2 admet un minimum local qui n'est pas global et un maximum local qui est global ; f_3 admet une infinité d'extremums locaux ; f_4 n'admet aucun extremum local.
2. Calculer en quel point la fonction $f(x) = ax^2 + bx + c$ admet un extremum local.
3. Soit $f : [0,2] \to \mathbb{R}$ une fonction deux fois dérivable telle que $f(0) = f(1) = f(2) = 0$. Montrer qu'il existe c_1, c_2 tels que $f'(c_1) = 0$ et $f'(c_2) = 0$. Montrer qu'il existe c_3 tel que $f''(c_3) = 0$.
4. Montrer que chacune des trois hypothèses du théorème de Rolle est nécessaire.

4. Théorème des accroissements finis

4.1. Théorème des accroissements finis

Théorème 4 (Théorème des accroissements finis).
Soit $f : [a,b] \to \mathbb{R}$ une fonction continue sur $[a,b]$ et dérivable sur $]a,b[$. Il existe $c \in]a,b[$ tel que

$$\boxed{f(b) - f(a) = f'(c)\,(b-a)}$$

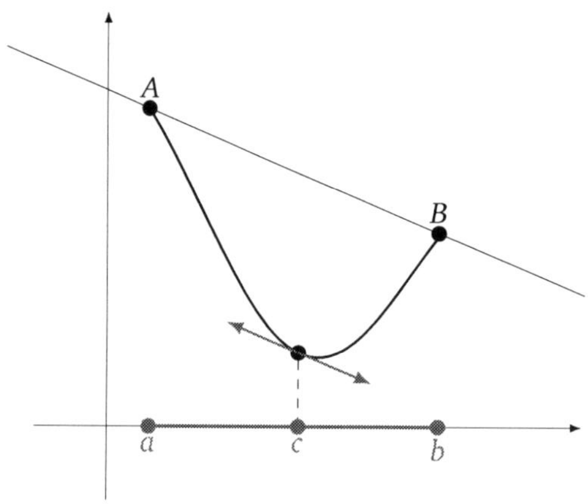

Interprétation géométrique : il existe au moins un point du graphe de f où la tangente est parallèle à la droite (AB) où $A=(a,f(a))$ et $B=(b,f(b))$.

Démonstration. Posons $\ell=\frac{f(b)-f(a)}{b-a}$ et $g(x)=f(x)-\ell\cdot(x-a)$. Alors $g(a)=f(a)$, $g(b)=f(b)-\frac{f(b)-f(a)}{b-a}\cdot(b-a)=f(a)$. Par le théorème de Rolle, il existe $c\in]a,b[$ tel que $g'(c)=0$. Or $g'(x)=f'(x)-\ell$. Ce qui donne $f'(c)=\frac{f(b)-f(a)}{b-a}$. □

4.2. Fonction croissante et dérivée

Corollaire 2.
Soit $f:[a,b]\to\mathbb{R}$ une fonction continue sur $[a,b]$ et dérivable sur $]a,b[$.

1. $\forall x\in]a,b[\quad f'(x)\geqslant 0 \iff f$ *est croissante ;*
2. $\forall x\in]a,b[\quad f'(x)\leqslant 0 \iff f$ *est décroissante ;*
3. $\forall x\in]a,b[\quad f'(x)=0 \iff f$ *est constante ;*
4. $\forall x\in]a,b[\quad f'(x)>0 \implies f$ *est strictement croissante ;*
5. $\forall x\in]a,b[\quad f'(x)<0 \implies f$ *est strictement décroissante.*

Remarque.
La réciproque au point (4) (et aussi au (5)) est fausse. Par exemple la fonction $x\mapsto x^3$ est strictement croissante et pourtant sa dérivée s'annule en 0.

Démonstration. Prouvons par exemple (1).
Sens $\Longrightarrow$. Supposons d'abord la dérivée positive. Soient $x,y\in]a,b[$ avec $x\leqslant y$. Alors par le théorème des accroissements finis, il existe $c\in]x,y[$ tel que $f(x)-f(y)=f'(c)(x-y)$. Mais $f'(c)\geqslant 0$ et $x-y\leqslant 0$ donc $f(x)-f(y)\leqslant 0$. Cela implique que $f(x)\leqslant f(y)$. Ceci étant vrai pour tout x,y alors f est croissante.

Sens $\Longleftarrow$. Réciproquement, supposons que f est croissante. Fixons $x\in]a,b[$. Pour tout $y>x$ nous avons $y-x>0$ et $f(y)-f(x)\geqslant 0$, ainsi le taux d'accroissement vérifie $\frac{f(y)-f(x)}{y-x}\geqslant 0$. À la limite, quand $y\to x$, ce taux d'accroissement tend vers la dérivée de f en x et donc $f'(x)\geqslant 0$. □

4.3. Inégalité des accroissements finis

Corollaire 3 (Inégalité des accroissements finis).
Soit $f : I \to \mathbb{R}$ une fonction dérivable sur un intervalle I ouvert. S'il existe une constante M telle que pour tout $x \in I$, $\left|f'(x)\right| \leqslant M$ alors

$$\boxed{\forall x, y \in I \qquad \left|f(x)-f(y)\right| \leqslant M|x-y|}$$

Démonstration. Fixons $x, y \in I$, il existe alors $c \in]x, y[$ ou $]y, x[$ tel que $f(x) - f(y) = f'(c)(x-y)$ et comme $|f'(c)| \leqslant M$ alors $\left|f(x)-f(y)\right| \leqslant M|x-y|$. □

Exemple 9.
Soit $f(x) = \sin(x)$. Comme $f'(x) = \cos x$ alors $|f'(x)| \leqslant 1$ pour tout $x \in \mathbb{R}$. L'inégalité des accroissements finis s'écrit alors :

$$\text{pour tout } x, y \in \mathbb{R} \qquad |\sin x - \sin y| \leqslant |x-y|.$$

En particulier si l'on fixe $y = 0$ alors on obtient

$$\boxed{|\sin x| \leqslant |x|}$$

ce qui est particulièrement intéressant pour x proche de 0.

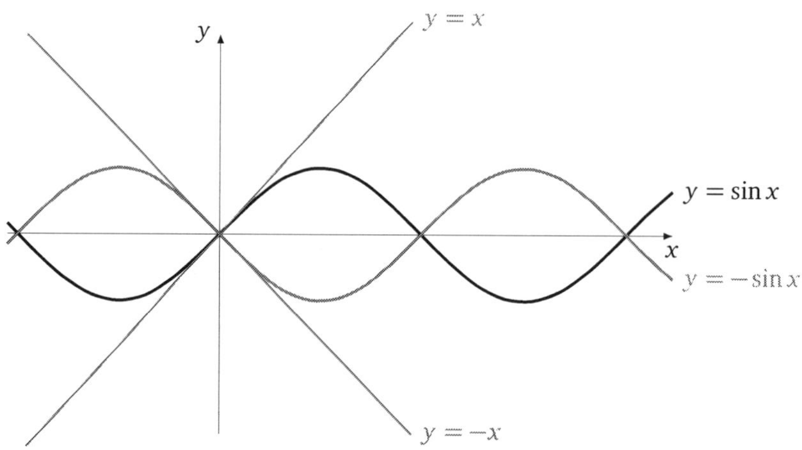

4.4. Règle de l'Hospital

Corollaire 4 (Règle de l'Hospital).
Soient $f, g : I \to \mathbb{R}$ deux fonctions dérivables et soit $x_0 \in I$. On suppose que

- $f(x_0) = g(x_0) = 0,$
- $\forall x \in I \setminus \{x_0\} \quad g'(x) \neq 0.$

$$\text{Si} \quad \lim_{x \to x_0} \frac{f'(x)}{g'(x)} = \ell \quad (\in \mathbb{R}) \quad \text{alors} \quad \lim_{x \to x_0} \frac{f(x)}{g(x)} = \ell.$$

Démonstration. Fixons $a \in I \setminus \{x_0\}$ avec par exemple $a < x_0$. Soit $h : I \to \mathbb{R}$ définie par $h(x) = g(a)f(x) - f(a)g(x)$. Alors

- h est continue sur $[a, x_0] \subset I$,
- h est dérivable sur $]a, x_0[$,
- $h(x_0) = h(a) = 0$.

Donc par le théorème de Rolle il existe $c_a \in]a, x_0[$ tel que $h'(c_a) = 0$. Or $h'(x) = g(a)f'(x) - f(a)g'(x)$ donc $g(a)f'(c_a) - f(a)g'(c_a) = 0$. Comme g' ne s'annule pas sur $I \setminus \{x_0\}$ cela conduit à $\frac{f(a)}{g(a)} = \frac{f'(c_a)}{g'(c_a)}$. Comme $a < c_a < x_0$ lorsque l'on fait tendre a vers x_0 on obtient $c_a \to x_0$. Cela implique

$$\lim_{a \to x_0} \frac{f(a)}{g(a)} = \lim_{a \to x_0} \frac{f'(c_a)}{g'(c_a)} = \lim_{c_a \to x_0} \frac{f'(c_a)}{g'(c_a)} = \ell.$$

□

Exemple 10.
Calculer la limite en 1 de $\frac{\ln(x^2+x-1)}{\ln(x)}$. On vérifie que :

- $f(x) = \ln(x^2 + x - 1)$, $f(1) = 0$, $f'(x) = \frac{2x+1}{x^2+x-1}$,
- $g(x) = \ln(x)$, $g(1) = 0$, $g'(x) = \frac{1}{x}$,
- Prenons $I =]0, 1]$, $x_0 = 1$, alors g' ne s'annule pas sur $I \setminus \{x_0\}$.

$$\frac{f'(x)}{g'(x)} = \frac{2x+1}{x^2+x-1} \times x = \frac{2x^2+x}{x^2+x-1} \xrightarrow[x \to 1]{} 3.$$

Donc

$$\frac{f(x)}{g(x)} \xrightarrow[x \to 1]{} 3.$$

Mini-exercices.

1. Soit $f(x) = \frac{x^3}{3} + \frac{x^2}{2} - 2x + 2$. Étudier la fonction f. Tracer son graphe. Montrer que f admet un minimum local et un maximum local.
2. Soit $f(x) = \sqrt{x}$. Appliquer le théorème des accroissements finis sur l'intervalle $[100, 101]$. En déduire l'encadrement $10 + \frac{1}{22} \leqslant \sqrt{101} \leqslant 10 + \frac{1}{20}$.
3. Appliquer le théorème des accroissements finis pour montrer que $\ln(1+x) - \ln(x) < \frac{1}{x}$ (pour tout $x > 0$).
4. Soit $f(x) = e^x$. Que donne l'inégalité des accroissements finis sur $[0, x]$?
5. Appliquer la règle de l'Hospital pour calculer les limites suivantes (quand $x \to 0$) : $\dfrac{x}{(1+x)^n - 1}$; $\dfrac{\ln(x+1)}{\sqrt{x}}$; $\dfrac{1 - \cos x}{\tan x}$; $\dfrac{x - \sin x}{x^3}$.

Auteurs du chapitre Arnaud Bodin, Niels Borne, Laura Desideri

Chapitre 6

Intégrales

Motivation

Nous allons introduire l'intégrale à l'aide d'un exemple. Considérons la fonction exponentielle $f(x) = e^x$. On souhaite calculer l'aire $\mathscr{A}$ en-dessous du graphe de f et entre les droites d'équation $(x = 0)$, $(x = 1)$ et l'axe (Ox).

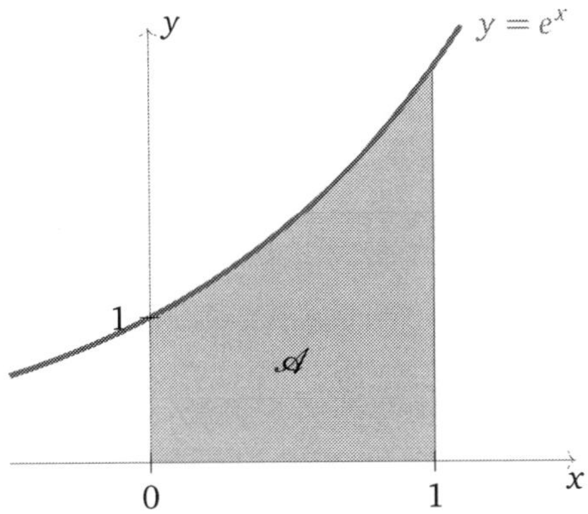

Nous approchons cette aire par des sommes d'aires des rectangles situés sous la courbe. Plus précisément, soit $n \geqslant 1$ un entier ; découpons notre intervalle $[0,1]$ à l'aide de la subdivision $(0, \frac{1}{n}, \frac{2}{n}, \dots, \frac{i}{n}, \cdots, \frac{n-1}{n}, 1)$.
On considère les « rectangles inférieurs » $\mathscr{R}_i^-$, chacun ayant pour base l'intervalle $\left[\frac{i-1}{n}, \frac{i}{n}\right]$ et pour hauteur $f\left(\frac{i-1}{n}\right) = e^{(i-1)/n}$. L'entier i varie de 1 à n. L'aire de $\mathscr{R}_i^-$ est « base × hauteur » : $\left(\frac{i}{n} - \frac{i-1}{n}\right) \times e^{(i-1)/n} = \frac{1}{n} e^{\frac{i-1}{n}}$.

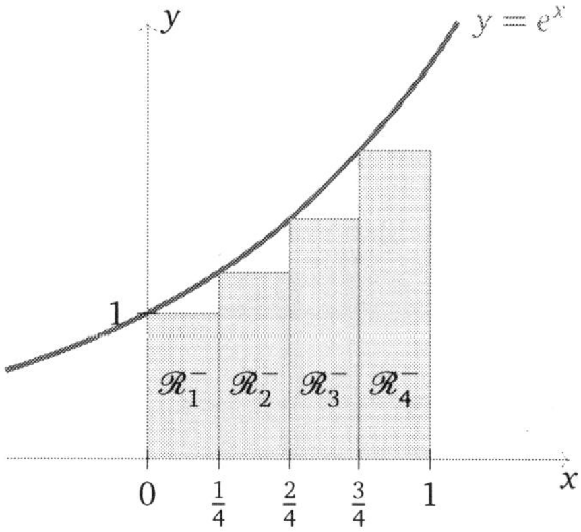

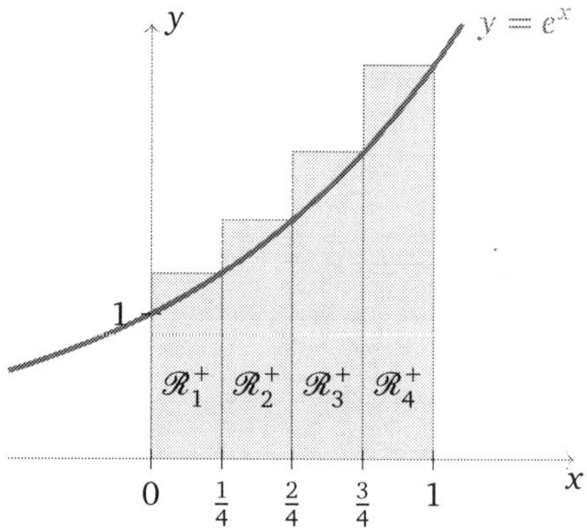

La somme des aires des $\mathscr{R}_i^-$ se calcule alors comme somme d'une suite géométrique :

$$\sum_{i=1}^{n} \frac{e^{\frac{i-1}{n}}}{n} = \frac{1}{n}\sum_{i=1}^{n}\left(e^{\frac{1}{n}}\right)^{i-1} = \frac{1}{n}\frac{1-\left(e^{\frac{1}{n}}\right)^n}{1-e^{\frac{1}{n}}} = \frac{\frac{1}{n}}{e^{\frac{1}{n}}-1}(e-1) \xrightarrow[n\to+\infty]{} e-1.$$

Pour la limite on a reconnu l'expression du type $\frac{e^x-1}{x} \xrightarrow[x\to 0]{} 1$ (avec ici $x = \frac{1}{n}$).

Soit maintenant les « rectangles supérieurs » $\mathscr{R}_i^+$, ayant la même base $\left[\frac{i-1}{n}, \frac{i}{n}\right]$ mais la hauteur $f\left(\frac{i}{n}\right) = e^{i/n}$. Un calcul similaire montre que $\sum_{i=1}^{n} \frac{e^{\frac{i}{n}}}{n} \to e-1$ lorsque $n \to +\infty$.

L'aire $\mathscr{A}$ de notre région est supérieure à la somme des aires des rectangles inférieurs ; et elle est inférieure à la somme des aires des rectangles supérieurs. Lorsque l'on considère des subdivisions de plus en plus petites (c'est-à-dire lorsque l'on fait tendre n vers $+\infty$) alors on obtient à la limite que l'aire $\mathscr{A}$ de notre région est encadrée par deux aires qui tendent vers $e-1$. Donc l'aire de notre région est $\mathscr{A} = e-1$.

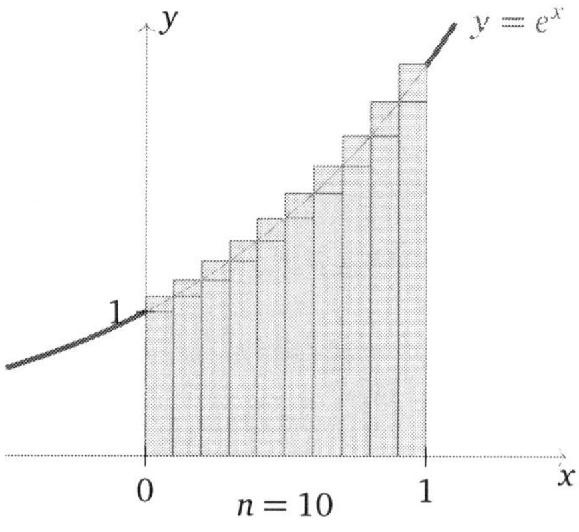

$n = 10$

Voici le plan de lecture conseillé pour ce chapitre : il est tout d'abord nécessaire de bien comprendre comment est définie l'intégrale et quelles sont ses principales propriétés (parties 1 et 2). Mais il est important d'arriver rapidement à savoir calculer des intégrales : à l'aide de primitives ou par les deux outils efficaces que sont l'intégration par parties et le changement de variable.
Dans un premier temps on peut lire les sections 1.1, 1.2 puis 2.1, 2.2, 2.3, avant de s'attarder longuement sur les parties 3, 4. Lors d'une seconde lecture, revenez sur la construction de l'intégrale et les preuves.
Dans ce chapitre on s'autorisera (abusivement) une confusion entre une fonction f et son expression $f(x)$. Par exemple on écrira « *une primitive de la fonction* $\sin x$ *est* $-\cos x$ » au lieu « *une primitive de la fonction* $x \mapsto \sin x$ *est* $x \mapsto -\cos x$ ».

1. L'intégrale de Riemann

Nous allons reprendre la construction faite dans l'introduction pour une fonction f quelconque. Ce qui va remplacer les rectangles seront des **fonctions en escalier**. Si la limite des aires en-dessous égale la limite des aires au-dessus on appelle cette limite commune **l'intégrale** de f que l'on note $\int_a^b f(x)\,dx$. Cependant il n'est pas toujours vrai que ces limites soient égales, l'intégrale n'est donc définie que pour les fonctions **intégrables**. Heureusement nous verrons que si la fonction f est continue alors elle est intégrable.

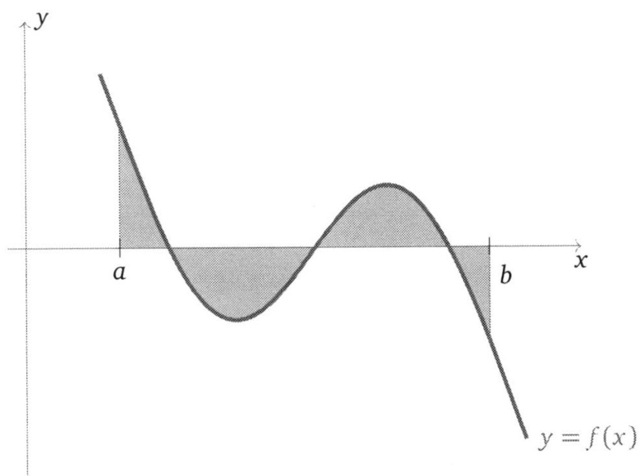

1.1. Intégrale d'une fonction en escalier

Définition 1.
Soit $[a,b]$ un intervalle fermé borné de $\mathbb{R}$ ($-\infty < a < b < +\infty$). On appelle une **subdivision** de $[a,b]$ une suite finie, strictement croissante, de nombres $\mathscr{S} = (x_0, x_1, \ldots, x_n)$ telle que $x_0 = a$ et $x_n = b$. Autrement dit $a = x_0 < x_1 < \cdots < x_n = b$.

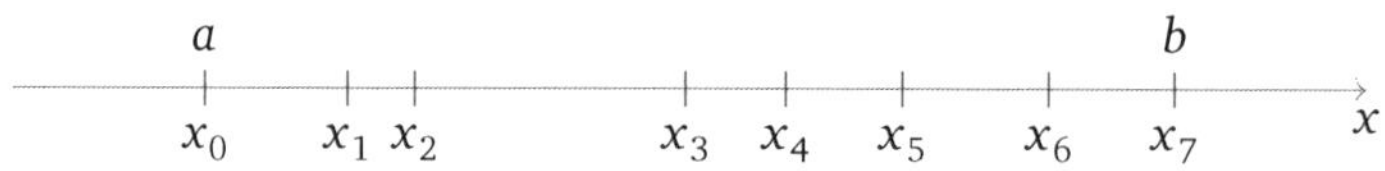

Définition 2.
Une fonction $f : [a,b] \to \mathbb{R}$ est une **fonction en escalier** s'il existe une subdivision $(x_0, x_1, \ldots, x_n)$ et des nombres réels $c_1, \ldots, c_n$ tels que pour tout $i \in \{1, \ldots, n\}$ on ait

$$\forall x \in]x_{i-1}, x_i[\quad f(x) = c_i$$

Autrement dit f est une fonction constante sur chacun des sous-intervalles de la subdivision.

Remarque.
La valeur de f aux points x_i de la subdivision n'est pas imposée. Elle peut être égale à celle de l'intervalle qui précède ou de celui qui suit, ou encore une autre valeur arbitraire. Cela n'a pas d'importance car l'aire ne changera pas.

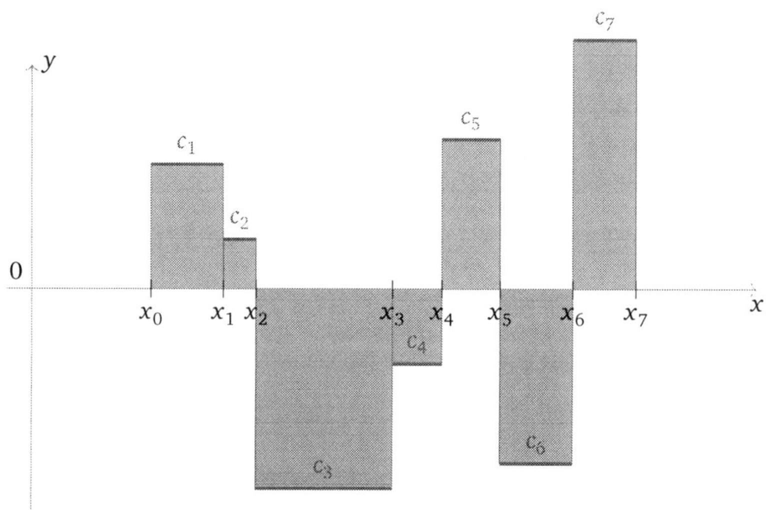

Définition 3.
Pour une fonction en escalier comme ci-dessus, son **intégrale** est le réel $\int_a^b f(x)\,dx$ défini par

$$\boxed{\int_a^b f(x)\,dx = \sum_{i=1}^n c_i(x_i - x_{i-1})}$$

Remarque.
Notez que chaque terme $c_i(x_i - x_{i-1})$ est l'aire du rectangle compris entre les abscisses x_{i-1} et x_i et de hauteur c_i. Il faut juste prendre garde que l'on compte l'aire avec un signe « + » si $c_i > 0$ et un signe « − » si $c_i < 0$.

L'intégrale d'une fonction en escalier est l'aire de la partie située au-dessus de l'axe des abscisses moins l'aire de la partie située en-dessous . L'intégrale d'une fonction en escalier est bien un nombre réel qui mesure l'aire algébrique (c'est-à-dire avec signe) entre la courbe de f et l'axe des abscisses.

1.2. Fonction intégrable

Rappelons qu'une fonction $f : [a,b] \to \mathbb{R}$ est **bornée** s'il existe $M \geqslant 0$ tel que :

$$\forall x \in [a,b] \quad -M \leqslant f(x) \leqslant M.$$

Rappelons aussi que si l'on a deux fonctions $f, g : [a,b] \to \mathbb{R}$, alors on note

$$f \leqslant g \qquad \Longleftrightarrow \qquad \forall x \in [a,b] \quad f(x) \leqslant g(x).$$

On suppose à présent que $f : [a,b] \to \mathbb{R}$ est une fonction bornée quelconque. On définit deux nombres réels :

$$I^-(f) = \sup\left\{\int_a^b \phi(x)\,dx \mid \phi \text{ en escalier et } \phi \leqslant f\right\}$$

$$I^+(f) = \inf\left\{\int_a^b \phi(x)\,dx \mid \phi \text{ en escalier et } \phi \geqslant f\right\}$$

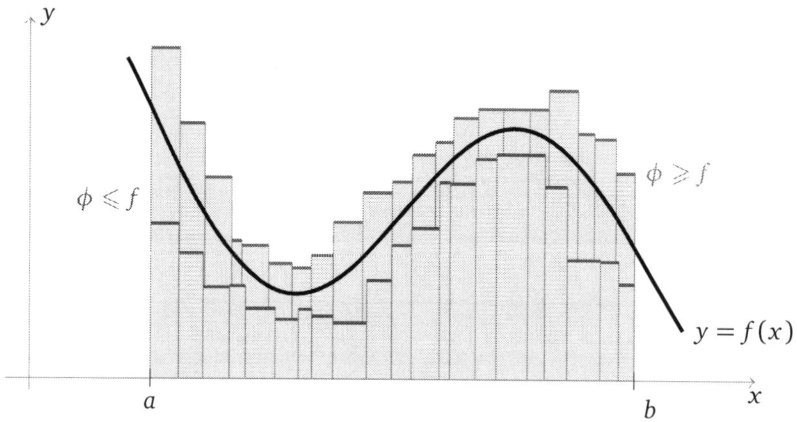

Pour $I^-(f)$ on prend toutes les fonctions en escalier (avec toutes les subdivisions possibles) qui restent inférieures à f. On prend l'aire la plus grande parmi toutes ces fonctions en escalier, comme on n'est pas sûr que ce maximum existe on prend la borne supérieure. Pour $I^+(f)$ c'est le même principe mais les fonctions en escalier sont supérieures à f et on cherche l'aire la plus petite possible.
Il est intuitif que l'on a :

Proposition 1.
$I^-(f) \leqslant I^+(f)$.

Les preuves sont reportées en fin de section.

Définition 4.
Une fonction bornée $f : [a,b] \to \mathbb{R}$ est dite **intégrable** (**au sens de Riemann**) si $I^-(f) = I^+(f)$. On appelle alors ce nombre **l'intégrale de Riemann** de f sur $[a,b]$ et on le note $\int_a^b f(x)\,dx$.

Exemple 1.

- Les fonctions en escalier sont intégrables ! En effet si f est une fonction en escalier alors la borne inférieure $I^-(f)$ et supérieure $I^+(f)$ sont atteintes avec la fonction $\phi = f$. Bien sûr l'intégrale $\int_a^b f(x)\,dx$ coïncide avec l'intégrale de la fonction en escalier définie lors du paragraphe 1.1.
- Nous verrons dans la section suivante que les fonctions continues et les fonctions monotones sont intégrables.
- Cependant toutes les fonctions ne sont pas intégrables. La fonction $f : [0,1] \to \mathbb{R}$ définie par $f(x) = 1$ si x est rationnel et $f(x) = 0$ sinon, n'est pas intégrable sur

$[0,1]$. Convainquez-vous que si ϕ est une fonction en escalier avec $\phi \leqslant f$ alors $\phi \leqslant 0$ et que si $\phi \geqslant f$ alors $\phi \geqslant 1$. On en déduit que $I^-(f) = 0$ et $I^+(f) = 1$. Les bornes inférieure et supérieure ne coïncident pas, donc f n'est pas intégrable.

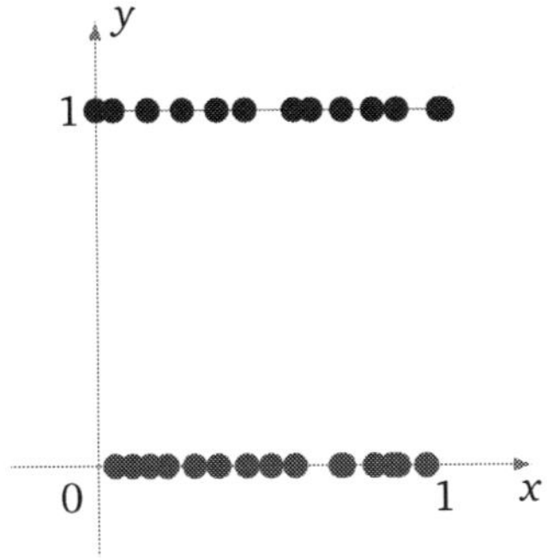

Il n'est pas si facile de calculer des exemples avec la définition. Nous avons vu l'exemple de la fonction exponentielle dans l'introduction où nous avions en fait montré que $\int_0^1 e^x \, dx = e - 1$. Nous allons voir maintenant l'exemple de la fonction $f(x) = x^2$. Plus tard nous verrons que les primitives permettent de calculer simplement beaucoup d'intégrales.

Exemple 2.
Soit $f : [0,1] \to \mathbb{R}$, $f(x) = x^2$. Montrons qu'elle est intégrable et calculons $\int_0^1 f(x)\, dx$.

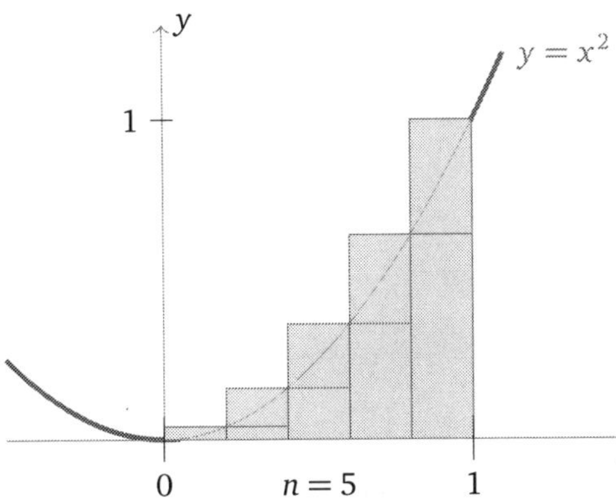

Soit $n \geqslant 1$ et considérons la subdivision régulière de $[0,1]$ suivante $\mathscr{S} = \left(0, \frac{1}{n}, \frac{2}{n}, \ldots, \frac{i}{n}, \ldots, \frac{n-1}{n}, 1\right)$.
Sur l'intervalle $\left[\frac{i-1}{n}, \frac{i}{n}\right]$ nous avons

$$\forall x \in \left[\tfrac{i-1}{n}, \tfrac{i}{n}\right] \quad \left(\tfrac{i-1}{n}\right)^2 \leqslant x^2 \leqslant \left(\tfrac{i}{n}\right)^2.$$

Nous construisons une fonction en escalier ϕ^- en-dessous de f par $\phi^-(x) = \frac{(i-1)^2}{n^2}$ si $x \in \left[\frac{i-1}{n}, \frac{i}{n}\right[$ (pour chaque $i = 1, \ldots, n$) et $\phi^-(1) = 1$. De même nous construisons une fonction en escalier ϕ^+ au-dessus de f définie par $\phi^+(x) = \frac{i^2}{n^2}$ si $x \in \left[\frac{i-1}{n}, \frac{i}{n}\right[$ (pour chaque $i = 1, \ldots, n$) et $\phi^+(1) = 1$. ϕ^- et ϕ^+ sont des fonctions en escalier et l'on a $\phi^- \leqslant f \leqslant \phi^+$.

L'intégrale de la fonction en escalier ϕ^+ est par définition

$$\int_0^1 \phi^+(x)\,dx = \sum_{i=1}^{n} \frac{i^2}{n^2}\left(\frac{i}{n} - \frac{i-1}{n}\right) = \sum_{i=1}^{n} \frac{i^2}{n^2}\frac{1}{n} = \frac{1}{n^3}\sum_{i=1}^{n} i^2.$$

On se souvient de la formule $\sum_{i=1}^{n} i^2 = \frac{n(n+1)(2n+1)}{6}$, et donc

$$\int_0^1 \phi^+(x)\,dx = \frac{n(n+1)(2n+1)}{6n^3} = \frac{(n+1)(2n+1)}{6n^2}.$$

De même pour la fonction ϕ^- :

$$\int_0^1 \phi^-(x)\,dx = \sum_{i=1}^{n} \frac{(i-1)^2}{n^2}\frac{1}{n} = \frac{1}{n^3}\sum_{j=1}^{n-1} j^2 = \frac{(n-1)n(2n-1)}{6n^3} = \frac{(n-1)(2n-1)}{6n^2}.$$

Maintenant $I^-(f)$ est la borne supérieure sur toutes les fonctions en escalier inférieures à f donc en particulier $I^-(f) \geqslant \int_0^1 \phi^-(x)\,dx$. De même $I^+(f) \leqslant \int_0^1 \phi^+(x)\,dx$. En résumé :

$$\frac{(n-1)(2n-1)}{6n^2} = \int_0^1 \phi^-(x)\,dx \leqslant I^-(f) \leqslant I^+(f) \leqslant \int_0^1 \phi^+(x)\,dx = \frac{(n+1)(2n+1)}{6n^2}.$$

Lorsque l'on fait tendre n vers $+\infty$ alors les deux extrémités tendent vers $\frac{1}{3}$. On en déduit que $I^-(f) = I^+(f) = \frac{1}{3}$. Ainsi f est intégrable et $\int_0^1 x^2\,dx = \frac{1}{3}$.

1.3. Premières propriétés

Proposition 2.

1. *Si $f : [a,b] \to \mathbb{R}$ est intégrable et si l'on change les valeurs de f en un nombre fini de points de $[a,b]$ alors la fonction f est toujours intégrable et la valeur de l'intégrale $\int_a^b f(x)\,dx$ ne change pas.*
2. *Si $f : [a,b] \to \mathbb{R}$ est intégrable alors la restriction de f à tout intervalle $[a',b'] \subset [a,b]$ est encore intégrable.*

1.4. Les fonctions continues sont intégrables

Voici le résultat théorique le plus important de ce chapitre.

Théorème 1.
Si $f : [a,b] \to \mathbb{R}$ est continue alors f est intégrable.

La preuve sera vue plus loin mais l'idée est que les fonctions continues peuvent être approchées d'aussi près que l'on veut par des fonctions en escalier, tout en gardant un contrôle d'erreur uniforme sur l'intervalle.

Une fonction $f : [a,b] \to \mathbb{R}$ est dite **continue par morceaux** s'il existe un entier n et une subdivision $(x_0, \ldots, x_n)$ telle que $f_{|]x_{i-1},x_i[}$ soit continue, admette une limite finie à droite en x_{i-1} et une limite à gauche en x_i pour tout $i \in \{1, \ldots, n\}$.

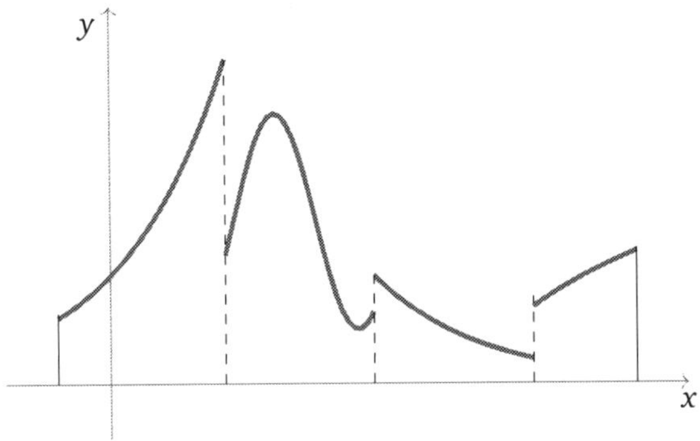

Corollaire 1.
Les fonctions continues par morceaux sont intégrables.

Voici un résultat qui prouve que l'on peut aussi intégrer des fonctions qui ne sont pas continues à condition que la fonction soit croissante (ou décroissante).

Théorème 2.
Si $f : [a,b] \to \mathbb{R}$ est monotone alors f est intégrable.

1.5. Les preuves

Les preuves peuvent être sautées lors d'une première lecture. Les démonstrations demandent une bonne maîtrise des bornes sup et inf et donc des « epsilons ». La proposition 1 se prouve en manipulant les « epsilons ». Pour la preuve de la proposition 2 : on prouve d'abord les propriétés pour les fonctions en escalier et on en déduit qu'elles restent vraies pour les fonctions intégrables (cette technique sera développée en détails dans la partie suivante).

Le théorème 1 établit que les fonctions continues sont intégrables. Nous allons démontrer une version affaiblie de ce résultat. Rappelons que f est dite de **classe $\mathscr{C}^1$** si f est continue, dérivable et f' est aussi continue.

> **Théorème 3** (Théorème 1 faible).
> *Si $f : [a,b] \to \mathbb{R}$ est de classe $\mathscr{C}^1$ alors f est intégrable.*

Démonstration. Comme f est de classe $\mathscr{C}^1$ alors f' est une fonction continue sur l'intervalle fermé et borné $[a,b]$; f' est donc une fonction bornée : il existe $M \geqslant 0$ tel que pour tout $x \in [a,b]$ on ait $|f'(x)| \leqslant M$.

Nous allons utiliser l'inégalité des accroissements finis :

$$\forall x, y \in [a,b] \quad |f(x) - f(y)| \leqslant M|x-y|. \tag{$\star$}$$

Soit $\epsilon > 0$ et soit $(x_0, x_1, \dots, x_n)$ une subdivision de $[a,b]$ vérifiant pour tout $i = 1, \dots, n$:

$$0 < x_i - x_{i-1} \leqslant \epsilon. \tag{$\star\star$}$$

Nous allons construire deux fonctions en escalier $\phi^-, \phi^+ : [a,b] \to \mathbb{R}$ définies de la façon suivante : pour chaque $i = 1, \dots, n$ et chaque $x \in [x_{i-1}, x_i[$ on pose

$$c_i = \phi^-(x) = \inf_{t \in [x_{i-1}, x_i[} f(t) \quad \text{et} \quad d_i = \phi^+(x) = \sup_{t \in [x_{i-1}, x_i[} f(t)$$

et aussi $\phi^-(b) = \phi^+(b) = f(b)$. ϕ^- et ϕ^+ sont bien deux fonctions en escalier (elles sont constantes sur chaque intervalle $[x_{i-1}, x_i[$).

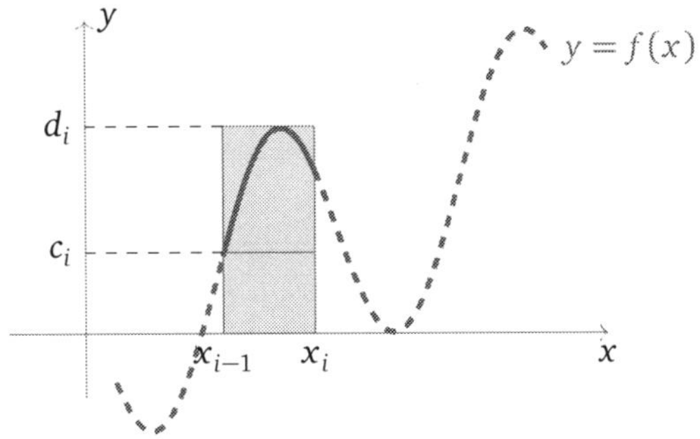

De plus par construction on a bien $\phi^- \leqslant f \leqslant \phi^+$ et donc

$$\int_a^b \phi^-(x)\,dx \leqslant I^-(f) \leqslant I^+(f) \leqslant \int_a^b \phi^+(x)\,dx\,.$$

En utilisant la continuité de f sur l'intervalle $[x_{i-1}, x_i]$, on déduit l'existence de $a_i, b_i \in [x_{i-1}, x_i]$ tels que $f(a_i) = c_i$ et $f(b_i) = d_i$. Avec $(\star)$ et $(\star\star)$ on sait que $d_i - c_i = f(b_i) - f(a_i) \leqslant M|b_i - a_i| \leqslant M(x_i - x_{i-1}) \leqslant M\epsilon$ (pour tout $i = 1, \ldots, n$). Alors

$$\int_a^b \phi^+(x)\,dx - \int_a^b \phi^-(x)\,dx \leqslant \sum_{i=1}^{n} M\epsilon(x_i - x_{i-1}) = M\epsilon(b-a)$$

Ainsi $0 \leqslant I^+(f) - I^-(f) \leqslant M\epsilon(b-a)$ et lorsque l'on fait tendre $\epsilon \to 0$ on trouve $I^+(f) = I^-(f)$, ce qui prouve que f est intégrable. □

La preuve du théorème 2 est du même style et nous l'omettons.

Mini-exercices.

1. Soit $f : [1,4] \to \mathbb{R}$ définie par $f(x) = 1$ si $x \in [1,2[$, $f(x) = 3$ si $x \in [2,3[$ et $f(x) = -1$ si $x \in [3,4]$. Calculer $\int_1^2 f(x)\,dx$, $\int_1^3 f(x)\,dx$, $\int_1^4 f(x)\,dx$, $\int_1^{\frac{3}{2}} f(x)\,dx$, $\int_{\frac{3}{2}}^{\frac{7}{2}} f(x)\,dx$.
2. Montrer que $\int_0^1 x\;dx = \frac{1}{2}$ (prendre une subdivision régulière et utiliser $\sum_{i=1}^n i = \frac{n(n+1)}{2}$).
3. Montrer que si f est une fonction intégrable et *paire* sur l'intervalle $[-a, a]$ alors $\int_{-a}^a f(x)\,dx = 2\int_0^a f(x)\,dx$ (on prendra une subdivision symétrique par rapport à l'origine).
4. Montrer que si f est une fonction intégrable et *impaire* sur l'intervalle $[-a, a]$ alors $\int_{-a}^a f(x)\,dx = 0$.

5. Montrer que toute fonction monotone est intégrable en s'inspirant de la preuve du théorème 3.

2. Propriétés de l'intégrale

Les trois principales propriétés de l'intégrale sont la relation de Chasles, la positivité et la linéarité.

2.1. Relation de Chasles

Proposition 3 (Relation de Chasles).
Soient $a < c < b$. Si f est intégrable sur $[a,c]$ et $[c,b]$, alors f est intégrable sur $[a,b]$. Et on a

$$\int_a^b f(x)\,dx = \int_a^c f(x)\,dx + \int_c^b f(x)\,dx$$

Pour s'autoriser des bornes sans se préoccuper de l'ordre on définit :

$$\int_a^a f(x)\,dx = 0 \qquad \text{et pour } a < b \quad \int_b^a f(x)\,dx = -\int_a^b f(x)\,dx.$$

Pour a, b, c quelconques la **relation de Chasles** devient alors

$$\boxed{\int_a^b f(x)\,dx = \int_a^c f(x)\,dx + \int_c^b f(x)\,dx}$$

2.2. Positivité de l'intégrale

Proposition 4 (Positivité de l'intégrale).
Soit $a \leqslant b$ deux réels et f et g deux fonctions intégrables sur $[a,b]$.

$$\boxed{\text{Si } f \leqslant g \quad \text{alors} \quad \int_a^b f(x)\,dx \leqslant \int_a^b g(x)\,dx}$$

En particulier l'intégrale d'une fonction positive est positive :

$$\text{Si} \quad f \geqslant 0 \quad \text{alors} \quad \int_a^b f(x)\,dx \geqslant 0$$

2.3. Linéarité de l'intégrale

Proposition 5.
Soient f, g deux fonctions intégrables sur $[a, b]$.

1. *$f + g$ est une fonction intégrable et $\int_a^b (f+g)(x)\,dx = \int_a^b f(x)\,dx + \int_a^b g(x)\,dx$.*
2. *Pour tout réel λ, λf est intégrable et on a $\int_a^b \lambda f(x)\,dx = \lambda \int_a^b f(x)\,dx$.*
   *Par ces deux premiers points nous avons la **linéarité de l'intégrale** : pour tous réels λ, μ*
   $$\int_a^b \big(\lambda f(x) + \mu g(x)\big)\,dx = \lambda \int_a^b f(x)\,dx + \mu \int_a^b g(x)\,dx$$
3. *$f \times g$ est une fonction intégrable sur $[a, b]$ mais en général $\int_a^b (fg)(x)\,dx \neq \big(\int_a^b f(x)\,dx\big)\big(\int_a^b g(x)\,dx\big)$.*
4. *$|f|$ est une fonction intégrable sur $[a, b]$ et*
   $$\left|\int_a^b f(x)\,dx\right| \leqslant \int_a^b \big|f(x)\big|\,dx$$

Exemple 3.

$$\int_0^1 \big(7x^2 - e^x\big)\,dx = 7\int_0^1 x^2\,dx \;-\; \int_0^1 e^x\,dx = 7\frac{1}{3} \;-\; (e-1) = \frac{10}{3} - e$$

Nous avons utilisé les calculs déjà vus : $\int_0^1 x^2\,dx = \frac{1}{3}$ et $\int_0^1 e^x\,dx = e - 1$.

Exemple 4.
Soit $I_n = \int_1^n \frac{\sin(nx)}{1+x^n}\,dx$. Montrons que $I_n \to 0$ lorsque $n \to +\infty$.

$$|I_n| = \left|\int_1^n \frac{\sin(nx)}{1+x^n}\,dx\right| \leqslant \int_1^n \frac{|\sin(nx)|}{1+x^n}\,dx \leqslant \int_1^n \frac{1}{1+x^n}\,dx \leqslant \int_1^n \frac{1}{x^n}\,dx$$

Il ne reste plus qu'à calculer cette dernière intégrale (en anticipant un peu sur la suite du chapitre) :

$$\int_1^n \frac{1}{x^n}\,dx = \int_1^n x^{-n}\,dx = \left[\frac{x^{-n+1}}{-n+1}\right]_1^n = \frac{n^{-n+1}}{-n+1} - \frac{1}{-n+1} \xrightarrow[n\to+\infty]{} 0$$

(car $n^{-n+1} \to 0$ et $\frac{1}{-n+1} \to 0$).

Remarque.
Notez que même si $f \times g$ est intégrable on a en général $\int_a^b (fg)(x)\,dx \neq \left(\int_a^b f(x)\,dx\right)\left(\int_a^b g(x)\,dx\right)$. Par exemple, soit $f : [0,1] \to \mathbb{R}$ la fonction définie par $f(x) = 1$ si $x \in [0, \frac{1}{2}[$ et $f(x) = 0$ sinon. Soit $g : [0,1] \to \mathbb{R}$ la fonction définie par $g(x) = 1$ si $x \in [\frac{1}{2}, 1[$ et $g(x) = 0$ sinon. Alors $f(x) \times g(x) = 0$ pour tout $x \in [0,1]$ et donc $\int_0^1 f(x)g(x)\,dx = 0$ alors que $\int_0^1 f(x)\,dx = \frac{1}{2}$ et $\int_0^1 g(x)\,dx = \frac{1}{2}$.

2.4. Une preuve

Nous allons prouver la linéarité de l'intégrale : $\int \lambda f = \lambda \int f$ et $\int f + g = \int f + \int g$. L'idée est la suivante : il est facile de voir que pour des fonctions en escalier l'intégrale (qui est alors une somme finie) est linéaire. Comme les fonctions en escalier approchent autant qu'on le souhaite les fonctions intégrables alors cela implique la linéarité de l'intégrale.

Preuve de $\int \lambda f = \lambda \int f$. Soit $f : [a,b] \to \mathbb{R}$ une fonction intégrable et $\lambda \in \mathbb{R}$. Soit $\epsilon > 0$. Il existe ϕ^- et ϕ^+ deux fonctions en escalier approchant suffisamment f, avec $\phi^- \leqslant f \leqslant \phi^+$:

$$\int_a^b f(x)\,dx - \epsilon \leqslant \int_a^b \phi^-(x)\,dx \quad \text{et} \quad \int_a^b \phi^+(x)\,dx \leqslant \int_a^b f(x)\,dx + \epsilon \qquad (\dagger)$$

Quitte à rajouter des points, on peut supposer que la subdivision $(x_0, x_1, \ldots, x_n)$ de $[a,b]$ est suffisamment fine pour que ϕ^- et ϕ^+ soient toutes les deux constantes sur les intervalles $]x_{i-1}, x_i[$; on note c_i^- et c_i^+ leurs valeurs respectives.
Dans un premier temps on suppose $\lambda \geqslant 0$. Alors $\lambda\phi^-$ et $\lambda\phi^+$ sont encore des fonctions en escalier vérifiant $\lambda\phi^- \leqslant \lambda f \leqslant \lambda\phi^+$. De plus

$$\int_a^b \lambda\phi^-(x)\,dx = \sum_{i=1}^n \lambda c_i^-(x_i - x_{i-1}) = \lambda \sum_{i=1}^n c_i^-(x_i - x_{i-1}) = \lambda \int_a^b \phi^-(x)\,dx$$

De même pour ϕ^+. Ainsi

$$\lambda \int_a^b \phi^-(x)\,dx \leqslant I^-(\lambda f) \leqslant I^+(\lambda f) \leqslant \lambda \int_a^b \phi^+(x)\,dx$$

En utilisant les deux inégalités (†) on obtient

$$\lambda \int_a^b f(x)\,dx \;-\lambda\epsilon \;\leqslant I^-(\lambda f) \leqslant I^+(\lambda f) \leqslant \lambda \int_a^b f(x)\,dx \;+\lambda\epsilon$$

Lorsque l'on fait tendre $\epsilon \to 0$ cela prouve que $I^-(\lambda f) = I^+(\lambda f)$, donc λf est intégrable et $\int_a^b \lambda f(x)\,dx = \lambda \int_a^b f(x)\,dx$. Si $\lambda \leqslant 0$ on a $\lambda\phi^+ \leqslant \lambda f \leqslant \lambda\phi^-$ et le raisonnement est similaire. □

Preuve de $\int f+g = \int f + \int g$. Soit $\epsilon > 0$. Soient $f, g : [a,b] \to \mathbb{R}$ deux fonctions intégrables. On définit deux fonctions en escalier ϕ^+, ϕ^- pour f et deux fonctions en escalier ψ^+, ψ^- pour g vérifiant des inégalités similaires à (†) de la preuve au-dessus. On fixe une subdivision suffisamment fine pour toutes les fonctions $\phi^\pm, \psi^\pm$. On note $c_i^\pm, d_i^\pm$ les constantes respectives sur l'intervalle $]x_{i-1}, x_i[$. Les fonctions $\phi^- + \psi^-$ et $\phi^+ + \psi^+$ sont en escalier et vérifient $\phi^- + \psi^- \leqslant f + g \leqslant \phi^+ + \psi^+$. Nous avons aussi que

$$\int_a^b (\phi^- + \psi^-)(x)\,dx = \sum_{i=1}^n (c_i^- + d_i^-)(x_i - x_{i-1}) = \int_a^b \phi^-(x)\,dx + \int_a^b \psi^-(x)\,dx$$

De même pour $\phi^+ + \psi^+$. Ainsi

$$\int_a^b \phi^-(x)\,dx + \int_a^b \psi^-(x)\,dx \leqslant I^-(f+g) \leqslant I^+(f+g) \leqslant \int_a^b \phi^+(x)\,dx + \int_a^b \psi^+(x)\,dx$$

Les conditions du type (†) impliquent alors

$$\int_a^b f(x)\,dx + \int_a^b g(x)\,dx \;-2\epsilon \;\leqslant I^-(f+g) \leqslant I^+(f+g) \leqslant \int_a^b f(x)\,dx + \int_a^b g(x)\,dx \;+2\epsilon$$

Lorsque $\epsilon \to 0$ on déduit $I^-(f+g) = I^+(f+g)$, donc $f+g$ est intégrable et $\int_a^b \big(f(x)+g(x)\big)\,dx = \int_a^b f(x)\,dx + \int_a^b g(x)\,dx$. □

Mini-exercices.

1. En admettant que $\int_0^1 x^n\,dx = \frac{1}{n+1}$. Calculer l'intégrale $\int_0^1 P(x)\,dx$ où $P(x) = a_n x^n + \cdots + a_1 x + a_0$. Trouver un polynôme $P(x)$ non nul de degré 2 dont l'intégrale est nulle : $\int_0^1 P(x)\,dx = 0$.
2. A-t-on $\int_a^b f(x)^2\,dx = \left(\int_a^b f(x)\,dx\right)^2$; $\int_a^b \sqrt{f(x)}\,dx = \sqrt{\int_a^b f(x)\,dx}$;

$\int_a^b |f(x)|\ dx = \left|\int_a^b f(x)\,dx\right|$; $\int |f(x) + g(x)|\ dx = \left|\int_a^b f(x)\,dx\right| + \left|\int_a^b g(x)\,dx\right|$?

3. Peut-on trouver $a < b$ tels que $\int_a^b x\ dx = -1$; $\int_a^b x\ dx = 0$; $\int_a^b x\ dx = +1$? Mêmes questions avec $\int_a^b x^2\ dx$.

4. Montrer que $0 \leqslant \int_1^2 \sin^2 x\ dx \leqslant 1$ et $\left|\int_a^b \cos^3 x\ dx\right| \leqslant |b-a|$.

3. Primitive d'une fonction

3.1. Définition

Définition 5.
Soit $f : I \to \mathbb{R}$ une fonction définie sur un intervalle I quelconque. On dit que $F : I \to \mathbb{R}$ est une **primitive** de f sur I si F est une fonction dérivable sur I vérifiant $F'(x) = f(x)$ pour tout $x \in I$.

Trouver une primitive est donc l'opération inverse de calculer la fonction dérivée.

Exemple 5.

1. Soit $I = \mathbb{R}$ et $f : \mathbb{R} \to \mathbb{R}$ définie par $f(x) = x^2$. Alors $F : \mathbb{R} \to \mathbb{R}$ définie par $F(x) = \frac{x^3}{3}$ est une primitive de f. La fonction définie par $F(x) = \frac{x^3}{3} + 1$ est aussi une primitive de f.
2. Soit $I = [0, +\infty[$ et $g : I \to \mathbb{R}$ définie par $g(x) = \sqrt{x}$. Alors $G : I \to \mathbb{R}$ définie par $G(x) = \frac{2}{3}x^{\frac{3}{2}}$ est une primitive de g sur I. Pour tout $c \in \mathbb{R}$, la fonction $G + c$ est aussi une primitive de g.

Nous allons voir que trouver une primitive permet de les trouver toutes.

Proposition 6.
Soit $f : I \to \mathbb{R}$ une fonction et soit $F : I \to \mathbb{R}$ une primitive de f. Toute primitive de f s'écrit $G = F + c$ où $c \in \mathbb{R}$.

Démonstration. Notons tout d'abord que si l'on note G la fonction définie par $G(x) = F(x) + c$ alors $G'(x) = F'(x)$ mais comme $F'(x) = f(x)$ alors $G'(x) = f(x)$ et G est bien une primitive de f.

Pour la réciproque supposons que G soit une primitive quelconque de f. Alors $(G-F)'(x) = G'(x)-F'(x) = f(x)-f(x) = 0$, ainsi la fonction $G-F$ a une dérivée nulle sur un intervalle, c'est donc une fonction constante ! Il existe donc $c \in \mathbb{R}$ tel que $(G-F)(x) = c$. Autrement dit $G(x) = F(x)+c$ (pour tout $x \in I$). □

Notations. On notera une primitive de f par $\int f(t)\,dt$ ou $\int f(x)\,dx$ ou $\int f(u)\,du$ (les lettres $t, x, u, \ldots$ sont des lettres dites *muettes*, c'est-à-dire interchangeables). On peut même noter une primitive simplement par $\int f$.

La proposition 6 nous dit que si F est une primitive de f alors il existe un réel c, tel que $F = \int f(t)\,dt + c$.

Attention : $\int f(t)\ dt$ désigne une fonction de I dans $\mathbb{R}$ alors que l'intégrale $\int_a^b f(t)\,dt$ désigne un nombre réel. Plus précisément nous verrons que si F est une primitive de f alors $\int_a^b f(t)\,dt = F(b)-F(a)$.

Par dérivation on prouve facilement le résultat suivant :

Proposition 7.
Soient F une primitive de f et G une primitive de g. Alors $F+G$ est une primitive de $f+g$. Et si $\lambda \in \mathbb{R}$ alors λF est une primitive de λf.

Une autre formulation est de dire que pour tous réels λ, μ on a

$$\boxed{\int \big(\lambda f(t)+\mu g(t)\big)\,dt = \lambda \int f(t)\,dt + \mu \int g(t)\,dt}$$

3.2. Primitives des fonctions usuelles

$\int e^x \, dx = e^x + c \quad$ sur $\mathbb{R}$
$\int \cos x \, dx = \sin x + c \quad$ sur $\mathbb{R}$
$\int \sin x \, dx = -\cos x + c \quad$ sur $\mathbb{R}$
$\int x^n \, dx = \frac{x^{n+1}}{n+1} + c \quad (n \in \mathbb{N}) \quad$ sur $\mathbb{R}$
$\int x^\alpha \, dx = \frac{x^{\alpha+1}}{\alpha+1} + c \quad (\alpha \in \mathbb{R} \setminus \{-1\})$ sur $]0, +\infty[$
$\int \frac{1}{x} \, dx = \ln \lvert x \rvert + c \quad$ sur $]0, +\infty[$ ou $]-\infty, 0[$
$\int \operatorname{sh} x \, dx = \operatorname{ch} x + c, \int \operatorname{ch} x \, dx = \operatorname{sh} x + c \quad$ sur $\mathbb{R}$
$\int \frac{dx}{1+x^2} = \arctan x + c \quad$ sur $\mathbb{R}$
$\int \frac{dx}{\sqrt{1-x^2}} = \begin{cases} \arcsin x + c \\ \frac{\pi}{2} - \arccos x + c \end{cases} \quad$ sur $]-1, 1[$
$\int \frac{dx}{\sqrt{x^2+1}} = \begin{cases} \operatorname{Argsh} x + c \\ \ln\left(x + \sqrt{x^2+1}\right) + c \end{cases} \quad$ sur $\mathbb{R}$
$\int \frac{dx}{\sqrt{x^2-1}} = \begin{cases} \operatorname{Argch} x + c \\ \ln\left(x + \sqrt{x^2-1}\right) + c \end{cases} \quad$ sur $x \in]1, +\infty[$

Remarque.
Ces primitives sont à connaître par cœur.

1. Voici comment lire ce tableau. Si f est la fonction définie sur $\mathbb{R}$ par $f(x) = x^n$ alors la fonction : $x \mapsto \frac{x^{n+1}}{n+1}$ est une primitive de f sur $\mathbb{R}$. Les primitives de f sont les fonctions définies par $x \mapsto \frac{x^{n+1}}{n+1} + c$ (pour c une constante réelle quelconque). Et on écrit $\int x^n \, dx = \frac{x^{n+1}}{n+1} + c$, où $c \in \mathbb{R}$.
2. Souvenez vous que la variable sous le symbole intégrale est une variable muette.

On peut aussi bien écrire $\int t^n\,dt = \frac{x^{n+1}}{n+1} + c$.

3. La constante est définie pour un intervalle. Si l'on a deux intervalles, il y a deux constantes qui peuvent être différentes. Par exemple pour $\int \frac{1}{x}\,dx$ nous avons deux domaines de validité : $I_1 =]0, +\infty[$ et $I_2 =]-\infty, 0[$. Donc $\int \frac{1}{x}\,dx = \ln x + c_1$ si $x > 0$ et $\int \frac{1}{x}\,dx = \ln|x| + c_2 = \ln(-x) + c_2$ si $x < 0$.
4. On peut trouver des primitives aux allures très différentes par exemple $x \mapsto \arcsin x$ et $x \mapsto \frac{\pi}{2} - \arccos x$ sont deux primitives de la même fonction $x \mapsto \frac{1}{\sqrt{1-x^2}}$. Mais bien sûr on sait que $\arcsin x + \arccos x = \frac{\pi}{2}$, donc les primitives diffèrent bien d'une constante !

3.3. Relation primitive-intégrale

Théorème 4.
Soit $f : [a, b] \to \mathbb{R}$ une fonction continue. La fonction $F : I \to \mathbb{R}$ définie par

$$\boxed{F(x) = \int_a^x f(t)\,dt}$$

est une primitive de f, c'est-à-dire F est dérivable et $F'(x) = f(x)$.
Par conséquent pour une primitive F quelconque de f :

$$\boxed{\int_a^b f(t)\,dt = F(b) - F(a)}$$

Notation. On note $\left[F(x)\right]_a^b = F(b) - F(a)$.

Exemple 6.
Nous allons pouvoir calculer plein d'intégrales. Recalculons d'abord les intégrales déjà rencontrées.

1. Pour $f(x) = e^x$ une primitive est $F(x) = e^x$ donc
$$\int_0^1 e^x\,dx = \left[e^x\right]_0^1 = e^1 - e^0 = e - 1.$$
2. Pour $g(x) = x^2$ une primitive est $G(x) = \frac{x^3}{3}$ donc
$$\int_0^1 x^2\,dx = \left[\frac{x^3}{3}\right]_0^1 = \frac{1}{3}.$$

3. $\int_a^x \cos t \, dt = \left[\sin t \right]_{t=a}^{t=x} = \sin x - \sin a$ est une primitive de $\cos x$.
4. Si f est impaire alors ses primitives sont paires (le montrer). En déduire que $\int_{-a}^{a} f(t)\, dt = 0$.

Remarque.

1. $F(x) = \int_a^x f(t)\, dt$ est même **l'unique primitive de f qui s'annule en a.**
2. En particulier si F est une fonction de classe $\mathscr{C}^1$ alors $\boxed{\int_a^b F'(t)\, dt = F(b) - F(a)}$.
3. On évitera la notation $\int_a^x f(x)\, dx$ où la variable x est présente à la fois aux bornes et à l'intérieur de l'intégrale. Mieux vaut utiliser la notation $\int_a^x f(t)\, dt$ ou $\int_a^x f(u)\, du$ pour éviter toute confusion.
4. Une fonction intégrable n'admet pas forcément une primitive. Considérer par exemple $f : [0,1] \to \mathbb{R}$ définie par $f(x) = 0$ si $x \in [0, \frac{1}{2}[$ et $f(x) = 1$ si $x \in [\frac{1}{2}, 1]$. f est intégrable sur $[0,1]$ mais elle n'admet pas de primitive sur $[0,1]$. En effet par l'absurde si F était une primitive de f, par exemple la primitive qui vérifie $F(0) = 0$. Alors $F(x) = 0$ pour $x \in [0, \frac{1}{2}[$ et $F(x) = x - \frac{1}{2}$ pour $x \in [\frac{1}{2}, 1]$. Mais alors nous obtenons une contradiction car F n'est pas dérivable en $\frac{1}{2}$ alors que par définition une primitive doit être dérivable.

Démonstration. Essayons de visualiser tout d'abord pourquoi la fonction F est dérivable et $F'(x) = f(x)$.

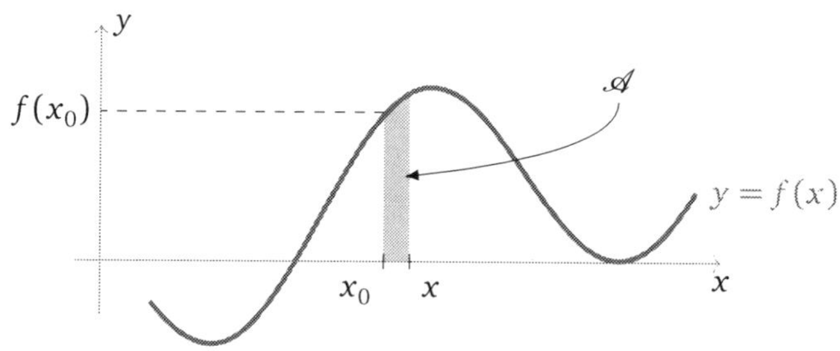

Fixons $x_0 \in [a, b]$. Par la relation de Chasles nous savons :

$$F(x) - F(x_0) = \int_a^x f(t)\, dt - \int_a^{x_0} f(t)\, dt = \int_{x_0}^a f(t)\, dt + \int_a^x f(t)\, dt = \int_{x_0}^x f(t)\, dt$$

Donc le taux d'accroissement

$$\frac{F(x) - F(x_0)}{x - x_0} = \frac{1}{x - x_0} \int_{x_0}^x f(t)\, dt = \frac{\mathscr{A}}{x - x_0}$$

où $\mathscr{A}$ est l'aire hachurée . Mais cette aire est presque un rectangle, si x est suffisamment proche de x_0, donc l'aire $\mathscr{A}$ vaut environ $(x-x_0)\times f(x_0)$; lorsque $x \to x_0$ le taux d'accroissement tend donc vers $f(x_0)$. Autrement dit $F'(x_0) = f(x_0)$.

Passons à la preuve rigoureuse. Comme $f(x_0)$ est une constante alors $\int_{x_0}^x f(x_0)\,dt = (x-x_0)f(x_0)$, donc

$$\begin{aligned}\frac{F(x)-F(x_0)}{x-x_0} - f(x_0) &= \frac{1}{x-x_0}\int_{x_0}^x f(t)\,dt - \frac{1}{x-x_0}\int_{x_0}^x f(x_0)\,dt \\ &= \frac{1}{x-x_0}\int_{x_0}^x \big(f(t)-f(x_0)\big)\,dt\end{aligned}$$

Fixons $\epsilon > 0$. Puisque f est continue en x_0, il existe $\delta > 0$ tel que $(|t-x_0| < \delta \implies |f(t)-f(x_0)| < \epsilon)$. Donc :

$$\begin{aligned}\left|\frac{F(x)-F(x_0)}{x-x_0} - f(x_0)\right| &= \left|\frac{1}{x-x_0}\int_{x_0}^x \big(f(t)-f(x_0)\big)\,dt\right| \\ &\leqslant \frac{1}{|x-x_0|}\left|\int_{x_0}^x \big|f(t)-f(x_0)\big|\,dt\right| \\ &\leqslant \frac{1}{|x-x_0|}\left|\int_{x_0}^x \epsilon\,dt\right| = \epsilon\end{aligned}$$

Ce qui prouve que F est dérivable en x_0 et $F'(x_0) = f(x_0)$.

Maintenant on sait que F est une primitive de f, F est même la primitive qui s'annule en a car $F(a) = \int_a^a f(t)\,dt = 0$. Si G est une autre primitive on sait $F = G + c$. Ainsi

$$G(b)-G(a) = F(b)+c-\big(F(a)+c\big) = F(b)-F(a) = F(b) = \int_a^b f(t)\,dt.$$

□

3.4. Sommes de Riemann

L'intégrale est définie à partir de limites de sommes. Mais maintenant que nous savons calculer des intégrales sans utiliser ces sommes on peut faire le cheminement inverse : calculer des limites de sommes à partir d'intégrales.

Théorème 5.
Soit $f : [a,b] \to \mathbb{R}$ une fonction intégrable, alors

$$S_n = \frac{b-a}{n} \sum_{k=1}^{n} f\left(a + k\frac{b-a}{n}\right) \xrightarrow[n\to+\infty]{} \int_a^b f(x)\,dx$$

La somme S_n s'appelle la **somme de Riemann** associée à l'intégrale et correspond à une subdivision régulière de l'intervalle $[a,b]$ en n petits intervalles. La hauteur de chaque rectangle étant évaluée à son extrémité droite.
Le cas le plus utile est le cas où $a = 0$, $b = 1$ alors $\frac{b-a}{n} = \frac{1}{n}$ et $f\left(a + k\frac{b-a}{n}\right) = f\left(\frac{k}{n}\right)$ et ainsi

$$S_n = \frac{1}{n} \sum_{k=1}^{n} f\left(\frac{k}{n}\right) \xrightarrow[n\to+\infty]{} \int_0^1 f(x)\,dx$$

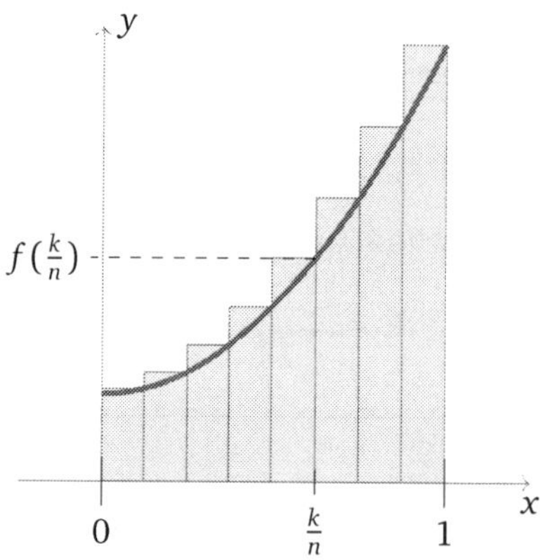

Exemple 7.
Calculer la limite de la somme $S_n = \sum_{k=1}^{n} \frac{1}{n+k}$.
On a $S_1 = \frac{1}{2}$, $S_2 = \frac{1}{3} + \frac{1}{4}$, $S_3 = \frac{1}{4} + \frac{1}{5} + \frac{1}{6}$, $S_4 = \frac{1}{5} + \frac{1}{6} + \frac{1}{7} + \frac{1}{8}, \ldots$
La somme S_n s'écrit aussi $S_n = \frac{1}{n} \sum_{k=1}^{n} \frac{1}{1+\frac{k}{n}}$. En posant $f(x) = \frac{1}{1+x}$, $a = 0$ et $b = 1$, on reconnaît que S_n est une somme de Riemann. Donc

$$S_n = \frac{1}{n} \sum_{k=1}^{n} \frac{1}{1+\frac{k}{n}} = \frac{1}{n} \sum_{k=1}^{n} f\left(\frac{k}{n}\right)$$

$$\xrightarrow[n\to+\infty]{} \int_a^b f(x)\,dx = \int_0^1 \frac{1}{1+x}\,dx = \Big[\ln|1+x|\Big]_0^1 = \ln 2 - \ln 1 = \ln 2.$$

Ainsi $S_n \to \ln 2$ (lorsque $n \to +\infty$).

Mini-exercices.

1. Trouver les primitives des fonctions : $x^3 - x^7$, $\cos x + \exp x$, $\sin(2x)$, $1 + \sqrt{x} + x$, $\frac{1}{\sqrt{x}}$, $\sqrt[3]{x}$, $\frac{1}{x+1}$.
2. Trouver les primitives des fonctions : $\mathrm{ch}(x) - \mathrm{sh}(\frac{x}{2})$, $\frac{1}{1+4x^2}$, $\frac{1}{\sqrt{1+x^2}} - \frac{1}{\sqrt{1-x^2}}$.
3. Trouver une primitive de $x^2 e^x$ sous la forme $(ax^2 + bx + c)e^x$.
4. Trouver toutes les primitives de $x \mapsto \frac{1}{x^2}$ (préciser les intervalles et les constantes).
5. Calculer les intégrales $\int_0^1 x^n \, dx$, $\int_0^{\frac{\pi}{4}} \frac{dx}{1+x^2}$, $\int_1^e \frac{1-x}{x^2} \, dx$, $\int_0^{\frac{1}{2}} \frac{dx}{x^2-1}$.
6. Calculer la limite (lorsque $n \to +\infty$) de la somme $S_n = \sum_{k=1}^n \frac{e^{k/n}}{n}$. Idem avec $S'_n = \sum_{k=1}^n \frac{n}{(n+k)^2}$.

4. Intégration par parties – Changement de variable

Pour trouver une primitive d'une fonction f on peut avoir la chance de reconnaître que f est la dérivée d'une fonction bien connue. C'est malheureusement très rarement le cas, et on ne connaît pas les primitives de la plupart des fonctions. Cependant nous allons voir deux techniques qui permettent des calculer des intégrales et des primitives : l'intégration par parties et le changement de variable.

4.1. Intégration par parties

Théorème 6.
Soient u et v deux fonctions de classe $\mathscr{C}^1$ sur un intervalle $[a, b]$.

$$\boxed{\int_a^b u(x)\,v'(x)\,dx = \big[uv\big]_a^b - \int_a^b u'(x)\,v(x)\,dx}$$

Notation. Le crochet $\big[F\big]_a^b$ est par définition $\big[F\big]_a^b = F(b) - F(a)$. Donc $\big[uv\big]_a^b = u(b)v(b) - u(a)v(a)$. Si l'on omet les bornes alors $\big[F\big]$ désigne la fonction $F + c$ où c est une constante quelconque.

La formule d'intégration par parties pour les primitives est la même mais sans les bornes :

$$\int u(x)v'(x)\,dx = \big[uv\big] - \int u'(x)v(x)\,dx.$$

La preuve est très simple :

Démonstration. On a $(uv)' = u'v + uv'$. Donc $\int_a^b (u'v+uv') = \int_a^b (uv)' = \big[uv\big]_a^b$. D'où $\int_a^b uv' = \big[uv\big]_a^b - \int_a^b u'v$. □

L'utilisation de l'intégration par parties repose sur l'idée suivante : on ne sait pas calculer directement l'intégrale d'une fonction f s'écrivant comme un produit $f(x) = u(x)v'(x)$ mais si l'on sait calculer l'intégrale de $g(x) = u'(x)v(x)$ (que l'on espère plus simple) alors par la formule d'intégration par parties on aura l'intégrale de f.

Exemple 8.

1. Calcul de $\int_0^1 xe^x\,dx$. On pose $u(x) = x$ et $v'(x) = e^x$. Nous aurons besoin de savoir que $u'(x) = 1$ et qu'une primitive de v' est simplement $v(x) = e^x$. La formule d'intégration par parties donne :

$$\begin{aligned}
\int_0^1 xe^x\,dx &= \int_0^1 u(x)v'(x)\,dx \\
&= \big[u(x)v(x)\big]_0^1 - \int_0^1 u'(x)v(x)\,dx \\
&= \big[xe^x\big]_0^1 - \int_0^1 1\cdot e^x\,dx \\
&= \big(1\cdot e^1 - 0\cdot e^0\big) - \big[e^x\big]_0^1 \\
&= e - (e^1 - e^0) \\
&= 1
\end{aligned}$$

2. Calcul de $\int_1^e x\ln x\,dx$.

   On pose cette fois $u = \ln x$ et $v' = x$. Ainsi $u' = \frac{1}{x}$ et $v = \frac{x^2}{2}$. Alors

$$\int_1^e \ln x\cdot x\,dx = \int_1^e uv' = \big[uv\big]_1^e - \int_1^e u'v = \Big[\ln x\cdot\tfrac{x^2}{2}\Big]_1^e - \int_1^e \tfrac{1}{x}\tfrac{x^2}{2}\,dx$$
$$= \Big(\ln e\tfrac{e^2}{2} - \ln 1\tfrac{1^2}{2}\Big) - \tfrac{1}{2}\int_1^e x\,dx = \tfrac{e^2}{2} - \frac{1}{2}\Big[\tfrac{x^2}{2}\Big]_1^e = \tfrac{e^2}{2} - \tfrac{e^2}{4} + \tfrac{1}{4} = \tfrac{e^2+1}{4}$$

3. Calcul de $\int \arcsin x\,dx$.

   Pour déterminer une primitive de $\arcsin x$, nous faisons artificiellement apparaître un produit en écrivant $\arcsin x = 1\cdot\arcsin x$ pour appliquer la formule d'intégration par parties. On pose $u = \arcsin x$, $v' = 1$ (et donc $u' = \frac{1}{\sqrt{1-x^2}}$ et $v = x$) alors

$$\begin{aligned}\int 1 \cdot \arcsin x \, dx &= \big[x \arcsin x\big] - \int \frac{x}{\sqrt{1-x^2}} \, dx \\ &= \big[x \arcsin x\big] - \big[-\sqrt{1-x^2}\big] \\ &= x \arcsin x + \sqrt{1-x^2} + c\end{aligned}$$

4. Calcul de $\int x^2 e^x \, dx$. On pose $u = x^2$ et $v' = e^x$ pour obtenir :

$$\int x^2 e^x \, dx = \big[x^2 e^x\big] - 2\int x e^x \, dx$$

On refait une deuxième intégration par parties pour calculer

$$\int x e^x \, dx = \big[x e^x\big] - \int e^x \, dx = (x-1)e^x + c$$

D'où

$$\int x^2 e^x \, dx = (x^2 - 2x + 2)e^x + c.$$

Exemple 9.

Nous allons étudier les intégrales définies par $I_n = \displaystyle\int_0^1 \frac{\sin(\pi x)}{x+n} \, dx$, pour tout entier $n > 0$.

1. Montrer que $0 \leqslant I_{n+1} \leqslant I_n$.

   Pour $0 \leqslant x \leqslant 1$, on a $0 < x + n \leqslant x + n + 1$ et $\sin(\pi x) \geqslant 0$, donc $0 \leqslant \frac{\sin(\pi x)}{x+n+1} \leqslant \frac{\sin(\pi x)}{x+n}$. D'où $0 \leqslant I_{n+1} \leqslant I_n$ par la positivité de l'intégrale.

2. Montrer que $I_n \leqslant \ln \frac{n+1}{n}$. En déduire $\lim_{n\to+\infty} I_n$.

   De $0 \leqslant \sin(\pi x) \leqslant 1$, on a $\frac{\sin(\pi x)}{x+n} \leqslant \frac{1}{x+n}$. D'où $0 \leqslant I_n \leqslant \int_0^1 \frac{1}{x+n} \, dx = \big[\ln(x+n)\big]_0^1 = \ln \frac{n+1}{n} \to 0$.

3. Calculer $\lim_{n\to+\infty} nI_n$.

   Nous allons faire une intégration par parties avec $u = \frac{1}{x+n}$ et $v' = \sin(\pi x)$ (et donc $u' = -\frac{1}{(x+n)^2}$ et $v = -\frac{1}{\pi}\cos(\pi x))$:

$$\begin{aligned} nI_n &= n\int_0^1 \frac{1}{x+n}\sin(\pi x)\,dx \\ &= -\frac{n}{\pi}\left[\frac{1}{x+n}\cos(\pi x)\right]_0^1 - \frac{n}{\pi}\int_0^1 \frac{1}{(x+n)^2}\cos(\pi x)\,dx \\ &= \frac{n}{\pi(n+1)} + \frac{1}{\pi} - \frac{n}{\pi}J_n \end{aligned}$$

Il nous reste à évaluer $J_n = \int_0^1 \frac{\cos(\pi x)}{(x+n)^2}\,dx$.

$$\begin{aligned} \left|\frac{n}{\pi}J_n\right| \leqslant \frac{n}{\pi}\int_0^1 \frac{|\cos(\pi x)|}{(x+n)^2}\,dx &\leqslant \frac{n}{\pi}\int_0^1 \frac{1}{(x+n)^2}\,dx \\ &= \frac{n}{\pi}\left[-\frac{1}{x+n}\right]_0^1 = \frac{n}{\pi}\left(-\frac{1}{1+n}+\frac{1}{n}\right) = \frac{1}{\pi}\frac{1}{n+1} \to 0. \end{aligned}$$

Donc $\lim_{n\to+\infty} nI_n = \lim_{n\to+\infty} \frac{n}{\pi(n+1)} + \frac{1}{\pi} - \frac{n}{\pi}J_n = \frac{2}{\pi}$.

4.2. Changement de variable

Théorème 7.

Soit f une fonction définie sur un intervalle I et $\varphi : J \to I$ une bijection de classe $\mathscr{C}^1$. Pour tout $a, b \in J$

$$\boxed{\int_{\varphi(a)}^{\varphi(b)} f(x)\,dx = \int_a^b f\big(\varphi(t)\big)\cdot\varphi'(t)\,dt}$$

Si F est une primitive de f alors $F\circ\varphi$ est une primitive de $\big(f\circ\varphi\big)\cdot\varphi'$.

Voici un moyen simple de s'en souvenir. En effet si l'on note $x = \varphi(t)$ alors par dérivation on obtient $\frac{dx}{dt} = \varphi'(t)$ donc $dx = \varphi'(t)\,dt$. D'où la substitution $\int_{\varphi(a)}^{\varphi(b)} f(x)\,dx = \int_a^b f(\varphi(t))\,\varphi'(t)\,dt$.

Démonstration. Comme F est une primitive de f alors $F'(x) = f(x)$ et par la formule de la dérivation de la composition $F\circ\varphi$ on a

$$(F\circ\varphi)'(t) = F'(\varphi(t))\varphi'(t) = f(\varphi(t))\varphi'(t).$$

Donc $F\circ\varphi$ est une primitive de $f(\varphi(t))\varphi'(t)$.

Pour les intégrales : $\int_a^b f(\varphi(t))\varphi'(t)\,dt = \big[F\circ\varphi\big]_a^b = F\big(\varphi(b)\big) - F\big(\varphi(a)\big) = \big[F\big]_{\varphi(a)}^{\varphi(b)} = \int_{\varphi(a)}^{\varphi(b)} f(x)\,dx.$ □

Remarque.
Comme φ est une bijection de J sur $\varphi(J)$, sa réciproque φ^{-1} existe et est dérivable sauf quand φ s'annule. Si φ ne s'annule pas, on peut écrire $t = \varphi^{-1}(x)$ et faire un changement de variable en sens inverse.

Exemple 10.
Calculons la primitive $F = \int \tan t\,dt$.

$$F = \int \tan t\,dt = \int \frac{\sin t}{\cos t}\,dt\,.$$

On reconnaît ici une forme $\frac{u'}{u}$ (avec $u = \cos t$ et $u' = -\sin t$) dont une primitive est $\ln|u|$. Donc $F = \int -\frac{u'}{u} = -\big[\ln|u|\big] = -\ln|u| + c = -\ln|\cos t| + c$.

Nous allons reformuler tout cela en terme de changement de variable. Notons $\varphi(t) = \cos t$ alors $\varphi'(t) = -\sin t$, donc

$$F = \int -\frac{\varphi'(t)}{\varphi(t)}\,dt$$

Si f désigne la fonction définie par $f(x) = \frac{1}{x}$, qui est bijective tant que $x \neq 0$; alors $F = -\int \varphi'(t) f(\varphi(t))\,dt$. En posant $x = \varphi(t)$ et donc $dx = \varphi'(t)dt$, on reconnaît la formule du changement de variable, par conséquent

$$F\circ\varphi^{-1} = -\int f(x)\,dx = -\int \frac{1}{x}\,dx = -\ln|x| + c\,.$$

Comme $x = \varphi(t) = \cos t$, on retrouve bien $F(t) = -\ln|\cos t| + c$.
Remarque : pour que l'intégrale soit bien définie il faut que $\tan t$ soit définie, donc $t \not\equiv \frac{\pi}{2} \mod \pi$. La restriction d'une primitive à un intervalle $]-\frac{\pi}{2}+k\pi, \frac{\pi}{2}+k\pi[$ est donc de la forme $-\ln|\cos t| + c$. Mais la constante c peut être différente sur un intervalle différent.

Exemple 11.
Calcul de $\int_0^{1/2} \frac{x}{(1-x^2)^{3/2}}\,dx$.
Soit le changement de variable $u = \varphi(x) = 1 - x^2$. Alors $du = \varphi'(x)\,dx = -2x\,dx$. Pour $x = 0$ on a $u = \varphi(0) = 1$ et pour $x = \frac{1}{2}$ on a $u = \varphi(\frac{1}{2}) = \frac{3}{4}$. Comme

$\varphi'(x) = -2x$, φ est une bijection de $[0, \frac{1}{2}]$ sur $[1, \frac{3}{4}]$. Alors

$$\begin{aligned}\int_0^{1/2} \frac{x\,dx}{(1-x^2)^{3/2}} &= \int_1^{3/4} \frac{\frac{-du}{2}}{u^{3/2}} = -\frac{1}{2}\int_1^{3/4} u^{-3/2}\,du \\ &= -\frac{1}{2}\Big[-2u^{-1/2}\Big]_1^{3/4} = \Big[\frac{1}{\sqrt{u}}\Big]_1^{3/4} = \frac{1}{\sqrt{\frac{3}{4}}} - 1 = \frac{2}{\sqrt{3}} - 1.\end{aligned}$$

Exemple 12.
Calcul de $\int_0^{1/2} \frac{1}{(1-x^2)^{3/2}}\,dx$.
On effectue le changement de variable $x = \varphi(t) = \sin t$ et $dx = \cos t\,dt$. De plus $t = \arcsin x$ donc pour $x = 0$ on a $t = \arcsin(0) = 0$ et pour $x = \frac{1}{2}$ on a $t = \arcsin(\frac{1}{2}) = \frac{\pi}{6}$. Comme φ est une bijection de $[0, \frac{\pi}{6}]$ sur $[0, \frac{1}{2}]$,

$$\begin{aligned}\int_0^{1/2} \frac{dx}{(1-x^2)^{3/2}} &= \int_0^{\pi/6} \frac{\cos t\,dt}{(1-\sin^2 t)^{3/2}} = \int_0^{\pi/6} \frac{\cos t\,dt}{(\cos^2 t)^{3/2}} \\ &= \int_0^{\pi/6} \frac{\cos t}{\cos^3 t}\,dt = \int_0^{\pi/6} \frac{1}{\cos^2 t}\,dt = \Big[\tan t\Big]_0^{\pi/6} = \frac{1}{\sqrt{3}}.\end{aligned}$$

Exemple 13.
Calcul de $\int \frac{1}{(1+x^2)^{3/2}}\,dx$.
Soit le changement de variable $x = \tan t$ donc $t = \arctan x$ et $dx = \frac{dt}{\cos^2 t}$ (la fonction tangente établit une bijection de $]-\frac{\pi}{2}, +\frac{\pi}{2}[$ sur $\mathbb{R}$). Donc

$$\begin{aligned}F = \int \frac{1}{(1+x^2)^{3/2}}\,dx &= \int \frac{1}{(1+\tan^2 t)^{3/2}} \frac{dt}{\cos^2 t} \\ &= \int (\cos^2 t)^{3/2} \frac{dt}{\cos^2 t} \qquad \text{car } 1+\tan^2 t = \frac{1}{\cos^2 t} \\ &= \int \cos t\,dt = \Big[\sin t\Big] = \sin t + c = \sin(\arctan x) + c\end{aligned}$$

Donc

$$\int \frac{1}{(1+x^2)^{3/2}}\,dx = \sin(\arctan x) + c.$$

En manipulant un peu les fonctions on trouverait que la primitive s'écrit aussi $F(x) = \frac{x}{\sqrt{1+x^2}} + c$.

Mini-exercices.

1. Calculer les intégrales à l'aide d'intégrations par parties : $\int_0^{\pi/2} t \sin t \; dt$, $\int_0^{\pi/2} t^2 \sin t \; dt$, puis par récurrence $\int_0^{\pi/2} t^n \sin t \; dt$.
2. Déterminer les primitives à l'aide d'intégrations par parties : $\int t \operatorname{sh} t \; dt$, $\int t^2 \operatorname{sh} t \; dt$, puis par récurrence $\int t^n \operatorname{sh} t \; dt$.
3. Calculer les intégrales à l'aide de changements de variable : $\int_0^a \sqrt{a^2 - t^2} \, dt$; $\int_{-\pi}^{\pi} \sqrt{1 + \cos t} \; dt$ (pour ce dernier poser deux changements de variables : $u = \cos t$, puis $v = 1 - u$).
4. Déterminer les primitives suivantes à l'aide de changements de variable : $\int \operatorname{th} t \; dt$ où $\operatorname{th} t = \frac{\operatorname{sh} t}{\operatorname{ch} t}$, $\int e^{\sqrt{t}} \; dt$.

5. Intégration des fractions rationnelles

Nous savons intégrer beaucoup de fonctions simples. Par exemple toutes les fonctions polynomiales : si $f(x) = a_0 + a_1 x + a_2 x^2 + \cdots + a_n x^n$ alors $\int f(x) \, dx = a_0 x + a_1 \frac{x^2}{2} + a_2 \frac{x^3}{3} + \cdots + a_n \frac{x^{n+1}}{n+1} + c$.

Il faut être conscient cependant que beaucoup de fonctions ne s'intègrent pas à l'aide de fonctions simples. Par exemple si $f(t) = \sqrt{a^2 \cos^2 t + b^2 \sin^2 t}$ alors l'intégrale $\int_0^{2\pi} f(t) \, dt$ ne peut pas s'exprimer comme somme, produit, inverse ou composition de fonctions que vous connaissez. En fait cette intégrale vaut la longueur d'une ellipse d'équation paramétrique $(a \cos t, b \sin t)$; il n'y a donc pas de formule pour le périmètre d'une ellipse (sauf si $a = b$ auquel cas l'ellipse est un cercle !).

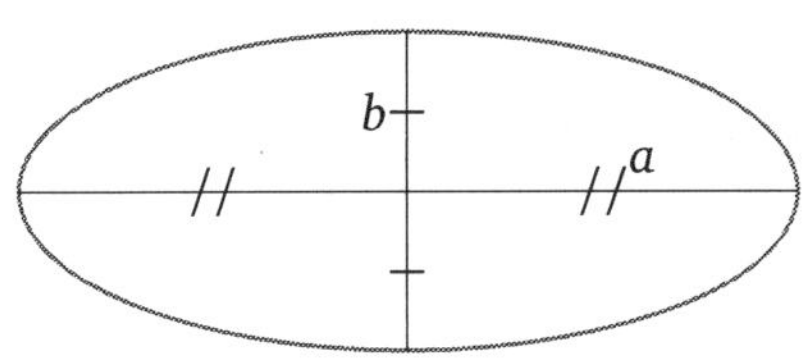

Mais de façon remarquable, il y a toute une famille de fonctions que l'on saura intégrer : les fractions rationnelles.

5.1. Trois situations de base

On souhaite d'abord intégrer les fractions rationnelles $f(x) = \frac{\alpha x+\beta}{ax^2+bx+c}$ avec $\alpha, \beta, a, b, c \in \mathbb{R}$, $a \neq 0$ et $(\alpha, \beta) \neq (0,0)$.

Premier cas. Le dénominateur $ax^2 + bx + c$ possède deux racines réelles distinctes $x_1, x_2 \in \mathbb{R}$.

Alors $f(x)$ s'écrit aussi $f(x) = \frac{\alpha x+\beta}{a(x-x_1)(x-x_2)}$ et il existe des nombres $A, B \in \mathbb{R}$ tels que $f(x) = \frac{A}{x-x_1} + \frac{B}{x-x_2}$. On a donc

$$\int f(x)\,dx = A\ln|x - x_1| + B\ln|x - x_2| + c$$

sur chacun des intervalles $]-\infty, x_1[$, $]x_1, x_2[$, $]x_2, +\infty[$ (si $x_1 < x_2$).

Deuxième cas. Le dénominateur $ax^2 + bx + c$ possède une racine double $x_0 \in \mathbb{R}$.

Alors $f(x) = \frac{\alpha x+\beta}{a(x-x_0)^2}$ et il existe des nombres $A, B \in \mathbb{R}$ tels que $f(x) = \frac{A}{(x-x_0)^2} + \frac{B}{x-x_0}$.

On a alors

$$\int f(x)\,dx = -\frac{A}{x - x_0} + B\ln|x - x_0| + c$$

sur chacun des intervalles $]-\infty, x_0[$, $]x_0, +\infty[$.

Troisième cas. Le dénominateur ax^2+bx+c ne possède pas de racine réelle. Voyons comment faire sur un exemple.

Exemple 14.

Soit $f(x) = \frac{x+1}{2x^2+x+1}$. Dans un premier temps on fait apparaître une fraction du type $\frac{u'}{u}$ (que l'on sait intégrer en $\ln|u|$).

$$f(x) = \frac{(4x+1)\frac{1}{4} - \frac{1}{4} + 1}{2x^2 + x + 1} = \frac{1}{4} \cdot \frac{4x+1}{2x^2+x+1} + \frac{3}{4} \cdot \frac{1}{2x^2+x+1}$$

On peut intégrer la fraction $\frac{4x+1}{2x^2+x+1}$:

$$\int \frac{4x+1}{2x^2+x+1}\,dx = \int \frac{u'(x)}{u(x)}\,dx = \ln\left|2x^2 + x + 1\right| + c$$

Occupons nous de l'autre partie $\frac{1}{2x^2+x+1}$, nous allons l'écrire sous la forme $\frac{1}{u^2+1}$ (dont une primitive est $\arctan u$).

$$\begin{aligned}\frac{1}{2x^2+x+1} &= \frac{1}{2(x+\frac14)^2-\frac18+1} = \frac{1}{2(x+\frac14)^2+\frac78}\\ &= \frac87\cdot\frac{1}{\frac87 2(x+\frac14)^2+1} = \frac87\cdot\frac{1}{\left(\frac{4}{\sqrt7}(x+\frac14)\right)^2+1}\end{aligned}$$

On pose le changement de variable $u = \frac{4}{\sqrt7}(x+\frac14)$ (et donc $du = \frac{4}{\sqrt7}dx$) pour trouver

$$\begin{aligned}\int\frac{dx}{2x^2+x+1} &= \int\frac87\frac{dx}{\left(\frac{4}{\sqrt7}(x+\frac14)\right)^2+1} = \frac87\int\frac{du}{u^2+1}\cdot\frac{\sqrt7}{4}\\ &= \frac{2}{\sqrt7}\arctan u + c = \frac{2}{\sqrt7}\arctan\left(\frac{4}{\sqrt7}\left(x+\frac14\right)\right)+c\,.\end{aligned}$$

Finalement :

$$\int f(x)\,dx = \frac14\ln\left(2x^2+x+1\right)+\frac{3}{2\sqrt7}\arctan\left(\frac{4}{\sqrt7}\left(x+\frac14\right)\right)+c$$

5.2. Intégration des éléments simples

Soit $\frac{P(x)}{Q(x)}$ une fraction rationnelle, où $P(x), Q(x)$ sont des polynômes à coefficients réels. Alors la fraction $\frac{P(x)}{Q(x)}$ s'écrit comme somme d'un polynôme $E(x)\in\mathbb{R}[x]$ (la partie entière) et d'éléments simples d'une des formes suivantes :

$$\frac{\gamma}{(x-x_0)^k} \quad \text{ou} \quad \frac{\alpha x+\beta}{(ax^2+bx+c)^k} \text{ avec } b^2-4ac<0$$

où $\alpha,\beta,\gamma,a,b,c\in\mathbb{R}$ et $k\in\mathbb{N}\setminus\{0\}$.

1. On sait intégrer le polynôme $E(x)$.
2. Intégration de l'élément simple $\frac{\gamma}{(x-x_0)^k}$.
   (a) Si $k=1$ alors $\int\frac{\gamma\,dx}{x-x_0} = \gamma\ln|x-x_0|+c_0$ (sur $]-\infty,x_0[$ ou $]x_0,+\infty[$).
   (b) Si $k\geqslant 2$ alors $\int\frac{\gamma\,dx}{(x-x_0)^k} = \gamma\int(x-x_0)^{-k}\,dx = \frac{\gamma}{-k+1}(x-x_0)^{-k+1}+c_0$ (sur $]-\infty,x_0[$ ou $]x_0,+\infty[$).
3. Intégration de l'élément simple $\frac{\alpha x+\beta}{(ax^2+bx+c)^k}$. On écrit cette fraction sous la forme

$$\frac{\alpha x+\beta}{(ax^2+bx+c)^k} = \gamma\frac{2ax+b}{(ax^2+bx+c)^k}+\delta\frac{1}{(ax^2+bx+c)^k}$$

   (a) Si $k=1$, calcul de $\int\frac{2ax+b}{ax^2+bx+c}\,dx = \int\frac{u'(x)}{u(x)}\,dx = \ln|u(x)|+c_0 = \ln|ax^2+bx+c|+c_0$.

(b) Si $k \geqslant 2$, calcul de $\int \frac{2ax+b}{(ax^2+bx+c)^k}\,dx = \int \frac{u'(x)}{u(x)^k}\,dx = \frac{1}{-k+1}u(x)^{-k+1} + c_0 = \frac{1}{-k+1}(ax^2+bx+c)^{-k+1} + c_0$.

(c) Si $k=1$, calcul de $\int \frac{1}{ax^2+bx+c}\,dx$. Par un changement de variable $u = px+q$ on se ramène à calculer une primitive du type $\int \frac{du}{u^2+1} = \arctan u + c_0$.

(d) Si $k \geqslant 2$, calcul de $\int \frac{1}{(ax^2+bx+c)^k}\,dx$. On effectue le changement de variable $u = px+q$ pour se ramener au calcul de $I_k = \int \frac{du}{(u^2+1)^k}$. Une intégration par parties permet de passer de I_k à I_{k-1}.
Par exemple calculons I_2. Partant de $I_1 = \int \frac{du}{u^2+1}$ on pose $f = \frac{1}{u^2+1}$ et $g'=1$. La formule d'intégration par parties $\int f g' = [fg] - \int f'g$ donne (avec $f' = -\frac{2u}{(u^2+1)^2}$ et $g = u$)

$$\begin{aligned} I_1 &= \int \frac{du}{u^2+1} = \left[\frac{u}{u^2+1}\right] + \int \frac{2u^2\,du}{(u^2+1)^2} = \left[\frac{u}{u^2+1}\right] + 2\int \frac{u^2+1-1}{(u^2+1)^2}du \\ &= \left[\frac{u}{u^2+1}\right] + 2\int \frac{du}{u^2+1} - 2\int \frac{du}{(u^2+1)^2} = \left[\frac{u}{u^2+1}\right] + 2I_1 - 2I_2 \end{aligned}$$

On en déduit $I_2 = \frac{1}{2}I_1 + \frac{1}{2}\frac{u}{u^2+1} + c_0$. Mais comme $I_1 = \arctan u$ alors

$$I_2 = \int \frac{du}{(u^2+1)^2} = \frac{1}{2}\arctan u + \frac{1}{2}\frac{u}{u^2+1} + c_0.$$

5.3. Intégration des fonctions trigonométriques

On peut aussi calculer les primitives de la forme $\int P(\cos x, \sin x)\,dx$ ou de la forme $\int \frac{P(\cos x, \sin x)}{Q(\cos x, \sin x)}\,dx$ quand P et Q sont des polynômes, en se ramenant à intégrer une fraction rationnelle.
Il existe deux méthodes :

- les règles de Bioche sont assez efficaces mais ne fonctionnent pas toujours ;
- le changement de variable $t = \tan \frac{x}{2}$ fonctionne tout le temps mais conduit à davantage de calculs.

Les règles de Bioche. On note $\omega(x) = f(x)\,dx$. On a alors $\omega(-x) = f(-x)\,d(-x) = -f(-x)\,dx$ et $\omega(\pi - x) = f(\pi - x)\,d(\pi - x) = -f(\pi - x)\,dx$.

- Si $\omega(-x) = \omega(x)$ alors on effectue le changement de variable $u = \cos x$.
- Si $\omega(\pi - x) = \omega(x)$ alors on effectue le changement de variable $u = \sin x$.
- Si $\omega(\pi + x) = \omega(x)$ alors on effectue le changement de variable $u = \tan x$.

Exemple 15.
Calcul de la primitive $\int \frac{\cos x\,dx}{2-\cos^2 x}$
On note $\omega(x) = \frac{\cos x\,dx}{2-\cos^2 x}$. Comme $\omega(\pi - x) = \frac{\cos(\pi-x)\,d(\pi-x)}{2-\cos^2(\pi-x)} = \frac{(-\cos x)\,(-dx)}{2-\cos^2 x} = \omega(x)$ alors le changement de variable qui convient est $u = \sin x$ pour lequel $du = \cos x\,dx$.
Ainsi :

$$\int \frac{\cos x\,dx}{2-\cos^2 x} = \int \frac{\cos x\,dx}{2-(1-\sin^2 x)} = \int \frac{du}{1+u^2} = \big[\arctan u\big] = \arctan(\sin x) + c\,.$$

Le changement de variable $t = \tan\frac{x}{2}$.
Les formules de la « tangente de l'arc moitié » permettent d'exprimer sinus, cosinus et tangente en fonction de $\tan\frac{x}{2}$.

Avec $t = \tan\frac{x}{2}$ on a

$$\cos x = \frac{1-t^2}{1+t^2} \qquad \sin x = \frac{2t}{1+t^2} \qquad \tan x = \frac{2t}{1-t^2}$$

et $$dx = \frac{2\,dt}{1+t^2}.$$

Exemple 16.
Calcul de l'intégrale $\int_{-\pi/2}^{0} \frac{dx}{1-\sin x}$.
Le changement de variable $t = \tan\frac{x}{2}$ définit une bijection de $[-\frac{\pi}{2}, 0]$ vers $[-1, 0]$ (pour $x = -\frac{\pi}{2}$, $t = -1$ et pour $x = 0$, $t = 0$). De plus on a $\sin x = \frac{2t}{1+t^2}$ et $dx = \frac{2\,dt}{1+t^2}$.

$$\begin{aligned}\int_{-\frac{\pi}{2}}^{0} \frac{dx}{1-\sin x} &= \int_{-1}^{0} \frac{\frac{2\,dt}{1+t^2}}{1-\frac{2t}{1+t^2}} = 2\int_{-1}^{0} \frac{dt}{1+t^2-2t} \\ &= 2\int_{-1}^{0} \frac{dt}{(1-t)^2} = 2\left[\frac{1}{1-t}\right]_{-1}^{0} = 2\big(1-\frac{1}{2}\big) = 1\end{aligned}$$

Mini-exercices.

1. Calculer les primitives $\int \frac{4x+5}{x^2+x-2}\,dx$, $\int \frac{6-x}{x^2-4x+4}\,dx$, $\int \frac{2x-4}{(x-2)^2+1}\,dx$, $\int \frac{1}{(x-2)^2+1}\,dx$.
2. Calculer les primitives $I_k = \int \frac{dx}{(x-1)^k}$ pour tout $k \geqslant 1$. Idem avec $J_k = \int \frac{x\,dx}{(x^2+1)^k}$.
3. Calculer les intégrales suivantes : $\int_0^1 \frac{dx}{x^2+x+1}$, $\int_0^1 \frac{x\,dx}{x^2+x+1}$, $\int_0^1 \frac{x\,dx}{(x^2+x+1)^2}$, $\int_0^1 \frac{dx}{(x^2+x+1)^2}$.

4. Calculer les intégrales suivantes : $\int_{-\frac{\pi}{2}}^{\frac{\pi}{2}} \sin^2 x \cos^3 x \quad dx$, $\int_0^{\frac{\pi}{2}} \cos^4 x \quad dx$, $\int_0^{2\pi} \frac{dx}{2+\sin x}$.

Auteurs du chapitre
Rédaction : Arnaud Bodin
Basé sur des cours de Guoting Chen et Marc Bourdon
Relecture : Pascal Romon
Dessins : Benjamin Boutin

Chapitre 7

Développements limités

Motivation

Prenons l'exemple de la fonction exponentielle. Une idée du comportement de la fonction $f(x) = \exp x$ autour du point $x = 0$ est donné par sa tangente, dont l'équation est $y = 1 + x$. Nous avons approximé le graphe par une droite. Si l'on souhaite faire mieux, quelle parabole d'équation $y = c_0 + c_1 x + c_2 x^2$ approche le mieux le graphe de f autour de $x = 0$? Il s'agit de la parabole d'équation $y = 1 + x + \frac{1}{2}x^2$. Cette équation à la propriété remarquable que si on note $g(x) = \exp x - \left(1 + x + \frac{1}{2}x^2\right)$ alors $g(0) = 0$, $g'(0) = 0$ et $g''(0) = 0$. Trouver l'équation de cette parabole c'est faire un développement limité à l'ordre 2 de la fonction f. Bien sûr si l'on veut être plus précis, on continuerait avec une courbe du troisième degré qui serait en fait $y = 1 + x + \frac{1}{2}x^2 + \frac{1}{6}x^3$.

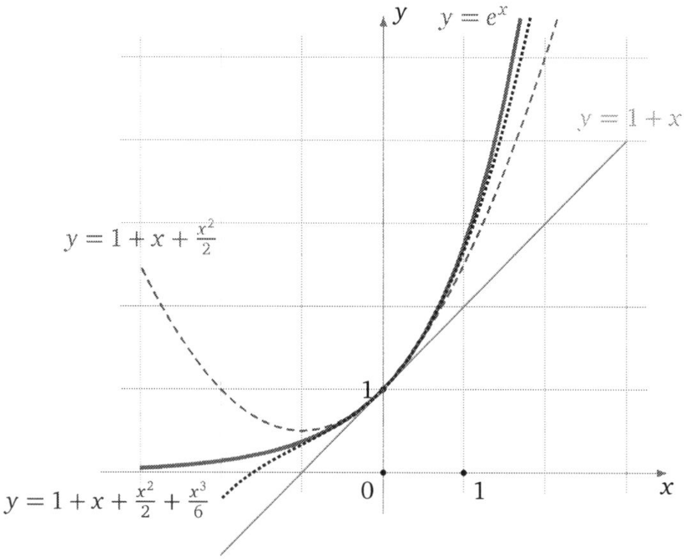

Dans ce chapitre, pour n'importe quelle fonction, nous allons trouver le polynôme de degré n qui approche le mieux la fonction. Les résultats ne sont valables que pour x autour d'une valeur fixée (ce sera souvent autour de 0). Ce polynôme sera calculé à partir des dérivées successives au point considéré. Sans plus attendre, voici la formule, dite formule de Taylor-Young :

$$f(x) = f(0) + f'(0)x + f''(0)\frac{x^2}{2!} + \cdots + f^{(n)}(0)\frac{x^n}{n!} + x^n\epsilon(x).$$

La partie polynomiale $f(0)+f'(0)x+\cdots+f^{(n)}(0)\frac{x^n}{n!}$ est le polynôme de degré n qui approche le mieux $f(x)$ autour de $x = 0$. La partie $x^n\epsilon(x)$ est le « reste » dans lequel $\epsilon(x)$ est une fonction qui tend vers 0 (quand x tend vers 0) et qui est négligeable devant la partie polynomiale.

1. Formules de Taylor

Nous allons voir trois formules de Taylor, elles auront toutes la même partie polynomiale mais donnent plus ou moins d'informations sur le reste. Nous commencerons par la formule de Taylor avec reste intégral qui donne une expression exacte du reste. Puis la formule de Taylor avec reste $f^{(n+1)}(c)$ qui permet d'obtenir un encadrement du reste et nous terminons avec la formule de Taylor-Young très pratique si l'on n'a pas besoin d'information sur le reste.

Soit $I \subset \mathbb{R}$ un intervalle ouvert. Pour $n \in \mathbb{N}^*$, on dit que $f : I \to \mathbb{R}$ est une fonction de **classe $\mathscr{C}^n$** si f est n fois dérivable sur I et $f^{(n)}$ est continue. f est de **classe $\mathscr{C}^0$** si f est continue sur I. f est de **classe $\mathscr{C}^\infty$** si f est de classe $\mathscr{C}^n$ pour tout $n \in \mathbb{N}$.

1.1. Formule de Taylor avec reste intégral

Théorème 1 (Formule de Taylor avec reste intégral).
Soit $f : I \to \mathbb{R}$ une fonction de classe $\mathscr{C}^{n+1}$ ($n \in \mathbb{N}$) et soit $a, x \in I$. Alors

$$f(x) = f(a) + f'(a)(x-a) + \tfrac{f''(a)}{2!}(x-a)^2 + \cdots$$
$$\cdots + \tfrac{f^{(n)}(a)}{n!}(x-a)^n + \int_a^x \tfrac{f^{(n+1)}(t)}{n!}(x-t)^n dt.$$

Nous noterons $T_n(x)$ la partie polynomiale de la formule de Taylor (elle dépend de n mais aussi de f et a) :

$$T_n(x) = f(a) + f'(a)(x-a) + \frac{f''(a)}{2!}(x-a)^2 + \cdots + \frac{f^{(n)}(a)}{n!}(x-a)^n.$$

Remarque.
En écrivant $x = a + h$ (et donc $h = x - a$) la formule de Taylor précédente devient (pour tout a et $a+h$ de I) :

$$f(a+h) = f(a) + f'(a)h + \frac{f''(a)}{2!}h^2 + \cdots + \frac{f^{(n)}(a)}{n!}h^n + \int_0^h \frac{f^{(n+1)}(a+t)}{n!}(h-t)^n dt$$

Exemple 1.
La fonction $f(x) = \exp x$ est de classe $\mathscr{C}^{n+1}$ sur $I = \mathbb{R}$ pour tout n. Fixons $a \in \mathbb{R}$.

Comme $f'(x) = \exp x$, $f''(x) = \exp x, \ldots$ alors pour tout $x \in \mathbb{R}$:

$$\exp x = \exp a + \exp a \cdot (x-a) + \cdots + \frac{\exp a}{n!}(x-a)^n + \int_a^x \frac{\exp t}{n!}(x-t)^n dt.$$

Bien sûr si l'on se place en $a = 0$ alors on retrouve le début de notre approximation de la fonction exponentielle en $x = 0$: $\exp x = 1 + x + \frac{x^2}{2!} + \frac{x^3}{3!} + \cdots$

Preuve du théorème. Montrons cette formule de Taylor par récurrence sur $k \leqslant n$:

$$f(b) = f(a) + f'(a)(b-a) + \frac{f''(a)}{2!}(b-a)^2 + \cdots + \frac{f^{(k)}(a)}{k!}(b-a)^k + \int_a^b f^{(k+1)}(t)\frac{(b-t)^k}{k!}dt.$$

(Pour éviter les confusions entre ce qui varie et ce qui est fixe dans cette preuve on remplace x par b.)

Initialisation. Pour $n = 0$, une primitive de $f'(t)$ est $f(t)$ donc $\int_a^b f'(t)\,dt = f(b) - f(a)$, donc $f(b) = f(a) + \int_a^b f'(t)\,dt$. (On rappelle que par convention $(b-t)^0 = 1$ et $0! = 1$.)

Hérédité. Supposons la formule vraie au rang $k-1$. Elle s'écrit $f(b) = f(a) + f'(a)(b-a) + \cdots + \frac{f^{(k-1)}(a)}{(k-1)!}(b-a)^{k-1} + \int_a^b f^{(k)}(t)\frac{(b-t)^{k-1}}{(k-1)!}dt$.

On effectue une intégration par parties dans l'intégrale $\int_a^b f^{(k)}(t)\frac{(b-t)^{k-1}}{(k-1)!}dt$. En posant $u(t) = f^{(k)}(t)$ et $v'(t) = \frac{(b-t)^{k-1}}{(k-1)!}$, on a $u'(t) = f^{(k+1)}(t)$ et $v(t) = -\frac{(b-t)^k}{k!}$; alors

$$\begin{aligned}\int_a^b f^{(k)}(t)\frac{(b-t)^{k-1}}{(k-1)!}\,dt &= \left[-f^{(k)}(t)\frac{(b-t)^k}{k!}\right]_a^b + \int_a^b f^{(k+1)}(t)\frac{(b-t)^k}{k!}\,dt \\ &= f^{(k)}(a)\frac{(b-a)^k}{k!} + \int_a^b f^{(k+1)}(t)\frac{(b-t)^k}{k!}\,dt.\end{aligned}$$

Ainsi lorsque l'on remplace cette expression dans la formule au rang $k-1$ on obtient la formule au rang k.

Conclusion. Par le principe de récurrence la formule de Taylor est vraie pour tous les entiers n pour lesquels f est classe $\mathscr{C}^{n+1}$. □

1.2. Formule de Taylor avec reste $f^{(n+1)}(c)$

Théorème 2 (Formule de Taylor avec reste $f^{(n+1)}(c)$).
Soit $f : I \to \mathbb{R}$ une fonction de classe $\mathscr{C}^{n+1}$ ($n \in \mathbb{N}$) et soit $a, x \in I$. Il existe un réel c entre a et x tel que :

$$f(x) = f(a) + f'(a)(x-a) + \frac{f''(a)}{2!}(x-a)^2 + \cdots$$
$$\cdots + \frac{f^{(n)}(a)}{n!}(x-a)^n + \frac{f^{(n+1)}(c)}{(n+1)!}(x-a)^{n+1}.$$

Exemple 2.
Soient $a, x \in \mathbb{R}$. Pour tout entier $n \geqslant 0$ il existe c entre a et x tel que $\exp x = \exp a + \exp a \cdot (x-a) + \cdots + \frac{\exp a}{n!}(x-a)^n + \frac{\exp c}{(n+1)!}(x-a)^{n+1}$.

Dans la plupart des cas on ne connaîtra pas ce c. Mais ce théorème permet d'encadrer le reste. Ceci s'exprime par le corollaire suivant :

Corollaire 1.
Si en plus la fonction $|f^{(n+1)}|$ est majorée sur I par un réel M, alors pour tout $a, x \in I$, on a :

$$\left|f(x) - T_n(x)\right| \leqslant M \frac{|x-a|^{n+1}}{(n+1)!}.$$

Exemple 3.
Approximation de $\sin(0,01)$.
Soit $f(x) = \sin x$. Alors $f'(x) = \cos x$, $f''(x) = -\sin x$, $f^{(3)}(x) = -\cos x$, $f^{(4)}(x) = \sin x$. On obtient donc $f(0) = 0$, $f'(0) = 1$, $f''(0) = 0$, $f^{(3)}(0) = -1$. La formule de Taylor ci-dessus en $a = 0$ à l'ordre 3 devient : $f(x) = 0 + 1 \cdot x + 0 \cdot \frac{x^2}{2!} - 1\frac{x^3}{3!} + f^{(4)}(c)\frac{x^4}{4!}$, c'est-à-dire $f(x) = x - \frac{x^3}{6} + f^{(4)}(c)\frac{x^4}{24}$, pour un certain c entre 0 et x.
Appliquons ceci pour $x = 0,01$. Le reste étant petit on trouve alors

$$\sin(0,01) \approx 0,01 - \frac{(0,01)^3}{6} = 0,00999983333\ldots$$

On peut même savoir quelle est la précision de cette approximation : comme $f^{(4)}(x) = \sin x$ alors $|f^{(4)}(c)| \leqslant 1$. Donc $\left|f(x) - \left(x - \frac{x^3}{6}\right)\right| \leqslant \frac{x^4}{4!}$. Pour $x = 0,01$ cela donne : $\left|\sin(0,01) - \left(0,01 - \frac{(0,01)^3}{6}\right)\right| \leqslant \frac{(0,01)^4}{24}$. Comme $\frac{(0,01)^4}{24} \approx 4,16 \cdot 10^{-10}$ alors notre approximation donne au moins 8 chiffres exacts après la virgule.

Remarque.

- Dans ce théorème l'hypothèse f de classe $\mathscr{C}^{n+1}$ peut-être affaiblie en f est « $n+1$ fois dérivable sur I ».
- « le réel c est entre a et x » signifie « $c \in]a,x[$ ou $c \in]x,a[$ ».
- Pour $n=0$ c'est exactement l'énoncé du théorème des accroissements finis : il existe $c \in]a,b[$ tel que $f(b)=f(a)+f'(c)(b-a)$.
- Si I est un intervalle fermé borné et f de classe $\mathscr{C}^{n+1}$, alors $f^{(n+1)}$ est continue sur I donc il existe un M tel que $|f^{(n+1)}(x)| \leqslant M$ pour tout $x \in I$. Ce qui permet toujours d'appliquer le corollaire.

Pour la preuve du théorème nous aurons besoin d'un résultat préliminaire.

Lemme 1 (Égalité de la moyenne).
Supposons $a<b$ et soient $u,v:[a,b]\to\mathbb{R}$ deux fonctions continues avec v positive ou nulle. Alors il existe $c\in[a,b]$ tel que $\int_a^b u(t)v(t)\,dt = u(c)\int_a^b v(t)\,dt$.

Démonstration. Notons $m = \inf_{t\in[a,b]} u(t)$ et $M = \sup_{t\in[a,b]} u(t)$. On a alors $m\int_a^b v(t)\,dt \leqslant \int_a^b u(t)v(t)\,dt \leqslant M\int_a^b v(t)\,dt$ (car $v \geqslant 0$). Ainsi $m \leqslant \frac{\int_a^b u(t)v(t)\,dt}{\int_a^b v(t)\,dt} \leqslant M$. Puisque u est continue sur $[a,b]$ elle prend toutes les valeurs comprises entre m et M (théorème des valeurs intermédiaires). Donc il existe $c\in[a,b]$ avec $u(c) = \frac{\int_a^b u(t)v(t)\,dt}{\int_a^b v(t)\,dt}$. □

Preuve du théorème. Pour la preuve nous montrerons la formule de Taylor pour $f(b)$ en supposant $a<b$. Nous montrerons seulement $c\in[a,b]$ au lieu de $c\in]a,b[$.
Posons $u(t) = f^{(n+1)}(t)$ et $v(t) = \frac{(b-t)^n}{n!}$ (qui est bien positive ou nulle). La formule de Taylor avec reste intégral s'écrit $f(b) = T_n(a) + \int_a^b u(t)v(t)\,dt$. Par le lemme, il existe $c\in[a,b]$ tel que $\int_a^b u(t)v(t)\,dt = u(c)\int_a^b v(t)\,dt$. Ainsi le reste est $\int_a^b u(t)v(t)\,dt = f^{(n+1)}(c)\int_a^b \frac{(b-t)^n}{n!}\,dt = f^{(n+1)}(c)\left[-\frac{(b-t)^{n+1}}{(n+1)!}\right]_a^b = f^{(n+1)}(c)\frac{(b-a)^{n+1}}{(n+1)!}$. Ce qui donne la formule recherchée. □

1.3. Formule de Taylor-Young

Théorème 3 (Formule de Taylor-Young).
Soit $f : I \to \mathbb{R}$ une fonction de classe $\mathscr{C}^n$ et soit $a \in I$. Alors pour tout $x \in I$ on a :

$$f(x) = f(a) + f'(a)(x-a) + \frac{f''(a)}{2!}(x-a)^2 + \cdots$$
$$\cdots + \frac{f^{(n)}(a)}{n!}(x-a)^n + (x-a)^n \epsilon(x),$$

où ϵ est une fonction définie sur I telle que $\epsilon(x) \xrightarrow[x\to a]{} 0$.

Démonstration. f étant une fonction de classe $\mathscr{C}^n$ nous appliquons la formule de Taylor avec reste $f^{(n)}(c)$ au rang $n-1$. Pour tout x, il existe $c = c(x)$ compris entre a et x tel que $f(x) = f(a) + f'(a)(x-a) + \frac{f''(a)}{2!}(x-a)^2 + \cdots + \frac{f^{(n-1)}(a)}{(n-1)!}(x-a)^{n-1} + \frac{f^{(n)}(c)}{n!}(x-a)^n$. Que nous réécrivons : $f(x) = f(a) + f'(a)(x-a) + \frac{f''(a)}{2!}(x-a)^2 + \cdots + \frac{f^{(n)}(a)}{n!}(x-a)^n + \frac{f^{(n)}(c)-f^{(n)}(a)}{n!}(x-a)^n$. On pose $\epsilon(x) = \frac{f^{(n)}(c)-f^{(n)}(a)}{n!}$. Puisque $f^{(n)}$ est continue et que $c(x) \to a$ alors $\lim_{x\to a} \epsilon(x) = 0$. □

1.4. Un exemple

Soit $f :]-1, +\infty[\to \mathbb{R}$, $x \mapsto \ln(1+x)$; f est infiniment dérivable. Nous allons calculer les formules de Taylor en 0 pour les premiers ordres.
Tous d'abord $f(0) = 0$. Ensuite $f'(x) = \frac{1}{1+x}$ donc $f'(0) = 1$. Ensuite $f''(x) = -\frac{1}{(1+x)^2}$ donc $f''(0) = -1$. Puis $f^{(3)}(x) = +2\frac{1}{(1+x)^3}$ donc $f^{(3)}(0) = +2$. Par récurrence on montre que $f^{(n)}(x) = (-1)^{n-1}(n-1)!\frac{1}{(1+x)^n}$ et donc $f^{(n)}(0) = (-1)^{n-1}(n-1)!$. Ainsi pour $n > 0$: $\frac{f^{(n)}(0)}{n!}x^n = (-1)^{n-1}\frac{(n-1)!}{n!}x^n = (-1)^{n-1}\frac{x^n}{n}$.
Voici donc les premiers polynômes de Taylor :

$$T_0(x) = 0 \qquad T_1(x) = x \qquad T_2(x) = x - \frac{x^2}{2} \qquad T_3(x) = x - \frac{x^2}{2} + \frac{x^3}{3}$$

Les formules de Taylor nous disent que les restes sont de plus en plus petits lorsque n croît. Sur le dessins les graphes des polynômes T_0, T_1, T_2, T_3 s'approchent de plus en plus du graphe de f. Attention ceci n'est vrai qu'autour de 0.

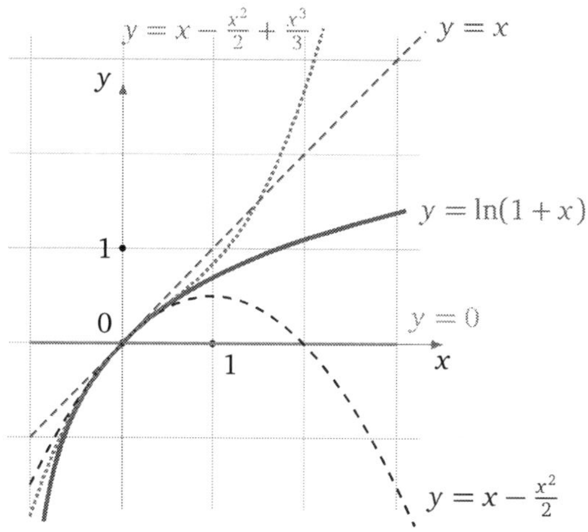

Pour n quelconque nous avons calculé que le polynôme de Taylor en 0 est

$$T_n(x) = \sum_{k=1}^{n} (-1)^{k-1} \frac{x^k}{k} = x - \frac{x^2}{2} + \frac{x^3}{3} - \cdots + (-1)^{n-1} \frac{x^n}{n}.$$

1.5. Résumé

Il y a donc trois formules de Taylor qui s'écrivent toutes sous la forme

$$f(x) = T_n(x) + R_n(x)$$

où $T_n(x)$ est toujours le même polynôme de Taylor :

$$T_n(x) = f(a) + f'(a)(x-a) + \frac{f''(a)}{2!}(x-a)^2 + \cdots + \frac{f^{(n)}(a)}{n!}(x-a)^n.$$

C'est l'expression du reste $R_n(x)$ qui change (attention le reste n'a aucune raison d'être un polynôme).

$R_n(x) = \int_a^x \frac{f^{(n+1)}(t)}{n!}(x-t)^n dt$ — Taylor avec reste intégral

$R_n(x) = \frac{f^{(n+1)}(c)}{(n+1)!}(x-a)^{n+1}$ — Taylor avec reste $f^{(n+1)}(c)$, c entre a et x

$R_n(x) = (x-a)^n \epsilon(x)$ — Taylor-Young avec $\epsilon(x) \xrightarrow[x \to a]{} 0$

Selon les situations l'une des formulations est plus adaptée que les autres. Bien souvent nous n'avons pas besoin de beaucoup d'information sur le reste et c'est donc la formule de Taylor-Young qui sera la plus utile.
Notons que les trois formules ne requièrent pas exactement les mêmes hypothèses : Taylor avec reste intégral à l'ordre n exige une fonction de classe $\mathscr{C}^{n+1}$, Taylor avec reste une fonction $n+1$ fois dérivable, et Taylor-Young une fonction $\mathscr{C}^n$. Une hypothèse plus restrictive donne logiquement une conclusion plus forte. Cela dit, pour les fonctions de classe $\mathscr{C}^\infty$ que l'on manipule le plus souvent, les trois hypothèses sont toujours vérifiées.

Notation. Le terme $(x-a)^n \epsilon(x)$ où $\epsilon(x) \xrightarrow[x\to 0]{} 0$ est souvent abrégé en « **petit o** » de $(x-a)^n$ et est noté $o((x-a)^n)$. Donc $o((x-a)^n)$ est une fonction telle que $\lim_{x\to a} \frac{o((x-a)^n)}{(x-a)^n} = 0$. Il faut s'habituer à cette notation qui simplifie les écritures, mais il faut toujours garder à l'esprit ce qu'elle signifie.

Cas particulier : Formule de Taylor-Young au voisinage de 0. On se ramène souvent au cas particulier où $a=0$, la formule de Taylor-Young s'écrit alors

$$\boxed{f(x) = f(0) + f'(0)x + f''(0)\frac{x^2}{2!} + \cdots + f^{(n)}(0)\frac{x^n}{n!} + x^n \epsilon(x)}$$

où $\lim_{x\to 0} \epsilon(x) = 0$.
Et avec la notation « petit o » cela donne :

$$f(x) = f(0) + f'(0)x + f''(0)\frac{x^2}{2!} + \cdots + f^{(n)}(0)\frac{x^n}{n!} + o(x^n)$$

Mini-exercices.

1. Écrire les trois formules de Taylor en 0 pour $x \mapsto \cos x$, $x \mapsto \exp(-x)$ et $x \mapsto \operatorname{sh} x$.
2. Écrire les formules de Taylor en 0 à l'ordre 2 pour $x \mapsto \frac{1}{\sqrt{1+x}}$, $x \mapsto \tan x$.
3. Écrire les formules de Taylor en 1 pour $x \mapsto x^3 - 9x^2 + 14x + 3$.
4. Avec une formule de Taylor à l'ordre 2 de $\sqrt{1+x}$, trouver une approximation de $\sqrt{1,01}$. Idem avec $\ln(0,99)$.

2. Développements limités au voisinage d'un point

2.1. Définition et existence

Soit I un intervalle ouvert et $f : I \to \mathbb{R}$ une fonction quelconque.

Définition 1.

Pour $a \in I$ et $n \in \mathbb{N}$, on dit que f admet un **développement limité** (**DL**) au point a et à l'ordre n, s'il existe des réels $c_0, c_1, \dots, c_n$ et une fonction $\epsilon : I \to \mathbb{R}$ telle que $\lim_{x\to a} \epsilon(x) = 0$ de sorte que pour tout $x \in I$:

$$f(x) = c_0 + c_1(x-a) + \cdots + c_n(x-a)^n + (x-a)^n \epsilon(x).$$

- L'égalité précédente s'appelle un DL de f au voisinage de a à l'ordre n .
- Le terme $c_0 + c_1(x-a) + \cdots + c_n(x-a)^n$ est appelé la **partie polynomiale** du DL.
- Le terme $(x-a)^n \epsilon(x)$ est appelé le **reste** du DL.

La formule de Taylor-Young permet d'obtenir immédiatement des développements limités en posant $c_k = \frac{f^{(k)}(a)}{k!}$:

Proposition 1.

Si f est de classe $\mathscr{C}^n$ au voisinage d'un point a alors f admet un DL au point a à l'ordre n, qui provient de la formule de Taylor-Young :

$$f(x) = f(a) + \frac{f'(a)}{1!}(x-a) + \frac{f''(a)}{2!}(x-a)^2 + \cdots + \frac{f^{(n)}(a)}{n!}(x-a)^n + (x-a)^n \epsilon(x)$$

où $\lim_{x\to a} \epsilon(x) = 0$.

Remarque.

1. Si f est de classe $\mathscr{C}^n$ au voisinage d'un point 0, un DL en 0 à l'ordre n est l'expression :

$$f(x) = f(0) + f'(0)x + f''(0)\frac{x^2}{2!} + \cdots + f^{(n)}(0)\frac{x^n}{n!} + x^n \epsilon(x)$$

2. Si f admet un DL en un point a à l'ordre n alors elle en possède un pour tout

$k \leqslant n$. En effet

$$\begin{aligned} f(x) &= f(a)+\frac{f'(a)}{1!}(x-a)+\cdots+\frac{f^{(k)}(a)}{k!}(x-a)^k \\ &\quad \underbrace{+\frac{f^{(k+1)}(a)}{(k+1)!}(x-a)^{k+1}+\cdots+\frac{f^{(n)}(a)}{n!}(x-a)^n+(x-a)^n\epsilon(x)}_{=(x-a)^k\eta(x)} \end{aligned}$$

où $\lim_{x\to a}\eta(x)=0$.

2.2. Unicité

Proposition 2.
Si f admet un DL alors ce DL est unique.

Démonstration. Écrivons deux DL de f : $f(x)=c_0+c_1(x-a)+\cdots+c_n(x-a)^n+(x-a)^n\epsilon_1(x)$ et $f(x)=d_0+d_1(x-a)+\cdots+d_n(x-a)^n+(x-a)^n\epsilon_2(x)$. En effectuant la différence on obtient :

$$(d_0-c_0)+(d_1-c_1)(x-a)+\cdots+(d_n-c_n)(x-a)^n+(x-a)^n(\epsilon_2(x)-\epsilon_1(x))=0.$$

Lorsque l'on fait $x=a$ dans cette égalité alors on trouve $d_0-c_0=0$. Ensuite on peut diviser cette égalité par $x-a$: $(d_1-c_1)+(d_2-c_2)(x-a)+\cdots+(d_n-c_n)(x-a)^{n-1}+(x-a)^{n-1}(\epsilon_2(x)-\epsilon_1(x))=0$. En évaluant en $x=a$ on obtient $d_1-c_1=0$, etc. On trouve $c_0=d_0$, $c_1=d_1$, …, $c_n=d_n$. Les parties polynomiales sont égales et donc les restes aussi. □

Corollaire 2.
Si f est paire (resp. impaire) alors la partie polynomiale de son DL en 0 ne contient que des monômes de degrés pairs (resp. impairs).

Par exemple $x\mapsto\cos x$ est paire et nous verrons que son DL en 0 commence par : $\cos x=1-\frac{x^2}{2!}+\frac{x^4}{4!}-\frac{x^6}{6!}+\cdots$.

Démonstration. $f(x)=c_0+c_1x+c_2x^2+c_3x^3+\cdots+c_nx^n+x^n\epsilon(x)$. Si f est paire alors $f(x)=f(-x)=c_0-c_1x+c_2x^2-c_3x^3+\cdots+(-1)^nc_nx^n+x^n\epsilon(x)$. Par l'unicité du DL en 0 on trouve $c_1=-c_1$, $c_3=-c_3$, … et donc $c_1=0$, $c_3=0$,… □

Remarque.

1. L'unicité du DL et la formule de Taylor-Young prouve que si l'on connaît le DL et que f est de classe $\mathscr{C}^n$ alors on peut calculer les nombres dérivés à partir de la partie polynomiale par la formule $c_k = \frac{f^{(k)}(a)}{k!}$. Cependant dans la majorité des cas on fera l'inverse : on trouve le DL à partir des dérivées.
2. Si f admet un DL en un point a à l'ordre $n \geqslant 0$ alors f est continue en a et $c_0 = f(a)$.
3. Si f admet un DL en un point a à l'ordre $n \geqslant 1$, alors f est dérivable en a et on a $c_0 = f(a)$ et $c_1 = f'(a)$. Par conséquent $y = c_0 + c_1(x-a)$ est l'équation de la tangente au graphe de f au point d'abscisse a.
4. Plus subtil : f peut admettre un DL à l'ordre 2 en un point a *sans* admettre une dérivée seconde en a. Soit par exemple $f(x) = x^3 \sin \frac{1}{x}$. Alors f est dérivable mais f' ne l'est pas. Pourtant f admet un DL en 0 à l'ordre 2 : $f(x) = x^2\epsilon(x)$ (la partie polynomiale est nulle).

2.3. DL des fonctions usuelles à l'origine

Les DL suivants en 0 proviennent de la formule de Taylor-Young.

$$\boxed{\exp x = 1 + \frac{x}{1!} + \frac{x^2}{2!} + \frac{x^3}{3!} + \cdots + \frac{x^n}{n!} + x^n\epsilon(x)}$$

$$\operatorname{ch} x = 1 + \frac{x^2}{2!} + \frac{x^4}{4!} + \cdots + \frac{x^{2n}}{(2n)!} + x^{2n+1}\epsilon(x)$$

$$\operatorname{sh} x = \frac{x}{1!} + \frac{x^3}{3!} + \frac{x^5}{5!} + \cdots + \frac{x^{2n+1}}{(2n+1)!} + x^{2n+2}\epsilon(x)$$

$$\cos x = 1 - \frac{x^2}{2!} + \frac{x^4}{4!} - \cdots + (-1)^n \frac{x^{2n}}{(2n)!} + x^{2n+1}\epsilon(x)$$

$$\sin x = \frac{x}{1!} - \frac{x^3}{3!} + \frac{x^5}{5!} - \cdots + (-1)^n \frac{x^{2n+1}}{(2n+1)!} + x^{2n+2}\epsilon(x)$$

$$\boxed{\ln(1+x) = x - \frac{x^2}{2} + \frac{x^3}{3} - \cdots + (-1)^{n-1}\frac{x^n}{n} + x^n\epsilon(x)}$$

$$\boxed{(1+x)^\alpha = 1 + \alpha x + \frac{\alpha(\alpha-1)}{2!}x^2 + \cdots + \frac{\alpha(\alpha-1)\ldots(\alpha-n+1)}{n!}x^n + x^n\epsilon(x)}$$

$$\frac{1}{1+x} = 1 - x + x^2 - x^3 + \cdots + (-1)^n x^n + x^n\epsilon(x)$$

$$\frac{1}{1-x} = 1 + x + x^2 + \cdots + x^n + x^n\epsilon(x)$$

$$\sqrt{1+x} = 1 + \frac{x}{2} - \frac{1}{8}x^2 + \cdots + (-1)^{n-1}\frac{1\cdot 1\cdot 3\cdot 5\cdots(2n-3)}{2^n n!}x^n + x^n\epsilon(x)$$

Ils sont tous à apprendre par cœur. C'est facile avec les remarques suivantes :

- Le DL de $\operatorname{ch} x$ est la partie paire du DL de $\exp x$. C'est-à-dire que l'on ne retient que les monômes de degré pair. Alors que le DL de $\operatorname{sh} x$ est la partie impaire.
- Le DL de $\cos x$ est la partie paire du DL de $\exp x$ en alternant le signe $+/-$ du monôme. Pour $\sin x$ c'est la partie impaire de $\exp x$ en alternant aussi les signes.
- On notera que la précision du DL de $\sin x$ est meilleure que l'application naïve de la formule de Taylor le prévoit ($x^{2n+2}\epsilon(x)$ au lieu de $x^{2n+1}\epsilon(x)$) ; c'est parce que le DL est en fait à l'ordre $2n+2$, avec un terme polynomial en x^{2n+2} nul (donc absent). Le même phénomène est vrai pour tous les DL pairs ou impairs (dont $\operatorname{sh} x, \cos x, \operatorname{ch} x$).
- Pour $\ln(1+x)$ n'oubliez pas qu'il n'y a pas de terme constant, pas de factorielle aux dénominateurs, et que les signes alternent.
- Il faut aussi savoir écrire le DL à l'aide des sommes formelles (et ici des « petits o ») :

$$\exp x = \sum_{k=1}^{n} \frac{x^k}{k!} + o(x^n) \qquad \text{et} \qquad \ln(1+x) = \sum_{k=1}^{n} (-1)^{k-1}\frac{x^k}{k} + o(x^n)$$

- La DL de $(1+x)^\alpha$ est valide pour tout $\alpha \in \mathbb{R}$. Pour $\alpha = -1$ on retombe sur le DL de $(1+x)^{-1} = \frac{1}{1+x}$. Mais on retient souvent le DL de $\frac{1}{1-x}$ qui est très facile. Il se retrouve aussi avec la somme d'une suite géométrique : $1 + x + x^2 + \cdots + x^n = \frac{1-x^{n+1}}{1-x} = \frac{1}{1-x} - \frac{x^{n+1}}{1-x} = \frac{1}{1-x} + x^n\epsilon(x)$.
- Pour $\alpha = \frac{1}{2}$ on retrouve $(1+x)^{\frac{1}{2}} = \sqrt{1+x} = 1 + \frac{x}{2} - \frac{1}{8}x^2 + \cdots$. Dont il faut connaître les trois premiers termes.

2.4. DL des fonctions en un point quelconque

La fonction f admet un DL au voisinage d'un point a si et seulement si la fonction $x \mapsto f(x+a)$ admet un DL au voisinage de 0. Souvent on ramène donc le problème en 0 en faisant le changement de variables $h = x - a$.

Exemple 4.

1. DL de $f(x) = \exp x$ en 1.

On pose $h=x-1$. Si x est proche de 1 alors h est proche de 0. Nous allons nous ramener à un DL de $\exp h$ en $h=0$. On note $e=\exp 1$.

$$\begin{aligned}\exp x &= \exp(1+(x-1))=\exp(1)\exp(x-1)=e\exp h\\ &= e\left(1+h+\frac{h^2}{2!}+\cdots+\frac{h^n}{n!}+h^n\epsilon(h)\right)\\ &= e\left(1+(x-1)+\frac{(x-1)^2}{2!}+\cdots+\frac{(x-1)^n}{n!}+(x-1)^n\epsilon(x-1)\right)\end{aligned}$$

où $\lim_{x\to 1}\epsilon(x-1)=0$.

2. DL de $g(x)=\sin x$ en $\pi/2$.

   Sachant $\sin x=\sin(\frac{\pi}{2}+x-\frac{\pi}{2})=\cos(x-\frac{\pi}{2})$ on se ramène au DL de $\cos h$ quand $h=x-\frac{\pi}{2}\to 0$. On a donc $\sin x = 1-\frac{(x-\frac{\pi}{2})^2}{2!}+\cdots+(-1)^n\frac{(x-\frac{\pi}{2})^{2n}}{(2n)!}+(x-\frac{\pi}{2})^{2n+1}\epsilon(x-\frac{\pi}{2})$, où $\lim_{x\to\pi/2}\epsilon(x-\frac{\pi}{2})=0$.

3. DL de $\ell(x)=\ln(1+3x)$ en 1 à l'ordre 3.

   Il faut se ramener à un DL du type $\ln(1+h)$ en $h=0$. On pose $h=x-1$ (et donc $x=1+h$).

   On a $\ell(x)=\ln(1+3x)=\ln\big(1+3(1+h)\big)=\ln(4+3h)=\ln\big(4\cdot(1+\frac{3h}{4})\big)=\ln 4+\ln\big(1+\frac{3h}{4}\big)=\ln 4+\frac{3h}{4}-\frac{1}{2}\big(\frac{3h}{4}\big)^2+\frac{1}{3}\big(\frac{3h}{4}\big)^3+h^3\epsilon(h)=\ln 4+\frac{3(x-1)}{4}-\frac{9}{32}(x-1)^2+\frac{9}{64}(x-1)^3+(x-1)^3\epsilon(x-1)$ où $\lim_{x\to 1}\epsilon(x-1)=0$.

Mini-exercices.

1. Calculer le DL en 0 de $x\mapsto \operatorname{ch} x$ par la formule de Taylor-Young. Retrouver ce DL en utilisant que $\operatorname{ch} x=\frac{e^x+e^{-x}}{2}$.
2. Écrire le DL en 0 à l'ordre 3 de $\sqrt[3]{1+x}$. Idem avec $\frac{1}{\sqrt{1+x}}$.
3. Écrire le DL en 2 à l'ordre 2 de $\sqrt{x}$.
4. Justifier l'expression du DL de $\frac{1}{1-x}$ à l'aide de l'unicité du DL et de la somme d'une suite géométrique.

3. Opérations sur les développements limités

3.1. Somme et produit

On suppose que f et g sont deux fonctions qui admettent des DL en 0 à l'ordre n :

$$f(x) = c_0 + c_1 x + \cdots + c_n x^n + x^n \epsilon_1(x) \qquad g(x) = d_0 + d_1 x + \cdots + d_n x^n + x^n \epsilon_2(x)$$

Proposition 3.

- *$f + g$ admet un DL en 0 l'ordre n qui est :*
  $(f+g)(x) = f(x) + g(x) = (c_0 + d_0) + (c_1 + d_1)x + \cdots + (c_n + d_n)x^n + x^n \epsilon(x).$
- *$f \times g$ admet un DL en 0 l'ordre n qui est : $(f \times g)(x) = f(x) \times g(x) = T_n(x) + x^n \epsilon(x)$ où $T_n(x)$ est le polynôme $(c_0 + c_1 x + \cdots + c_n x^n) \times (d_0 + d_1 x + \cdots + d_n x^n)$ tronqué à l'ordre n.*

Tronquer un polynôme à l'ordre n signifie que l'on conserve seulement les monômes de degré $\leqslant n$.

Exemple 5.
Calculer le DL de $\cos x \times \sqrt{1+x}$ en 0 à l'ordre 2. On sait que $\cos x = 1 - \frac{1}{2}x^2 + x^2 \epsilon_1(x)$

et $\sqrt{1+x} = 1 + \frac{1}{2}x - \frac{1}{8}x^2 + x^2\epsilon_2(x)$. Donc :

$$\begin{aligned}
\cos x \times \sqrt{1+x} &= \left(1 - \frac{1}{2}x^2 + x^2\epsilon_1(x)\right) \times \left(1 + \frac{1}{2}x - \frac{1}{8}x^2 + x^2\epsilon_2(x)\right) \\
&= 1 + \frac{1}{2}x - \frac{1}{8}x^2 + x^2\epsilon_2(x) \quad \text{on développe} \\
&\quad - \frac{1}{2}x^2\left(1 + \frac{1}{2}x - \frac{1}{8}x^2 + x^2\epsilon_2(x)\right) \\
&\quad + x^2\epsilon_1(x)\left(1 + \frac{1}{2}x - \frac{1}{8}x^2 + x^2\epsilon_2(x)\right) \\
&= 1 + \frac{1}{2}x - \frac{1}{8}x^2 + x^2\epsilon_2(x) \qquad \text{on développe encore} \\
&\quad - \frac{1}{2}x^2 - \frac{1}{4}x^3 + \frac{1}{16}x^4 - \frac{1}{2}x^4\epsilon_2(x) \\
&\quad + x^2\epsilon_1(x) + \frac{1}{2}x^3\epsilon_1(x) - \frac{1}{8}x^4\epsilon_1(x) + x^4\epsilon_1(x)\epsilon_2(x) \\
&= \underbrace{1 + \frac{1}{2}x + \left(-\frac{1}{8}x^2 - \frac{1}{2}x^2\right)}_{\text{partie tronquée à l'ordre 2}} \quad \text{termes de degré 0 et 1, 2} \\
&\quad + \underbrace{\begin{matrix} x^2\epsilon_2(x) - \frac{1}{4}x^3 + \frac{1}{16}x^4 - \frac{1}{2}x^4\epsilon_2(x) + x^2\epsilon_1(x) \\ + \frac{1}{2}x^3\epsilon_1(x) - \frac{1}{8}x^4\epsilon_1(x) + x^4\epsilon_1(x)\epsilon_2(x) \end{matrix}}_{\text{reste de la forme } x^2\epsilon(x)} \quad \text{et les autres} \\
&= 1 + \frac{1}{2}x - \frac{5}{8}x^2 + x^2\epsilon(x)
\end{aligned}$$

On a en fait écrit beaucoup de choses superflues, qui à la fin sont dans le reste et n'avaient pas besoin d'être explicitées ! Avec l'habitude les calculs se font très vite car on n'écrit plus les termes inutiles. Voici le même calcul avec la notation « petit o » : dès qu'apparaît un terme $x^2\epsilon_1(x)$ ou un terme x^3,... on écrit juste $o(x^2)$ (ou si l'on préfère $x^2\epsilon(x)$).

$$\begin{aligned}\cos x \times \sqrt{1+x} &= \left(1-\frac{1}{2}x^2+o(x^2)\right)\times\left(1+\frac{1}{2}x-\frac{1}{8}x^2+o(x^2)\right) \quad \text{on développe}\\ &= 1+\frac{1}{2}x-\frac{1}{8}x^2+o(x^2)\\ &\quad -\frac{1}{2}x^2+o(x^2)\\ &\quad +o(x^2)\\ &= 1+\frac{1}{2}x-\frac{5}{8}x^2+o(x^2)\end{aligned}$$

La notation «petit o» évite de devoir donner un nom à chaque fonction, en ne gardant que sa propriété principale, qui est de décroître vers 0 au moins à une certaine vitesse. Comme on le voit dans cet exemple, $o(x^2)$ *absorbe* les éléments de même ordre de grandeur ou plus petits que lui : $o(x^2)-\frac{1}{4}x^3+\frac{1}{2}x^2o(x^2)=o(x^2)$. Mais il faut bien comprendre que les différents $o(x^2)$ écrits ne correspondent pas à la même fonction, ce qui justifie que cette égalité ne soit pas fausse !

3.2. Composition

On écrit encore :

$$f(x)=C(x)+x^n\epsilon_1(x)=c_0+c_1x+\cdots+c_nx^n+x^n\epsilon_1(x)$$

$$g(x)=D(x)+x^n\epsilon_2(x)=d_0+d_1x+\cdots+d_nx^n+x^n\epsilon_2(x)$$

Proposition 4.
Si $g(0)=0$ (c'est-à-dire $d_0=0$) alors la fonction $f\circ g$ admet un DL en 0 à l'ordre n dont la partie polynomiale est le polynôme tronqué à l'ordre n de la composition $C(D(x))$.

Exemple 6.
Calcul du DL de $h(x)=\sin\big(\ln(1+x)\big)$ en 0 à l'ordre 3.

- On pose ici $f(u)=\sin u$ et $g(x)=\ln(1+x)$ (pour plus de clarté il est préférable de donner des noms différents aux variables des deux fonctions, ici x et u). On a bien $f\circ g(x)=\sin\big(\ln(1+x)\big)$ et $g(0)=0$.
- On écrit le DL à l'ordre 3 de $f(u)=\sin u=u-\frac{u^3}{3!}+u^3\epsilon_1(u)$ pour u proche de 0.
- Et on pose $u=g(x)=\ln(1+x)=x-\frac{x^2}{2}+\frac{x^3}{3}+x^3\epsilon_2(x)$ pour x proche de 0.

- On aura besoin de calculer un DL à l'ordre 3 de u^2 (qui est bien sûr le produit $u \times u$) : $u^2 = \left(x - \frac{x^2}{2} + \frac{x^3}{3} + x^3\epsilon_2(x)\right)^2 = x^2 - x^3 + x^3\epsilon_3(x)$ et aussi u^3 qui est $u \times u^2$, $u^3 = x^3 + x^3\epsilon_4(x)$.
- Donc $h(x) = f \circ g(x) = f(u) = u - \frac{u^3}{3!} + u^3\epsilon_1(u) = \left(x - \frac{1}{2}x^2 + \frac{1}{3}x^3\right) - \frac{1}{6}x^3 + x^3\epsilon(x) = x - \frac{1}{2}x^2 + \frac{1}{6}x^3 + x^3\epsilon(x)$.

Exemple 7.
Soit $h(x) = \sqrt{\cos x}$. On cherche le DL de h en 0 à l'ordre 4.
On utilise cette fois la notation « petit o ». On connaît le DL de $f(u) = \sqrt{1+u}$ en $u = 0$ à l'ordre 2 : $f(u) = \sqrt{1+u} = 1 + \frac{1}{2}u - \frac{1}{8}u^2 + o(u^2)$.
Et si on pose $u(x) = \cos x - 1$ alors on a $h(x) = f\big(u(x)\big)$ et $u(0) = 0$. D'autre part le DL de $u(x)$ en $x = 0$ à l'ordre 4 est : $u = -\frac{1}{2}x^2 + \frac{1}{24}x^4 + o(x^4)$. On trouve alors $u^2 = \frac{1}{4}x^4 + o(x^4)$.
Et ainsi

$$\begin{aligned}
h(x) = f\big(u\big) &= 1 + \frac{1}{2}u - \frac{1}{8}u^2 + o(u^2) \\
&= 1 + \frac{1}{2}\Big(-\frac{1}{2}x^2 + \frac{1}{24}x^4\Big) - \frac{1}{8}\Big(\frac{1}{4}x^4\Big) + o(x^4) \\
&= 1 - \frac{1}{4}x^2 + \frac{1}{48}x^4 - \frac{1}{32}x^4 + o(x^4) \\
&= 1 - \frac{1}{4}x^2 - \frac{1}{96}x^4 + o(x^4)
\end{aligned}$$

3.3. Division

Voici comment calculer le DL d'un quotient f/g. Soient

$$f(x) = c_0 + c_1x + \cdots + c_nx^n + x^n\epsilon_1(x) \qquad g(x) = d_0 + d_1x + \cdots + d_nx^n + x^n\epsilon_2(x)$$

Nous allons utiliser le DL de $\frac{1}{1+u} = 1 - u + u^2 - u^3 + \cdots$.

1. Si $d_0 = 1$ on pose $u = d_1x + \cdots + d_nx^n + x^n\epsilon_2(x)$ et le quotient s'écrit $f/g = f \times \frac{1}{1+u}$.
2. Si d_0 est quelconque avec $d_0 \neq 0$ alors on se ramène au cas précédent en écrivant
$$\frac{1}{g(x)} = \frac{1}{d_0}\frac{1}{1 + \frac{d_1}{d_0}x + \cdots + \frac{d_n}{d_0}x^n + \frac{x^n\epsilon_2(x)}{d_0}}.$$
3. Si $d_0 = 0$ alors on factorise par x^k (pour un certain k) afin de se ramener aux cas précédents.

Exemple 8.

1. DL de $\tan x$ en 0 à l'ordre 5.

   Tout d'abord $\sin x = x - \frac{x^3}{6} + \frac{x^5}{120} + x^5\epsilon(x)$. D'autre part $\cos x = 1 - \frac{x^2}{2} + \frac{x^4}{24} + x^5\epsilon(x) = 1 + u$ en posant $u = -\frac{x^2}{2} + \frac{x^4}{24} + x^5\epsilon(x)$.

   Nous aurons besoin de u^2 et u^3 : $u^2 = \big(-\frac{x^2}{2} + \frac{x^4}{24} + x^5\epsilon(x)\big)^2 = \frac{x^4}{4} + x^5\epsilon(x)$ et en fait $u^3 = x^5\epsilon(x)$. (On note abusivement $\epsilon(x)$ pour différents restes.)

   Ainsi
$$\begin{aligned}\frac{1}{\cos x} &= \frac{1}{1+u} = 1 - u + u^2 - u^3 + u^3\epsilon(u)\\ &= 1 + \frac{x^2}{2} - \frac{x^4}{24} + \frac{x^4}{4} + x^5\epsilon(x)\\ &= 1 + \frac{x^2}{2} + \frac{5}{24}x^4 + x^5\epsilon(x)\,;\end{aligned}$$

   Finalement
$$\begin{aligned}\tan x &= \sin x \times \frac{1}{\cos x}\\ &= \big(x - \frac{x^3}{6} + \frac{x^5}{120} + x^5\epsilon(x)\big) \times \big(1 + \frac{x^2}{2} + \frac{5}{24}x^4 + x^5\epsilon(x)\big)\\ &= x + \frac{x^3}{3} + \frac{2}{15}x^5 + x^5\epsilon(x).\end{aligned}$$

2. DL de $\frac{1+x}{2+x}$ en 0 à l'ordre 4.
$$\begin{aligned}\frac{1+x}{2+x} &= (1+x)\frac{1}{2}\frac{1}{1+\frac{x}{2}}\\ &= \frac{1}{2}(1+x)\Big(1 - \frac{x}{2} + \Big(\frac{x}{2}\Big)^2 - \Big(\frac{x}{2}\Big)^3 + \Big(\frac{x}{2}\Big)^4 + o(x^4)\Big)\\ &= \frac{1}{2} + \frac{x}{4} - \frac{x^2}{8} + \frac{x^3}{16} - \frac{x^4}{32} + o(x^4)\end{aligned}$$

3. Si l'on souhaite calculer le DL de $\frac{\sin x}{\operatorname{sh} x}$ en 0 à l'ordre 4 alors on écrit
$$\begin{aligned}\frac{\sin x}{\operatorname{sh} x} &= \frac{x - \frac{x^3}{3!} + \frac{x^5}{5!} + o(x^5)}{x + \frac{x^3}{3!} + \frac{x^5}{5!} + o(x^5)} = \frac{x\big(1 - \frac{x^2}{3!} + \frac{x^4}{5!} + o(x^4)\big)}{x\big(1 + \frac{x^2}{3!} + \frac{x^4}{5!} + o(x^4)\big)}\\ &= \big(1 - \frac{x^2}{3!} + \frac{x^4}{5!} + o(x^4)\big) \times \frac{1}{1 + \frac{x^2}{3!} + \frac{x^4}{5!} + o(x^4)}\\ &= \cdots = 1 - \frac{x^2}{2} + \frac{x^4}{18} + o(x^4)\end{aligned}$$

Autre méthode. Soit $f(x) = C(x)+x^n\epsilon_1(x)$ et $g(x) = D(x)+x^n\epsilon_2(x)$. Alors on écrit la division suivant les puissances croissantes de C par D à l'ordre n : $C = DQ+x^{n+1}R$ avec $\deg Q \leqslant n$. Alors Q est la partie polynomiale du DL en 0 à l'ordre n de f/g.

Exemple 9.
DL de $\frac{2+x+2x^3}{1+x^2}$ à l'ordre 2. On pose $C(x) = 2+x+2x^3$ et $g(x) = D(x) = 1+x^2$ alors $C(x) = D(x)\times(2+x-2x^2)+x^3(1+2x)$. On a donc $Q(x) = 2+x-2x^2$, $R(x) = 1+2x$. Et donc lorsque l'on divise cette égalité par $D(x)$ on obtient $\frac{f(x)}{g(x)} = 2+x-2x^2+x^2\epsilon(x)$.

3.4. Intégration

Soit $f : I \to \mathbb{R}$ une fonction de classe $\mathscr{C}^n$ dont le DL en $a \in I$ à l'ordre n est $f(x) = c_0+c_1(x-a)+c_2(x-a)^2+\cdots+c_n(x-a)^n+(x-a)^n\epsilon(x)$.

Théorème 4.
Notons F une primitive de f. Alors F admet un DL en a à l'ordre $n+1$ qui s'écrit :

$$F(x) = F(a)+c_0(x-a)+c_1\frac{(x-a)^2}{2}+c_2\frac{(x-a)^3}{3}+\cdots$$
$$\cdots+c_n\frac{(x-a)^{n+1}}{n+1}+(x-a)^{n+1}\eta(x)$$

où $\lim_{x\to a}\eta(x) = 0$.

Cela signifie que l'on intègre la partie polynomiale terme à terme pour obtenir le DL de $F(x)$ à la constante $F(a)$ près.

Démonstration. On a $F(x)-F(a) = \int_a^x f(t)dt = a_0(x-a)+\cdots+\frac{a_n}{n+1}(x-a)^{n+1}+\int_a^x(t-a)^{n+1}\epsilon(t)dt$. Notons $\eta(x) = \frac{1}{(x-a)^{n+1}}\int_a^x(t-a)^n\epsilon(t)dt$. (Remarque : la fonction ϵ est continue : elle est continue en a par définition, et elle est continue en dehors de a en écrivant $\epsilon(x) = \frac{1}{(x-a)^n}\big(f(x)-(c_0+c_1(x-a)+c_2(x-a)^2+\cdots+c_n(x-a)^n)\big)$.) Alors :
$|\eta(x)| \leqslant \left|\frac{1}{(x-a)^{n+1}}\int_a^x|(t-a)^n|\cdot\sup_{t\in[a,x]}|\epsilon(t)|dt\right| = \left|\frac{1}{(x-a)^{n+1}}\right|\cdot\sup_{t\in[a,x]}|\epsilon(t)|\cdot\int_a^x|(t-a)^n|dt = \frac{1}{n+1}\sup_{t\in[a,x]}|\epsilon(t)|$.
Mais $\sup_{t\in[a,x]}|\epsilon(t)| \to 0$ lorsque $x\to a$. Donc $\eta(x)\to 0$ quand $x\to a$.

□

Exemple 10.
Calcul du DL de $\arctan x$.
On sait que $\arctan' x = \frac{1}{1+x^2}$. En posant $f(x) = \frac{1}{1+x^2}$ et $F(x) = \arctan x$, on écrit

$$\arctan' x = \frac{1}{1+x^2} = \sum_{k=0}^{n}(-1)^k x^{2k} + x^{2n}\epsilon(x).$$

Et comme $\arctan(0) = 0$ alors $\arctan x = \sum_{k=0}^{n} \frac{(-1)^k}{2k+1} x^{2k+1} + x^{2n+1}\epsilon(x) = x - \frac{x^3}{3} + \frac{x^5}{5} - \frac{x^7}{7} + \cdots$

Exemple 11.
La méthode est la même pour obtenir un DL de $\arcsin x$ en 0 à l'ordre 5.
$\arcsin' x = (1-x^2)^{-\frac{1}{2}} = 1 - \frac{1}{2}(-x^2) + \frac{-\frac{1}{2}(-\frac{1}{2}-1)}{2}(-x^2)^2 + x^4\epsilon(x) = 1 + \frac{1}{2}x^2 + \frac{3}{8}x^4 + x^4\epsilon(x)$.
Donc $\arcsin x = x + \frac{1}{6}x^3 + \frac{3}{40}x^5 + x^5\epsilon(x)$.

Mini-exercices.

1. Calculer le DL en 0 à l'ordre 3 de $\exp(x) - \frac{1}{1+x}$, puis de $x\cos(2x)$ et $\cos(x) \times \sin(2x)$.
2. Calculer le DL en 0 à l'ordre 2 de $\sqrt{1+2\cos x}$, puis de $\exp\big(\sqrt{1+2\cos x}\big)$.
3. Calculer le DL en 0 à l'ordre 3 de $\ln(1+\sin x)$. Idem à l'ordre 6 pour $\big(\ln(1+x^2)\big)^2$.
4. Calculer le DL en 0 à l'ordre n de $\frac{\ln(1+x^3)}{x^3}$. Idem à l'ordre 3 avec $\frac{e^x}{1+x}$.
5. Par intégration retrouver la formule du DL de $\ln(1+x)$. Idem à l'ordre 3 pour $\arccos x$.

4. Applications des développements limités

Voici les applications les plus remarquables des développements limités. On utilisera aussi les DL lors de l'étude locale des courbes paramétrées lorsqu'il y a des points singuliers.

4.1. Calculs de limites

Les DL sont très efficaces pour calculer des limites ayant des formes indéterminées ! Il suffit juste de remarquer que si $f(x) = c_0 + c_1(x-a) + \cdots$ alors $\lim_{x\to a} f(x) = c_0$.

Exemple 12.

Limite en 0 de $\dfrac{\ln(1+x) - \tan x + \frac{1}{2}\sin^2 x}{3x^2 \sin^2 x}$.

Notons $\frac{f(x)}{g(x)}$ cette fraction. En 0 on a $f(x) = \ln(1+x) - \tan x + \frac{1}{2}\sin^2 x = \left(x - \frac{x^2}{2} + \frac{x^3}{3} - \frac{x^4}{4} + o(x^4)\right) - \left(x + \frac{x^3}{3} + o(x^4)\right) + \frac{1}{2}\left(x - \frac{x^3}{6} + o(x^3)\right)^2 = -\frac{x^2}{2} - \frac{x^4}{4} + \frac{1}{2}(x^2 - \frac{1}{3}x^4) + o(x^4) = -\frac{5}{12}x^4 + o(x^4)$ et $g(x) = 3x^2 \sin^2 x = 3x^2\left(x + o(x)\right)^2 = 3x^4 + o(x^4)$.

Ainsi $\frac{f(x)}{g(x)} = \frac{-\frac{5}{12}x^4 + o(x^4)}{3x^4 + o(x^4)} = \frac{-\frac{5}{12} + o(1)}{3 + o(1)}$ en notant $o(1)$ une fonction (inconnue) tendant vers 0 quand $x \to 0$. Donc $\lim_{x\to 0} \frac{f(x)}{g(x)} = -\frac{5}{36}$.

Note : en calculant le DL à un ordre inférieur (2 par exemple), on n'aurait pas pu conclure, car on aurait obtenu $\frac{f(x)}{g(x)} = \frac{o(x^2)}{o(x^2)}$, ce qui ne lève pas l'indétermination. De façon générale, on calcule les DL à l'ordre le plus bas possible, et si cela ne suffit pas, on augmente progressivement l'ordre (donc la précision de l'approximation).

4.2. Position d'une courbe par rapport à sa tangente

Proposition 5.

Soit $f : I \to \mathbb{R}$ une fonction admettant un DL en a : $f(x) = c_0 + c_1(x-a) + c_k(x-a)^k + (x-a)^k \epsilon(x)$, où k est le plus petit entier $\geqslant 2$ tel que le coefficient c_k soit non nul. Alors l'équation de la tangente à la courbe de f en a est : $y = c_0 + c_1(x-a)$ et la position de la courbe par rapport à la tangente pour x proche de a est donnée par le signe $f(x) - y$, c'est-à-dire le signe de $c_k(x-a)^k$.

Il y a 3 cas possibles.

- Si ce signe est positif alors la courbe est au-dessus de la tangente.

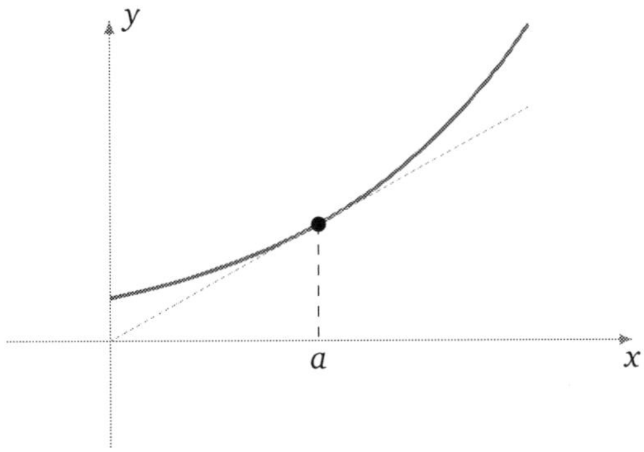

- Si ce signe est négatif alors la courbe est en dessous de la tangente.

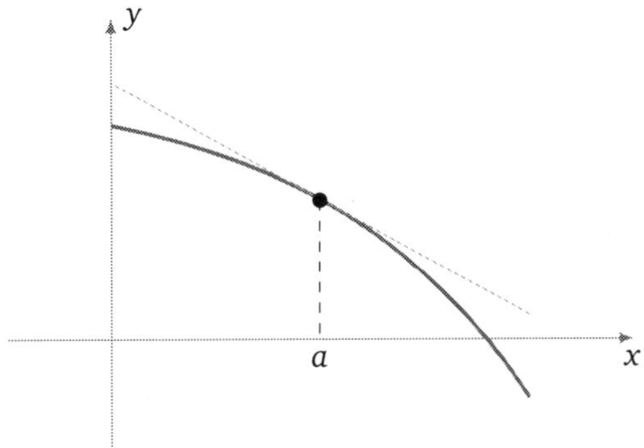

- Si ce signe change (lorsque l'on passe de $x < a$ à $x > a$) alors la courbe traverse la tangente au point d'abscisse a. C'est un **point d'inflexion**.

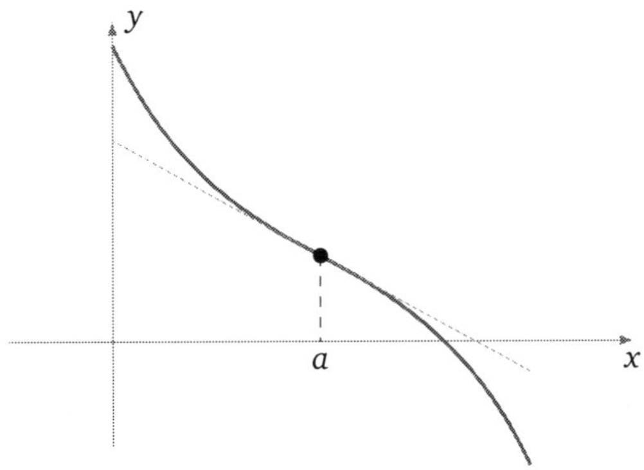

Comme le DL de f en a à l'ordre 2 s'écrit aussi $f(x) = f(a) + f'(a)(x-a) + \frac{f''(a)}{2}(x-a)^2 + (x-a)^2\epsilon(x)$, alors l'équation de la tangente est aussi $y = f(a) + f'(a)(x-a)$. Si en plus $f''(a) \neq 0$ alors $f(x) - y$ garde un signe constant autour de a. En conséquence si a est un point d'inflexion alors $f''(a) = 0$. (La réciproque est fausse.)

Exemple 13.
Soit $f(x) = x^4 - 2x^3 + 1$.

1. Déterminons la tangente en $\frac{1}{2}$ du graphe de f et précisons la position du graphe par rapport à la tangente.
   On a $f'(x) = 4x^3 - 6x^2$, $f''(x) = 12x^2 - 12x$, donc $f''(\frac{1}{2}) = -3 \neq 0$ et $k = 2$.
   On en déduit le DL de f en $\frac{1}{2}$ par la formule de Taylor-Young : $f(x) = f(\frac{1}{2}) + f'(\frac{1}{2})(x-\frac{1}{2}) + \frac{f''(\frac{1}{2})}{2!}(x-\frac{1}{2})^2 + (x-\frac{1}{2})^2\epsilon(x) = \frac{13}{16} - (x-\frac{1}{2}) - \frac{3}{2}(x-\frac{1}{2})^2 + (x-\frac{1}{2})^2\epsilon(x)$.
   Donc la tangente en $\frac{1}{2}$ est $y = \frac{13}{16} - (x - \frac{1}{2})$ et le graphe de f est en dessous de la tangente car $f(x) - y = \big(-\frac{3}{2} + \epsilon(x)\big)(x - \frac{1}{2})^2$ est négatif autour de $x = \frac{1}{2}$.
2. Déterminons les points d'inflexion.
   Les points d'inflexion sont à chercher parmi les solutions de $f''(x) = 0$. Donc parmi $x = 0$ et $x = 1$.
   - Le DL en 0 est $f(x) = 1 - 2x^3 + x^4$ (il s'agit juste d'écrire les monômes par degrés croissants !). L'équation de la tangente au point d'abscisse 0 est donc $y = 1$ (une tangente horizontale). Comme $-2x^3$ change de signe en 0 alors 0 est un point d'inflexion de f.
   - Le DL en 1 : on calcule $f(1)$, $f'(1)$, ... pour trouver le DL en 1 $f(x) = -2(x-1) + 2(x-1)^3 + (x-1)^4$. L'équation de la tangente au point d'abscisse 1 est donc $y = -2(x-1)$. Comme $2(x-1)^3$ change de signe en 1, 1 est aussi un point d'inflexion de f.

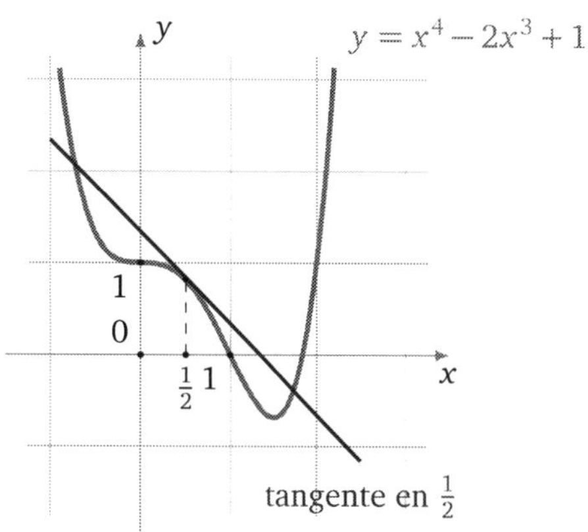

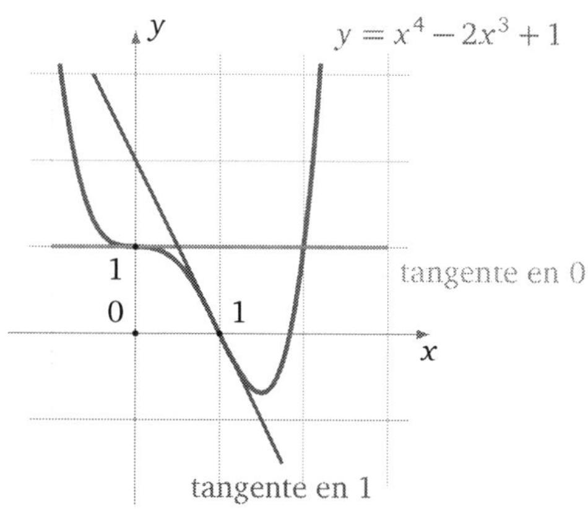

4.3. Développement limité en $+\infty$

Soit f une fonction définie sur un intervalle $I =]x_0, +\infty[$. On dit que f admet un **DL en $+\infty$** à l'ordre n s'il existe des réels $c_0, c_1, \ldots, c_n$ tels que

$$f(x) = c_0 + \frac{c_1}{x} + \cdots + \frac{c_n}{x^n} + \frac{1}{x^n}\epsilon\Big(\frac{1}{x}\Big)$$

où $\epsilon\big(\frac{1}{x}\big)$ tend vers 0 quand $x \to +\infty$.

Exemple 14.
$f(x) = \ln\big(2+\frac{1}{x}\big) = \ln 2 + \ln\big(1+\frac{1}{2x}\big) = \ln 2 + \frac{1}{2x} - \frac{1}{8x^2} + \frac{1}{24x^3} + \cdots + (-1)^{n-1}\frac{1}{n2^n x^n} + \frac{1}{x^n}\epsilon\big(\frac{1}{x}\big)$, où $\lim_{x\to\infty} \epsilon\big(\frac{1}{x}\big) = 0$

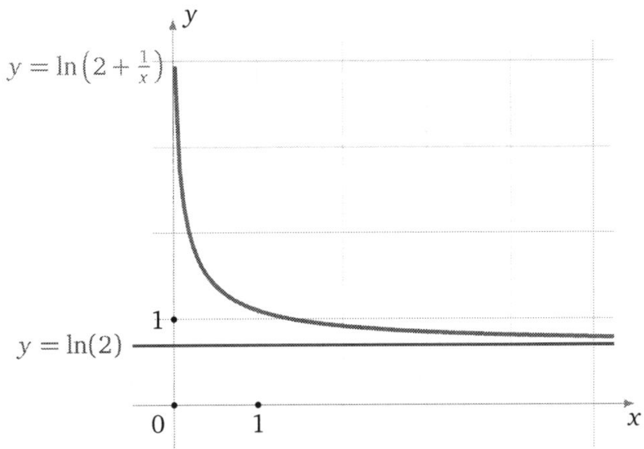

Cela nous permet d'avoir une idée assez précise du comportement de f au voisinage de $+\infty$. Lorsque $x \to +\infty$ alors $f(x) \to \ln 2$. Et le second terme est $+\frac{1}{2}x$, donc est positif, cela signifie que la fonction $f(x)$ tend vers $\ln 2$ tout en restant au-dessus de $\ln 2$.

Remarque.

1. Un DL en $+\infty$ s'appelle aussi un développement asymptotique.
2. Dire que la fonction $x \mapsto f(x)$ admet un DL en $+\infty$ à l'ordre n est équivalent à dire que la fonction $x \to f\big(\frac{1}{x}\big)$ admet un DL en 0^+ à l'ordre n.
3. On peut définir de même ce qu'est un DL en $-\infty$.

Proposition 6.
On suppose que la fonction $x \mapsto \frac{f(x)}{x}$ admet un DL en $+\infty$ (ou en $-\infty$) : $\frac{f(x)}{x} = a_0 + \frac{a_1}{x} + \frac{a_k}{x^k} + \frac{1}{x^k}\epsilon\big(\frac{1}{x}\big)$, où k est le plus petit entier $\geqslant 2$ tel que le coefficient de $\frac{1}{x^k}$

soit non nul. Alors $\lim_{x\to+\infty} f(x)-(a_0x+a_1)=0$ *(resp.* $x\to-\infty$*) : la droite* $y=a_0x+a_1$ *est une* ***asymptote*** *à la courbe de* f *en* $+\infty$ *(ou* $-\infty$*) et la position de la courbe par rapport à l'asymptote est donnée par le signe de* $f(x)-y$*, c'est-à-dire le signe de* $\frac{a_k}{x^{k-1}}$*.*

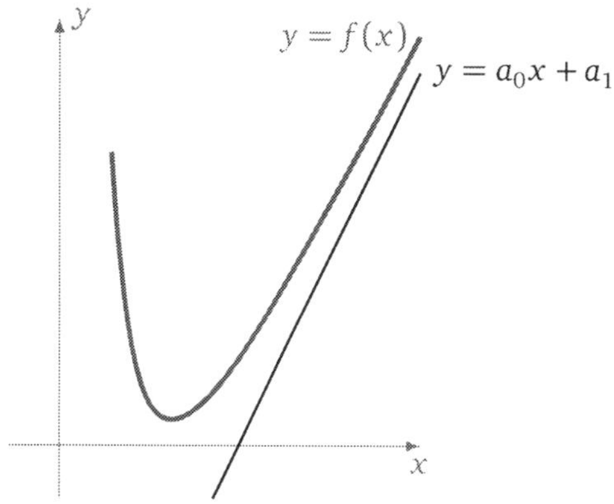

Démonstration. On a $\lim_{x\to+\infty}\big(f(x)-a_0x-a_1\big)=\lim_{x\to+\infty}\frac{a_k}{x^{k-1}}+\frac{1}{x^{k-1}}\epsilon(\frac{1}{x})=0$. Donc $y=a_0x+a_1$ est une asymptote à la courbe de f. Ensuite on calcule la différence $f(x)-a_0x-a_1=\frac{a_k}{x^{k-1}}+\frac{1}{x^{k-1}}\epsilon(\frac{1}{x})=\frac{a_k}{x^{k-1}}\big(1+\frac{1}{a_k}\epsilon(\frac{1}{x})\big)$. □

Exemple 15.
Asymptotes de $f(x)=\exp\frac{1}{x}\cdot\sqrt{x^2-1}$.

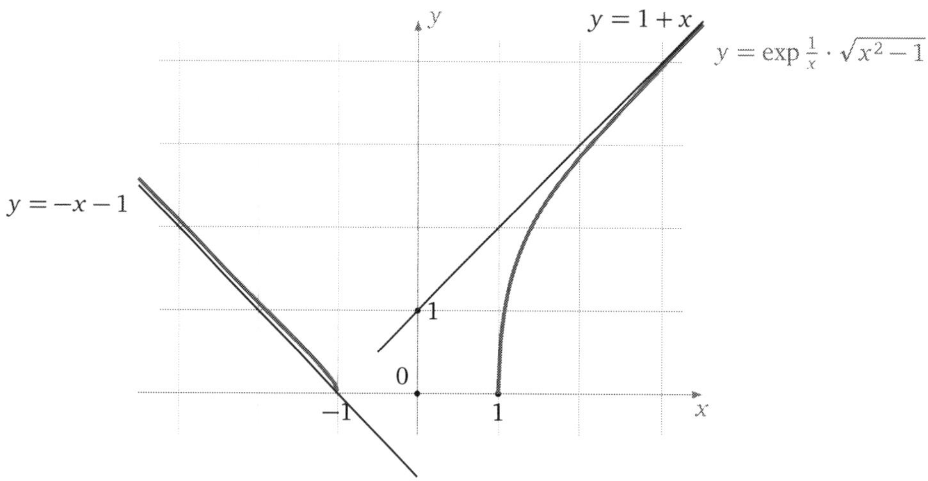

1. En $+\infty$,

$$\begin{aligned}\frac{f(x)}{x} &= \exp\frac{1}{x}\cdot\frac{\sqrt{x^2-1}}{x} = \exp\frac{1}{x}\cdot\sqrt{1-\frac{1}{x^2}}\\ &= \Big(1+\frac{1}{x}+\frac{1}{2x^2}+\frac{1}{6x^3}+\frac{1}{x^3}\epsilon(\frac{1}{x})\Big)\cdot\Big(1-\frac{1}{2x^2}+\frac{1}{x^3}\epsilon(\frac{1}{x})\Big)\\ &= \cdots = 1+\frac{1}{x}-\frac{1}{3x^3}+\frac{1}{x^3}\epsilon(\frac{1}{x})\end{aligned}$$

Donc l'asymptote de f en $+\infty$ est $y = x+1$. Comme $f(x)-x-1 = -\frac{1}{3x^2}+\frac{1}{x^2}\epsilon(\frac{1}{x})$ quand $x \to +\infty$, le graphe de f reste en dessous de l'asymptote.

2. En $-\infty$. $\frac{f(x)}{x} = \exp\frac{1}{x}\cdot\frac{\sqrt{x^2-1}}{x} = -\exp\frac{1}{x}\cdot\sqrt{1-\frac{1}{x^2}} = -1-\frac{1}{x}+\frac{1}{3x^3}+\frac{1}{x^3}\epsilon(\frac{1}{x})$. Donc $y = -x-1$ est une asymptote de f en $-\infty$. On a $f(x)+x+1 = \frac{1}{3x^2}+\frac{1}{x^2}\epsilon(\frac{1}{x})$ quand $x \to -\infty$; le graphe de f reste au-dessus de l'asymptote.

Mini-exercices.

1. Calculer la limite de $\frac{\sin x - x}{x^3}$ lorsque x tend vers 0. Idem avec $\frac{\sqrt{1+x}-\operatorname{sh}\frac{x}{2}}{x^k}$ (pour $k = 1, 2, 3, \ldots$).
2. Calculer la limite de $\frac{\sqrt{x}-1}{\ln x}$ lorsque x tend vers 1. Idem pour $\left(\frac{1-x}{1+x}\right)^{\frac{1}{x}}$, puis $\frac{1}{\tan^2 x}-\frac{1}{x^2}$ lorsque x tend vers 0.
3. Soit $f(x) = \exp x + \sin x$. Calculer l'équation de la tangente en $x = 0$ et la position du graphe. Idem avec $g(x) = \operatorname{sh} x$.
4. Calculer le DL en $+\infty$ à l'ordre 5 de $\frac{x}{x^2-1}$. Idem à l'ordre 2 pour $\left(1+\frac{1}{x}\right)^x$.
5. Soit $f(x) = \sqrt{\frac{x^3+1}{x+1}}$. Déterminer l'asymptote en $+\infty$ et la position du graphe par rapport à cette asymptote.

Auteurs du chapitre

Rédaction : Arnaud Bodin
Basé sur des cours de Guoting Chen et Marc Bourdon
Relecture : Pascal Romon
Dessins : Benjamin Boutin

Chapitre 8

Courbes paramétrées

Dans ce chapitre nous allons voir les propriétés fondamentales des courbes paramétrées. Commençons par présenter une courbe particulièrement intéressante. La **cycloïde** est la courbe que parcourt un point choisi de la roue d'un vélo, lorsque le vélo avance. Les coordonnées (x, y) de ce point M varient en fonction du temps :

$$\begin{cases} x(t) & = & r(t - \sin t) \\ y(t) & = & r(1 - \cos t) \end{cases}$$

où r est le rayon de la roue.

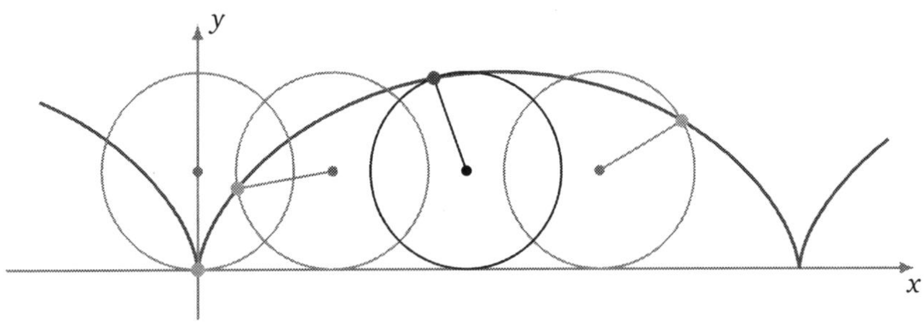

La cycloïde a des propriétés remarquables. Par exemple, la cycloïde renversée est une courbe *brachistochrone* : c'est-à-dire que c'est la courbe qui permet à une bille d'arriver le plus vite possible d'un point A à un point B. Contrairement à ce que l'on pourrait croire ce n'est pas une ligne droite, mais bel et bien la cycloïde. Sur le dessin suivant les deux billes sont lâchées en A à l'instant t_0, l'une sur le segment $[AB]$; elle aura donc une accélération constante. La seconde parcourt la cycloïde renversée, ayant une tangente verticale en A et passant par B. La bille accélère beaucoup au début et elle atteint B bien avant l'autre bille (à l'instant t_4 sur le dessin). Notez que la bille passe même par des positions en-dessous de B (par exemple en t_3).

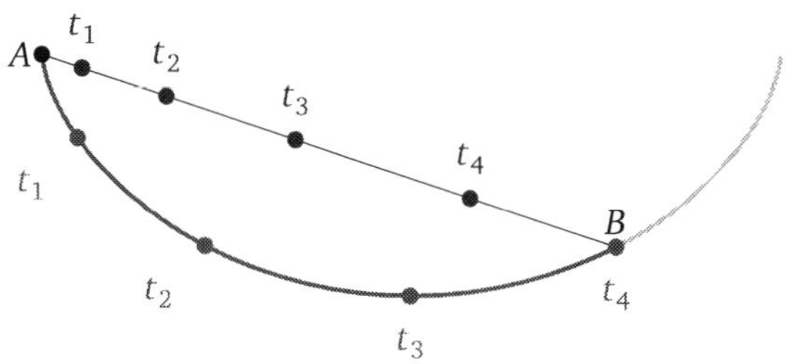

1. Notions de base

1.1. Définition d'une courbe paramétrée

Définition 1.
Une **courbe paramétrée plane** est une application

$$\begin{array}{rccc} f: & D \subset \mathbb{R} & \to & \mathbb{R}^2 \\ & t & \mapsto & f(t) \end{array}$$

d'un sous-ensemble D de $\mathbb{R}$ dans $\mathbb{R}^2$.

Ainsi, une *courbe paramétrée* est une application qui, à un réel t (le *paramètre*), associe *un point* du plan. On parle aussi d'**arc paramétré**. On peut aussi la noter $\begin{array}{rccc} f: & D \subset \mathbb{R} & \to & \mathbb{R}^2 \\ & t & \mapsto & M(t) \end{array}$ ou écrire en abrégé $t \mapsto M(t)$ ou $t \mapsto \binom{x(t)}{y(t)}$. Enfin en identifiant $\mathbb{C}$ avec $\mathbb{R}^2$, on note aussi $t \mapsto z(t) = x(t) + \mathrm{i}\,y(t)$ avec l'identification usuelle entre le point $M(t) = \binom{x(t)}{y(t)}$ et son affixe $z(t) = x(t) + \mathrm{i}\,y(t)$.

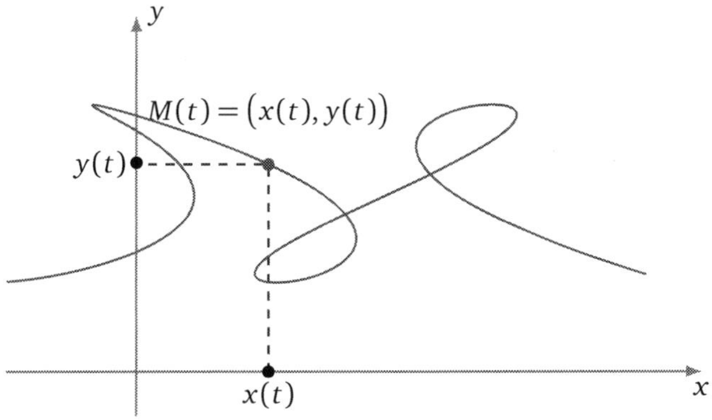

Par la suite, une courbe sera fréquemment décrite de manière très synthétique sous une forme du type

$$\begin{cases} x(t) = 3\ln t \\ y(t) = 2t^2 + 1 \end{cases}, \quad t \in]0, +\infty[\quad \text{ou} \quad z(t) = e^{it}, \quad t \in [0, 2\pi].$$

Il faut comprendre que x et y désignent des fonctions de D dans $\mathbb{R}$ ou que z désigne une fonction de D dans $\mathbb{C}$. Nous connaissons déjà des exemples de paramétrisations.

Exemple 1.

- $t \mapsto (\cos t, \sin t)$, $t \in [0, 2\pi[$: une paramétrisation du cercle trigonométrique.
- $t \mapsto (2t-3, 3t+1)$, $t \in \mathbb{R}$: une paramétrisation de la droite passant par le point $A(-3, 1)$ et de vecteur directeur $\vec{u}(2, 3)$.
- $\lambda \mapsto \big((1-\lambda)x_A + \lambda x_B, (1-\lambda)y_A + \lambda y_B\big)$, $\lambda \in [0, 1]$: une paramétrisation du segment $[AB]$.
- Si f est une fonction d'un domaine D de $\mathbb{R}$ à valeurs dans $\mathbb{R}$, une paramétrisation du graphe de f, c'est-à-dire de la courbe d'équation $y = f(x)$, est $\begin{cases} x(t) = t \\ y(t) = f(t) \end{cases}$.

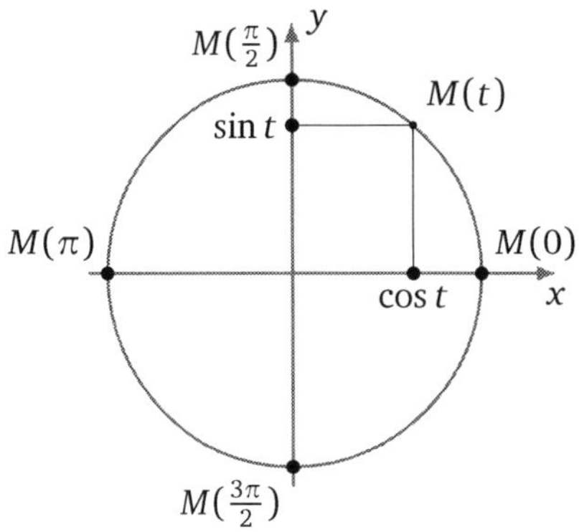

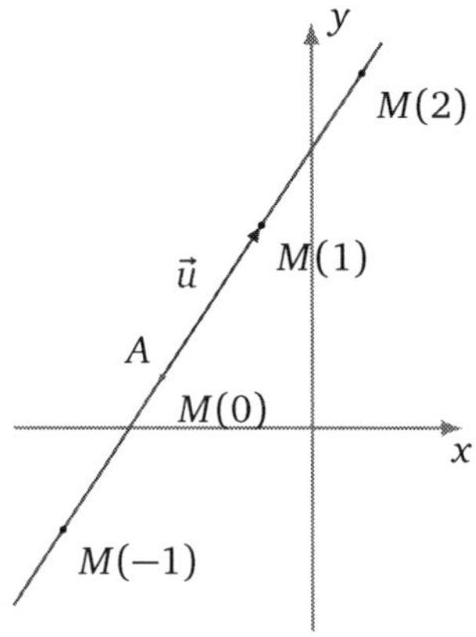

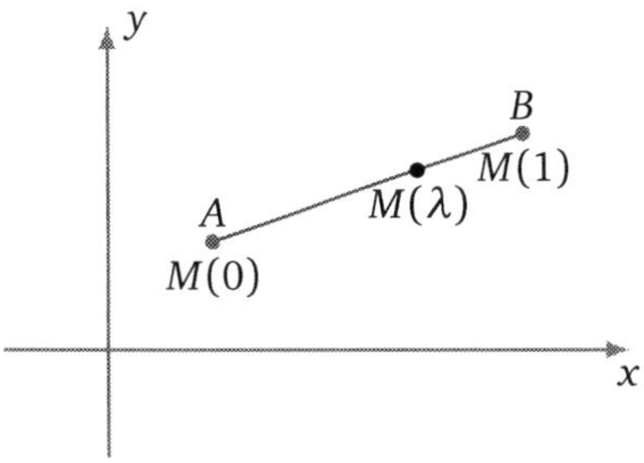

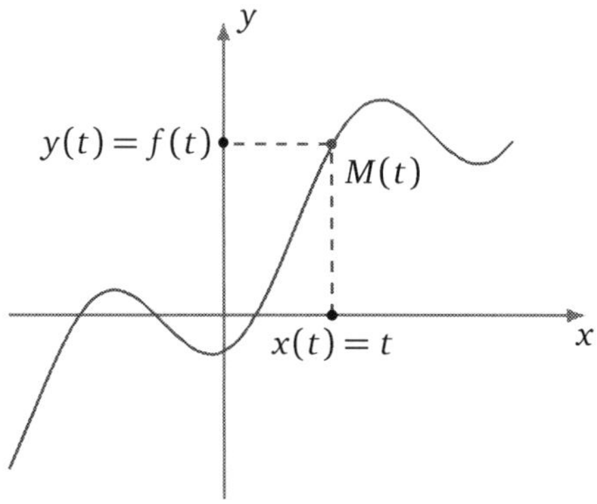

Il est important de comprendre qu'une courbe paramétrée ne se réduit pas au dessin, malgré le vocabulaire utilisé, mais c'est bel et bien *une application*. Le graphe de la courbe porte le nom suivant :

Définition 2.
Le **support d'une courbe paramétrée** $f : \begin{array}{ccc} D \subset \mathbb{R} & \to & \mathbb{R}^2 \\ t & \mapsto & f(t) \end{array}$ est l'ensemble des points $M(t)$ où t décrit D.

Néanmoins par la suite, quand cela ne pose pas de problème, nous identifierons ces deux notions en employant le mot *courbe* pour désigner indifféremment à la fois l'application et son graphe. Des courbes paramétrées différentes peuvent avoir un même support. C'est par exemple le cas des courbes :

$$\begin{array}{ccc} [0, 2\pi[& \to & \mathbb{R}^2 \\ t & \mapsto & (\cos t, \sin t) \end{array} \quad \text{et} \quad \begin{array}{ccc} [0, 4\pi[& \to & \mathbb{R}^2 \\ t & \mapsto & (\cos t, \sin t) \end{array}$$

dont le support est un cercle, parcouru une seule fois pour la première paramétrisation et deux fois pour l'autre (figure de gauche).

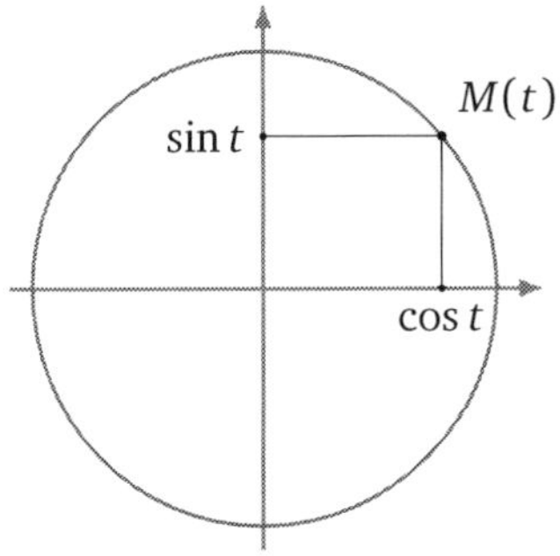

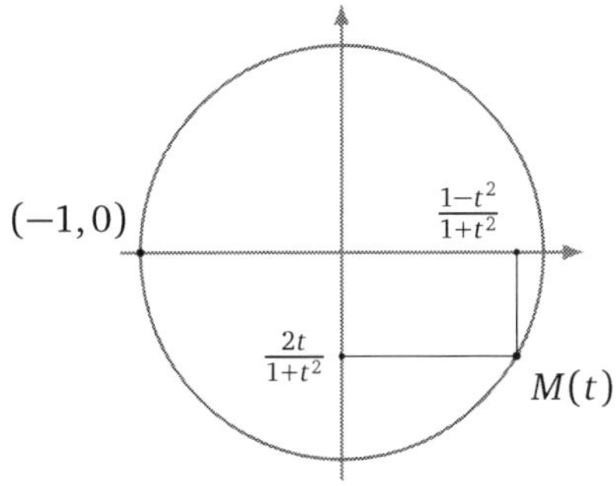

Plus surprenant, la courbe

$$t \mapsto \left(\frac{1-t^2}{1+t^2}, \frac{2t}{1+t^2}\right), \qquad t \in \mathbb{R},$$

est une paramétrisation du cercle privé du point $(-1,0)$, avec des coordonnées qui sont des fractions rationnelles (figure de droite).
Ainsi, la seule donnée du support ne suffit pas à définir un arc paramétré, qui est donc plus qu'un simple dessin. C'est une *courbe munie d'un mode de parcours*. Sur cette courbe, on avance mais on peut revenir en arrière, on peut la parcourir une ou plusieurs fois, au gré du paramètre, celui-ci n'étant d'ailleurs jamais visible sur le dessin. On « voit » $x(t)$, $y(t)$, mais pas t.

Interprétation cinématique. La cinématique est l'étude des mouvements. Le paramètre t s'interprète comme le *temps*. On affine alors le vocabulaire : la courbe paramétrée s'appelle plutôt *point en mouvement* et le support de cette courbe porte le nom de *trajectoire*. Dans ce cas, on peut dire que $M(t)$ est la *position* du point M à *l'instant* t.

1.2. Réduction du domaine d'étude

Rappelons tout d'abord l'effet de quelques transformations géométriques usuelles sur le point $M(x, y)$ (x et y désignant les coordonnées de M dans un repère orthonormé $(O, \vec{i}, \vec{j})$ donné).

- Translation de vecteur $\vec{u}(a, b)$: $t_{\vec{u}}(M) = (x + a, y + b)$.
- Réflexion d'axe (Ox) : $s_{(Ox)}(M) = (x, -y)$.
- Réflexion d'axe (Oy) : $s_{(Oy)}(M) = (-x, y)$.

- Symétrie centrale de centre O : $s_O(M) = (-x, -y)$.
- Symétrie centrale de centre $I(a, b)$: $s_I(M) = (2a - x, 2b - y)$.
- Réflexion d'axe la droite (D) d'équation $y = x$: $s_D(M) = (y, x)$.
- Réflexion d'axe la droite (D') d'équation $y = -x$: $s_{D'}(M) = (-y, -x)$.
- Rotation d'angle $\frac{\pi}{2}$ autour de O : $\mathrm{rot}_{O,\pi/2}(M) = (-y, x)$.
- Rotation d'angle $-\frac{\pi}{2}$ autour de O : $\mathrm{rot}_{O,-\pi/2}(M) = (y, -x)$.

Voici la représentation graphique de quelques-unes de ces transformations.

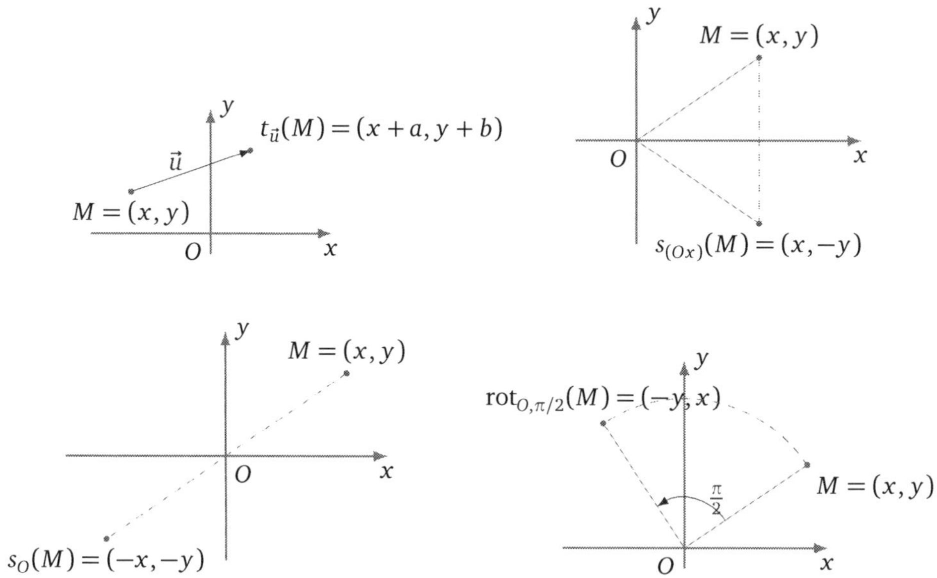

On utilise ces transformations pour réduire le domaine d'étude d'une courbe paramétrée. Nous le ferons à travers quatre exercices.

Exemple 2.

Déterminer un domaine d'étude le plus simple possible de la courbe

$$\begin{cases} x(t) = t - \frac{3}{2}\sin t \\ y(t) = 1 - \frac{3}{2}\cos t \end{cases}$$

Solution.

Pour $t \in \mathbb{R}$,

$$\begin{aligned} M(t + 2\pi) &= \left(t + 2\pi - \tfrac{3}{2}\sin(t + 2\pi), 1 - \tfrac{3}{2}\cos(t + 2\pi)\right) \\ &= (t - \tfrac{3}{2}\sin t, 1 - \tfrac{3}{2}\cos t) + (2\pi, 0) = t_{\vec{u}}\big(M(t)\big) \end{aligned}$$

où $\vec{u} = (2\pi, 0)$. Donc, on étudie l'arc et on en trace le support sur un intervalle de longueur 2π au choix, comme $[-\pi, \pi]$ par exemple, puis on obtient la courbe complète par translations de vecteurs $k \cdot (2\pi, 0) = (2k\pi, 0)$, $k \in \mathbb{Z}$.
Pour $t \in [-\pi, \pi]$,

$$M(-t) = \big(-(t - \tfrac{3}{2}\sin t), 1 - \tfrac{3}{2}\cos t\big) = s_{(Oy)}\big(M(t)\big).$$

On étudie la courbe et on en trace le support sur $[0, \pi]$ (première figure), ensuite on effectue la réflexion d'axe (Oy) (deuxième figure), puis on obtient la courbe complète par translations de vecteurs $k\vec{u}$, $k \in \mathbb{Z}$ (troisième figure).

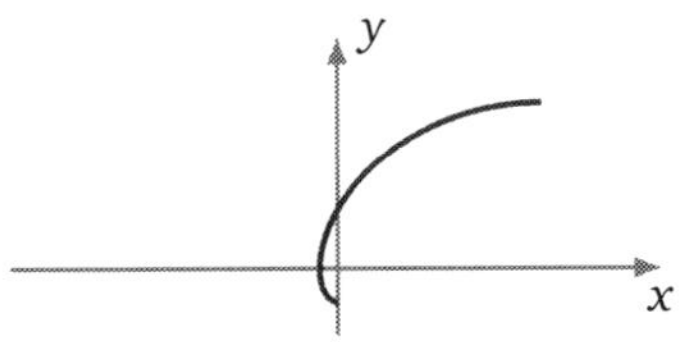

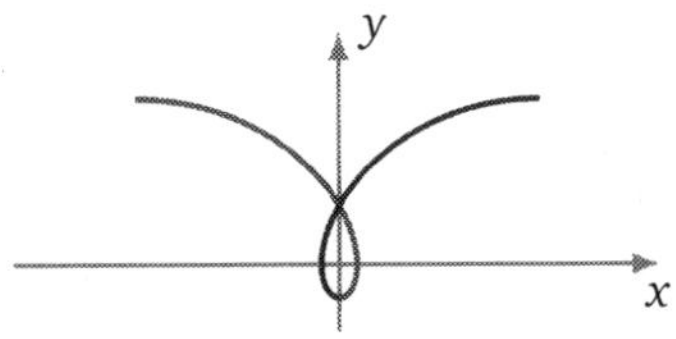

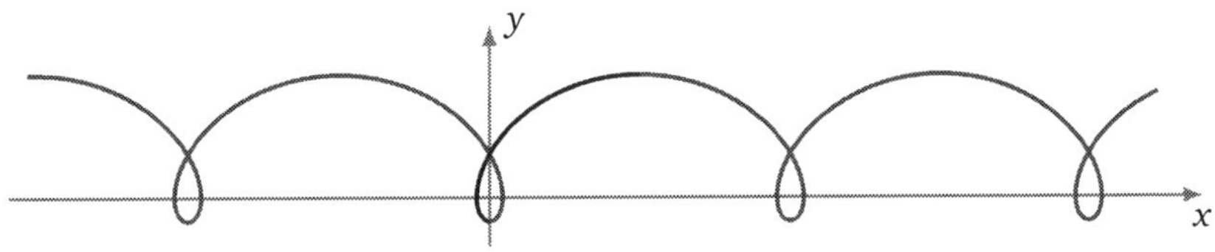

Exemple 3.
Déterminer un domaine d'étude le plus simple possible d'une **courbe de Lissajous**

$$\begin{cases} x(t) = \sin(2t) \\ y(t) = \sin(3t) \end{cases}$$

Solution.

- Pour $t \in \mathbb{R}$, $M(t + 2\pi) = M(t)$ et on obtient la courbe complète quand t décrit $[-\pi, \pi]$.
- Pour $t \in [-\pi, \pi]$, $M(-t) = \big(-\sin(2t), -\sin(3t)\big) = s_O\big(M(t)\big)$. On étudie et on construit la courbe pour $t \in [0, \pi]$, puis on obtient la courbe complète par symétrie centrale de centre O.
- Pour $t \in [0, \pi]$, $M(\pi - t) = \big(\sin(2\pi - 2t), \sin(3\pi - 3t)\big) = \big(\sin(-2t), \sin(\pi - 3t)\big) = \big(-\sin(2t), \sin(3t)\big) = s_{(Oy)}\big(M(t)\big)$. On étudie et on construit la courbe pour $t \in [0, \frac{\pi}{2}]$ (première figure), on effectue la réflexion d'axe (Oy) (deuxième figure), puis on obtient la courbe complète par symétrie centrale de centre O (troisième figure).

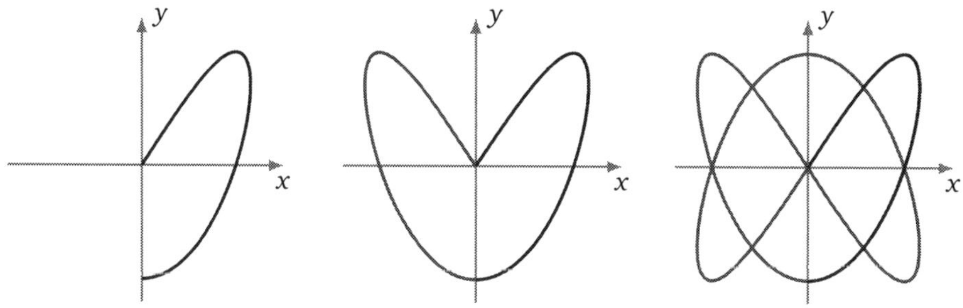

Exemple 4.

Déterminer un domaine d'étude le plus simple possible de l'arc $\begin{cases} x(t) = \dfrac{t}{1+t^4} \\ y(t) = \dfrac{t^3}{1+t^4} \end{cases}$

Indication : on pourra, entre autres, considérer la transformation $t \mapsto 1/t$.

Solution.

Pour tout réel t, $M(t)$ est bien défini.

- Pour $t \in \mathbb{R}$, $M(-t) = s_O\big(M(t)\big)$. On étudie et on construit l'arc quand t décrit $[0, +\infty[$, puis on obtient la courbe complète par symétrie centrale de centre O.
- Pour $t \in]0, +\infty[$,

$$\begin{aligned} M\left(\frac{1}{t}\right) &= \left(\frac{1/t}{1+1/t^4}, \frac{1/t^3}{1+1/t^4}\right) = \left(\frac{t^3}{1+t^4}, \frac{t}{1+t^4}\right) \\ &= \big(y(t), x(t)\big) = s_{(y=x)}\big(M(t)\big). \end{aligned}$$

  Autrement dit, $M(t_2) = s_{(y=x)}\big(M(t_1)\big)$ avec $t_2 = 1/t_1$, et si $t_1 \in]0, 1]$ alors $t_2 \in [1, +\infty[$. Puisque la fonction $t \mapsto \frac{1}{t}$ réalise une bijection de $[1, +\infty[$ sur $]0, 1]$, alors on étudie et on construit la courbe quand t décrit $]0, 1]$ (première figure), puis on effectue la réflexion d'axe la première bissectrice (deuxième figure) puis on obtient la courbe complète par symétrie centrale de centre O et enfin en plaçant le point $M(0) = (0, 0)$ (troisième figure).

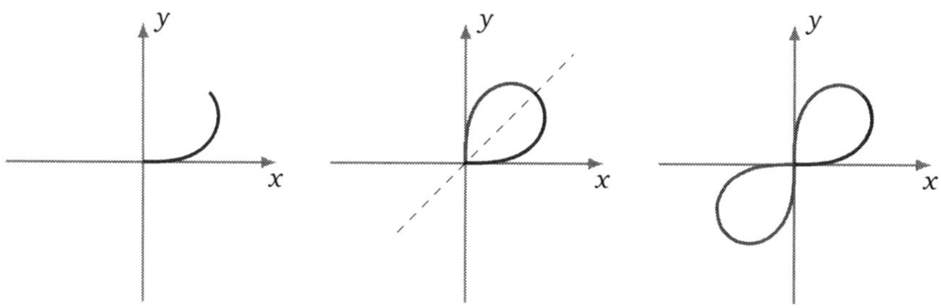

Exemple 5.
Déterminer un domaine d'étude le plus simple possible de l'arc $z = \frac{1}{3}\left(2e^{it} + e^{-2it}\right)$.
En calculant $z(t + \frac{2\pi}{3})$, trouver une transformation géométrique simple laissant la courbe globalement invariante.

Solution.

- Pour $t \in \mathbb{R}$, $z(t + 2\pi) = \frac{1}{3}\left(2e^{i(t+2\pi)} + e^{-2i(t+2\pi)}\right) = \frac{1}{3}\left(2e^{it} + e^{-2it}\right) = z(t)$. La courbe complète est obtenue quand t décrit $[-\pi, \pi]$.
- Pour $t \in [-\pi, \pi]$, $z(-t) = \frac{1}{3}\left(2e^{-it} + e^{2it}\right) = \overline{\frac{1}{3}(2e^{it} + e^{-2it})} = \overline{z(t)}$. Donc, on étudie et on construit la courbe quand t décrit $[0, \pi]$, la courbe complète étant alors obtenue par réflexion d'axe (Ox) (qui correspond à la conjugaison).
- Pour $t \in \mathbb{R}$,

$$\begin{aligned} z(t + \frac{2\pi}{3}) &= \frac{1}{3}\left(2e^{i(t+2\pi/3)} + e^{-2i(t+2\pi/3)}\right) \\ &= \frac{1}{3}\left(2e^{2i\pi/3}e^{it} + e^{-4i\pi/3}e^{-2it}\right) = e^{2i\pi/3}z(t). \end{aligned}$$

  Le point $M(t + 2\pi/3)$ est donc l'image du point $M(t)$ par la rotation de centre O et d'angle $\frac{2\pi}{3}$. La courbe complète est ainsi invariante par la rotation de centre O et d'angle $\frac{2\pi}{3}$.

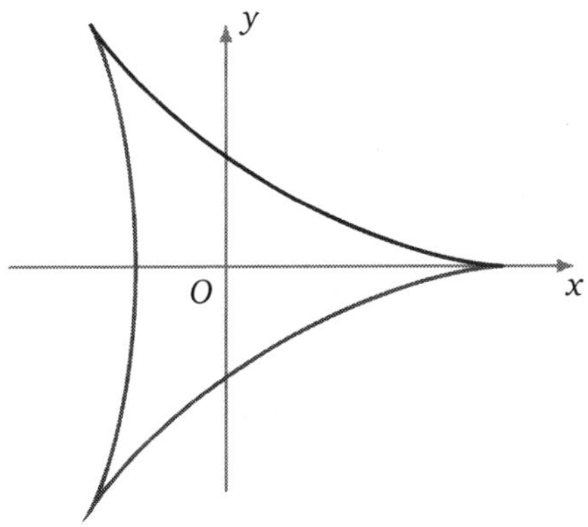

1.3. Points simples, points multiples

Définition 3.
Soit $f : t \mapsto M(t)$ une courbe paramétrée et soit A un point du plan. La **multiplicité** du point A par rapport à la courbe f est le nombre de réels t pour lesquels $M(t) = A$.

En termes plus savants : la multiplicité du point A par rapport à l'arc f est $\mathrm{Card}\big(f^{-1}(A)\big)$.

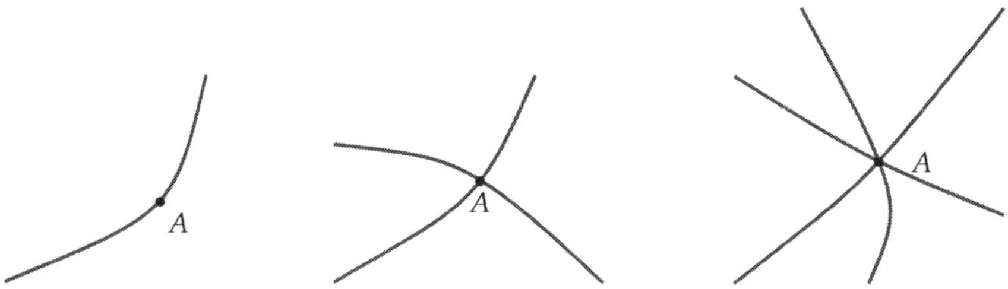

- Si A est atteint une et une seule fois, sa multiplicité est 1 et on dit que le point A est un **point simple** de la courbe (première figure).
- Si A est atteint pour deux valeurs distinctes du paramètre et deux seulement, on dit que A est un **point double** de la courbe (deuxième figure).
- On parle de même de **points triples** (troisième figure), **quadruples**, ..., **multiples** (dès que le point est atteint au moins deux fois).
- Une courbe dont tous les points sont simples est une **courbe paramétrée simple**. Il revient au même de dire que l'application $t \mapsto M(t)$ est injective.

Comment trouve-t-on les points multiples ?

Pour trouver les points multiples d'une courbe, on cherche les couples $(t,u) \in D^2$ tels que $t > u$ et $M(t) = M(u)$.

On se limite au couple (t,u) avec $t > u$ afin de ne pas compter la solution redondante (u,t) en plus de (t,u).

Exemple 6.

Trouver les points multiples de l'arc $\begin{cases} x(t) = 2t + t^2 \\ y(t) = 2t - \frac{1}{t^2} \end{cases}, t \in \mathbb{R}^*.$

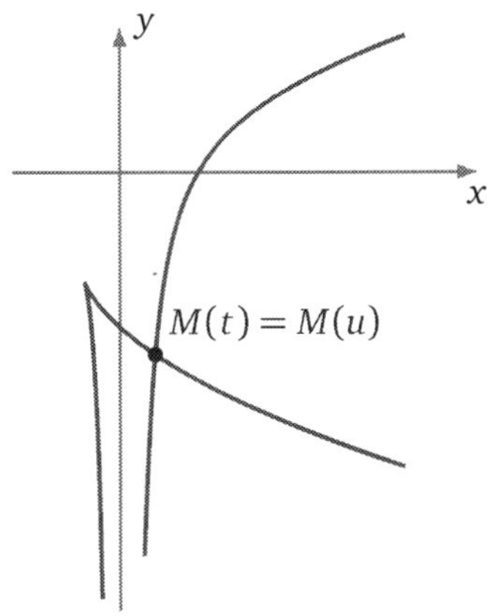

Solution.

Soit $(t,u) \in (\mathbb{R}^*)^2$ tel que $t > u$.

$$M(t) = M(u) \iff \begin{cases} 2t + t^2 = 2u + u^2 \\ 2t - \frac{1}{t^2} = 2u - \frac{1}{u^2} \end{cases} \iff \begin{cases} (t^2 - u^2) + 2(t-u) = 0 \\ 2(t-u) - \left(\frac{1}{t^2} - \frac{1}{u^2}\right) = 0 \end{cases}$$

$$\iff \begin{cases} (t-u)(t+u+2) = 0 \\ (t-u)\left(2 + \frac{t+u}{t^2u^2}\right) = 0 \end{cases}$$

$$\iff \begin{cases} t+u+2 = 0 \\ 2 + \frac{t+u}{t^2u^2} = 0 \end{cases} \quad (\text{car } t - u \neq 0)$$

$$\iff \begin{cases} S+2 = 0 \\ 2 + \frac{S}{P^2} = 0 \end{cases} \quad (\text{en posant } S = t+u \text{ et } P = tu)$$

$$\iff \begin{cases} S = -2 \\ P^2 = 1 \end{cases} \iff \begin{cases} S = -2 \\ P = 1 \end{cases} \text{ ou } \begin{cases} S = -2 \\ P = -1 \end{cases}$$

$$\iff t \text{ et } u \text{ sont les deux solutions de } \begin{cases} X^2 + 2X + 1 = 0 \\ \text{ou } \; X^2 + 2X - 1 = 0 \end{cases}$$

$$\iff t = -1 + \sqrt{2} \quad \text{et} \quad u = -1 - \sqrt{2} \quad (\text{car } t > u).$$

Il nous reste à déterminer où est ce point double $M(t) = M(u)$. Fixons $t = -1 + \sqrt{2}$ et $u = -1 - \sqrt{2}$. De plus, $x(t) = t^2 + 2t = 1$ (puisque pour cette valeur de t, $t^2 + 2t - 1 = 0$). Ensuite, en divisant les deux membres de l'égalité $t^2 + 2t = 1$ par t^2, nous déduisons $\frac{1}{t^2} = 1 + \frac{2}{t}$, puis, en divisant les deux membres de l'égalité $t^2 + 2t = 1$ par t, nous déduisons $\frac{1}{t} = t + 2$. Par suite, $y(t) = 2t - (1 + 2(t+2)) = -5$. La courbe admet un point double, le point de coordonnées $(1, -5)$.

Remarque.
Dans cet exercice, les expressions utilisées sont des fractions rationnelles, ou encore, une fois réduites au même dénominateur, puis une fois les dénominateurs éliminés, les expressions sont polynomiales. Or, à u donné, l'équation $M(t)=M(u)$, d'inconnue t, admet bien sûr la solution $t=u$. En conséquence, on doit systématiquement pouvoir mettre en facteur $(t-u)$, ce que nous avons fait en regroupant les termes analogues : nous avons écrit tout de suite $(t^2-u^2)+2(t-u)=0$ et non pas $t^2+2t-u^2-2u=0$. Le facteur $t-u$ se simplifie alors car il est non nul.

Mini-exercices.

1. Représenter graphiquement chacune des transformations du plan qui servent à réduire l'intervalle d'étude.
2. Pour la courbe de Lissajous définie par $x(t)=\sin(2t)$ et $y(t)=\sin(3t)$, montrer que la courbe est symétrique par rapport à l'axe (Ox). Exprimer cette symétrie en fonction de celles déjà trouvées : s_O et $s_{(Oy)}$.
3. Trouver les symétries et les points multiples de la courbe définie par $x(t)=\frac{1-t^2}{1+t^2}$ et $y(t)=t\frac{1-t^2}{1+t^2}$.
4. Trouver un intervalle d'étude pour l'astroïde définie par $x(t)=\cos^3 t$, $y(t)=\sin^3 t$.
5. Trouver un intervalle d'étude pour la cycloïde définie par $x(t)=r(t-\sin t)$, $y(t)=r(1-\cos t)$. Montrer que la cycloïde n'a pas de points multiples.

2. Tangente à une courbe paramétrée

2.1. Tangente à une courbe

Soit $f:t\mapsto M(t)$, $t\in D\subset\mathbb{R}$, une courbe. Soit $t_0\in D$. On veut définir la tangente en $M(t_0)$.

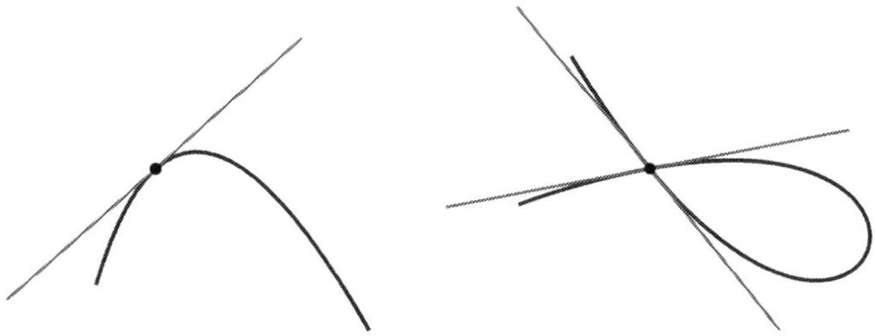

On doit déjà prendre garde au fait que lorsque ce point $M(t_0)$ est un point multiple de la courbe, alors la courbe peut tout à fait avoir plusieurs tangentes en ce point (figure de droite). Pour éviter cela, on supposera que la courbe est **localement simple en t_0**, c'est-à-dire qu'il existe un intervalle ouvert non vide I de centre t_0 tel que l'équation $M(t) = M(t_0)$ admette une et une seule solution dans $D \cap I$, à savoir $t = t_0$ (figure de gauche). Il revient au même de dire que l'application $t \mapsto M(t)$ est *localement injective*. Dans tout ce paragraphe, nous supposerons systématiquement que cette condition est réalisée.

Soit $f : t \mapsto M(t)$, $t \in D \subset \mathbb{R}$, une courbe paramétrée et soit $t_0 \in D$. On suppose que la courbe est localement simple en t_0.

Définition 4 (Tangente).
On dit que la courbe admet une tangente en $M(t_0)$ si la droite $(M(t_0)M(t))$ admet une position limite quand t tend vers t_0. Dans ce cas, la droite limite est la **tangente** en $M(t_0)$.

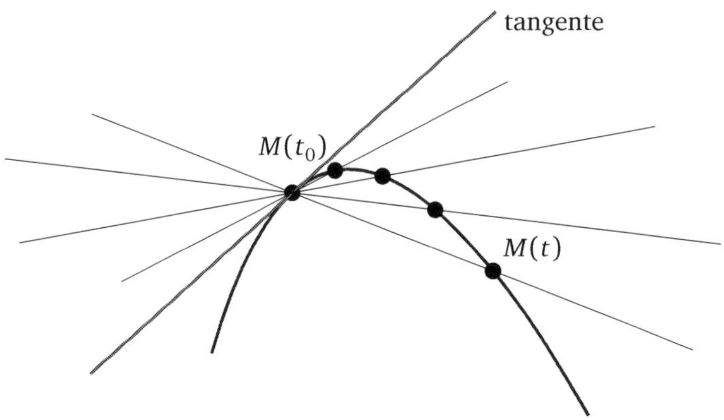

2.2. Vecteur dérivé

On sait déjà que la tangente en $M(t_0)$, quand elle existe, passe par le point $M(t_0)$. Mais il nous manque sa direction. Pour $t \neq t_0$, un vecteur directeur de la droite $(M(t_0)M(t))$ est le vecteur $\overrightarrow{M(t_0)M(t)} = \begin{pmatrix} x(t)-x(t_0) \\ y(t)-y(t_0) \end{pmatrix}$ (rappelons que ce vecteur est supposé non nul pour t proche de t_0 et distinct de t_0). Quand t tend vers t_0, les coordonnées de ce vecteur tendent vers 0 ; autrement dit le vecteur $\overrightarrow{M(t_0)M(t)}$ tend (malheureusement) vers $\overrightarrow{0}$. Le vecteur nul n'indique aucune direction particulière et nous ne connaissons toujours pas la direction limite de la droite $(M(t_0)M(t))$. Profitons-en néanmoins pour définir la notion de limite et de continuité d'une fonction à valeurs dans $\mathbb{R}^2$.

Définition 5.
Soit $t \mapsto M(t) = \big(x(t), y(t)\big)$, $t \in D \subset \mathbb{R}$, une courbe paramétrée et soit $t_0 \in D$. La courbe est **continue en t_0** si et seulement si les fonctions x et y sont continues en t_0. La courbe est **continue sur D** si et seulement si elle est continue en tout point de D.

En d'autres termes la courbe est continue en t_0 si et seulement si $x(t) \to x(t_0)$ **et** $y(t) \to y(t_0)$, lorsque $t \to t_0$.

Revenons maintenant à notre tangente. Un autre vecteur directeur de la droite $(M(t_0)M(t))$ est le vecteur

$$\frac{1}{t-t_0}\overrightarrow{M(t_0)M(t)} = \begin{pmatrix} \frac{x(t)-x(t_0)}{t-t_0} \\ \frac{y(t)-y(t_0)}{t-t_0} \end{pmatrix}.$$

On a multiplié le vecteur $\overrightarrow{M(t_0)M(t)}$ par le réel $\frac{1}{t-t_0}$. Remarquons que chaque coordonnée de ce vecteur est un taux d'accroissement, dont on cherche la limite. D'où la définition :

Définition 6.
Soient $t \mapsto M(t) = (x(t), y(t))$, $t \in D \subset \mathbb{R}$, une courbe paramétrée et $t_0 \in D$. La courbe est **dérivable en t_0** si et seulement si les fonctions x et y le sont. Dans ce cas, le **vecteur dérivé** de la courbe en t_0 est le vecteur $\begin{pmatrix} x'(t_0) \\ y'(t_0) \end{pmatrix}$. Ce vecteur se note $\frac{\mathrm{d}\overrightarrow{M}}{\mathrm{d}t}(t_0)$.

Cette notation se justifie car dans le vecteur $\frac{1}{t-t_0}\overrightarrow{M(t_0)M(t)}$, dont on cherche la limite, $\overrightarrow{M(t_0)M(t)}$ peut s'écrire $M(t) - M(t_0)$ (on rappelle qu'une différence de deux points $B - A$ est un vecteur $\overrightarrow{AB}$). Ainsi :

$$\frac{\overrightarrow{\mathrm{d}M}}{\mathrm{d}t}(t_0) = \text{« } \overrightarrow{\frac{\text{différence infinitésimale de } M}{\text{différence infinitésimale de } t}} \text{ en } t_0 \text{ »}$$

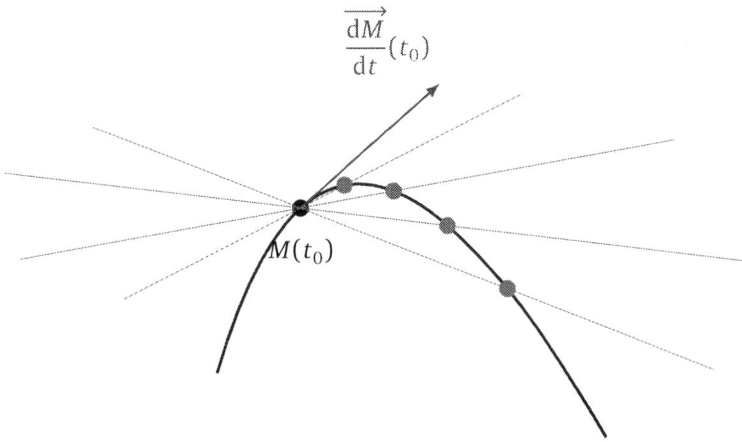

2.3. Tangente en un point régulier

Si le vecteur dérivé $\frac{\overrightarrow{\mathrm{d}M}}{\mathrm{d}t}(t_0)$ n'est pas nul, celui-ci indique effectivement la direction limite de la droite $(M(t_0)M(t))$. Nous étudierons plus tard le cas où le vecteur dérivé est nul.

Définition 7.
Soit $t \mapsto M(t)$, $t \in D \subset \mathbb{R}$, une courbe dérivable sur D et soit t_0 un réel de D.

- Si $\frac{\overrightarrow{\mathrm{d}M}}{\mathrm{d}t}(t_0) \neq \vec{0}$, le point $M(t_0)$ est dit **régulier**.
- Si $\frac{\overrightarrow{\mathrm{d}M}}{\mathrm{d}t}(t_0) = \vec{0}$, le point $M(t_0)$ est dit **singulier**.
- Une courbe dont tous les points sont réguliers est appelée **courbe régulière**.

Interprétation cinématique. Si t est le temps, le vecteur dérivé $\frac{\overrightarrow{\mathrm{d}M}}{\mathrm{d}t}(t_0)$ est le *vecteur vitesse* au point $M(t_0)$. Un point singulier, c'est-à-dire un point en lequel la vitesse est nulle, s'appellera alors plus volontiers *point stationnaire*. D'un point de vue cinématique, il est logique que le vecteur vitesse en un point, quand il est non nul, dirige la tangente à la trajectoire en ce point. C'est ce qu'exprime le théorème suivant, qui découle directement de notre étude du vecteur dérivé :

Théorème 1.
En tout point régulier d'une courbe dérivable, cette courbe admet une tangente. La tangente en un point régulier est dirigée par le vecteur dérivé en ce point.

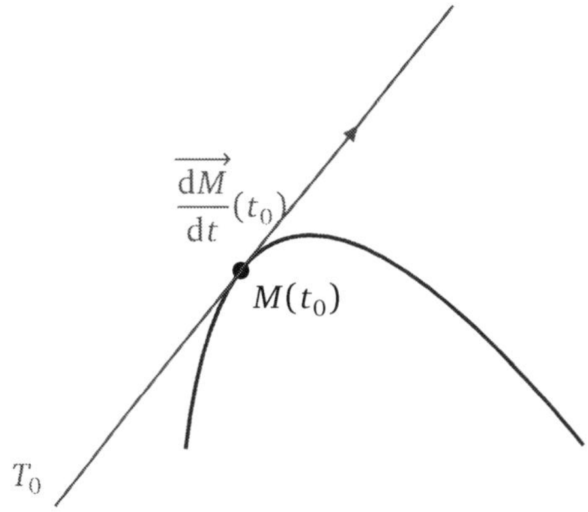

Si $\frac{\overrightarrow{dM}}{dt}(t_0) \neq \vec{0}$, une équation de la tangente T_0 en $M(t_0)$ est donc fournie par :

$$M(x,y) \in T_0 \iff \begin{vmatrix} x - x(t_0) & x'(t_0) \\ y - y(t_0) & y'(t_0) \end{vmatrix} = 0 \iff y'(t_0)\big(x - x(t_0)\big) - x'(t_0)\big(y - y(t_0)\big) = 0.$$

Exemple 7.
Trouver les points où la tangente à la courbe de Lissajous $\begin{cases} x(t) = \sin(2t) \\ y(t) = \sin(3t) \end{cases}$, $t \in [-\pi, \pi]$, est verticale, puis horizontale.

Solution.
Tout d'abord, par symétries, on limite notre étude sur $t \in [0, \frac{\pi}{2}]$. Or au point $M(t) = \begin{pmatrix} \sin(2t) \\ \sin(3t) \end{pmatrix}$, le vecteur dérivé est

$$\frac{\overrightarrow{dM}}{dt} = \begin{pmatrix} x'(t) \\ y'(t) \end{pmatrix} = \begin{pmatrix} 2\cos(2t) \\ 3\cos(3t) \end{pmatrix}.$$

Quand est-ce que la première coordonnée de ce vecteur dérivé est nul (sur $t \in [0, \frac{\pi}{2}]$) ?

$$x'(t) = 0 \iff 2\cos(2t) = 0 \iff t = \frac{\pi}{4}$$

Et pour la seconde :

$$y'(t) = 0 \iff 3\cos(3t) = 0 \iff t = \frac{\pi}{6} \quad \text{ou} \quad t = \frac{\pi}{2}$$

Les deux coordonnées ne s'annulent jamais en même temps, donc le vecteur dérivé n'est jamais nul, ce qui prouve que tous les points sont réguliers, et le vecteur dérivé dirige la tangente.
La tangente est verticale lorsque le vecteur dérivé est vertical, ce qui équivaut à $x'(t) = 0$, autrement dit en $M(\frac{\pi}{4})$. La tangente est horizontale lorsque le vecteur dérivé est horizontal, ce qui équivaut à $y'(t) = 0$, autrement dit en $M(\frac{\pi}{6})$ et en $M(\frac{\pi}{2})$.

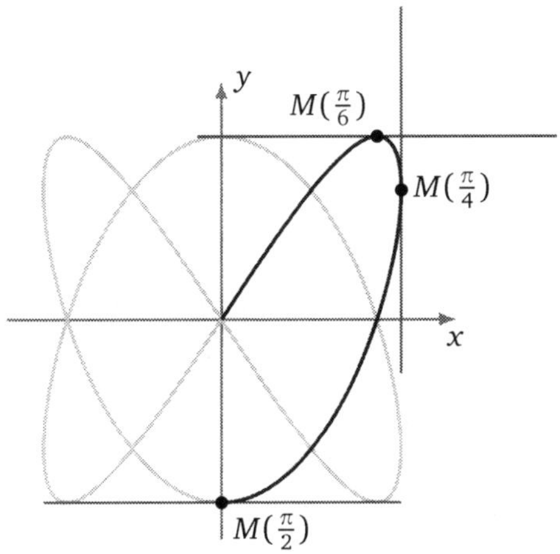

On trouve les autres tangentes horizontales et verticales par symétrie.

Remarque.

- Une courbe peut avoir une tangente verticale, contrairement à ce à quoi on est habitué pour les graphes de fonctions du type $y = f(x)$.
- Par contre dans le cas d'une paramétrisation cartésienne du type $\begin{cases} x(t) = t \\ y(t) = f(t) \end{cases}$ qui est une paramétrisation du graphe de la fonction (dérivable) f (où cette fois-ci f est à valeurs dans $\mathbb{R}$), le vecteur dérivé en $t_0 = x_0$ est $\binom{1}{f'(x_0)}$. Celui-ci n'est jamais nul puisque sa première coordonnée est non nulle. Ainsi, une paramétrisation cartésienne dérivable est toujours régulière. De plus, pour la même raison, ce vecteur n'est jamais vertical.

2.4. Dérivation d'expressions usuelles

On généralise un peu l'étude précédente. Voici comment dériver le produit scalaire de deux fonctions vectorielles ainsi que la norme.

Théorème 2.
Soient f et g deux applications définies sur un domaine D de $\mathbb{R}$ à valeurs dans $\mathbb{R}^2$ et soit $t_0 \in D$. On suppose que f et g sont dérivables en t_0. Alors :

1. *L'application $t \mapsto \langle f(t) \mid g(t) \rangle$ est dérivable en t_0 et*
$$\frac{\mathrm{d}\langle f \mid g\rangle}{\mathrm{d}t}(t_0) = \left\langle \frac{\mathrm{d}f}{\mathrm{d}t}(t_0) \mid g(t_0) \right\rangle + \left\langle f(t_0) \mid \frac{\mathrm{d}g}{\mathrm{d}t}(t_0) \right\rangle.$$
2. *Si $f(t_0) \neq \vec{0}$, l'application $t \mapsto \|f(t)\|$ est dérivable en t_0 et, dans ce cas,*
$$\frac{\mathrm{d}\|f\|}{\mathrm{d}t}(t_0) = \frac{\left\langle f(t_0) \mid \frac{\mathrm{d}f}{\mathrm{d}t}(t_0) \right\rangle}{\|f(t_0)\|}.$$

Démonstration. Le produit scalaire et la norme sont des fonctions de D dans $\mathbb{R}$.

1. Posons $f = (x_1, y_1)$ et $g = (x_2, y_2)$. Alors $\langle f \mid g \rangle = x_1x_2 + y_1y_2$ est dérivable en t_0 et
$$\langle f \mid g \rangle'(t_0) = (x_1'x_2 + x_1x_2' + y_1'y_2 + y_1y_2')(t_0) = \langle f' \mid g \rangle(t_0) + \langle f \mid g' \rangle(t_0).$$
2. La fonction $\langle f \mid f \rangle$ est positive, strictement positive en t_0 et est dérivable en t_0. D'après le théorème de dérivation des fonctions composées, la fonction $\|f\| = \sqrt{\langle f \mid f \rangle}$ est dérivable en t_0 et
$$(\|f\|)'(t_0) = \frac{1}{2\sqrt{\langle f \mid f \rangle}}(\langle f' \mid f \rangle + \langle f \mid f' \rangle)(t_0) = \frac{\langle f \mid f' \rangle}{\|f\|}(t_0).$$

□

Exemple 8.
Soit $t \mapsto M(t) = (\cos t, \sin t)$ une paramétrisation du cercle de centre O et de rayon 1. Pour tout réel t, on a $OM(t) = 1$ ou encore $\|\overrightarrow{OM(t)}\| = 1$. En dérivant cette fonction constante, on obtient : $\forall t \in \mathbb{R}$, $\left\langle \overrightarrow{OM(t)} \mid \frac{\mathrm{d}\overrightarrow{M}}{\mathrm{d}t}(t) \right\rangle = 0$ et on retrouve le fait que la tangente au cercle au point $M(t)$ est orthogonale au rayon $\overrightarrow{OM(t)}$.

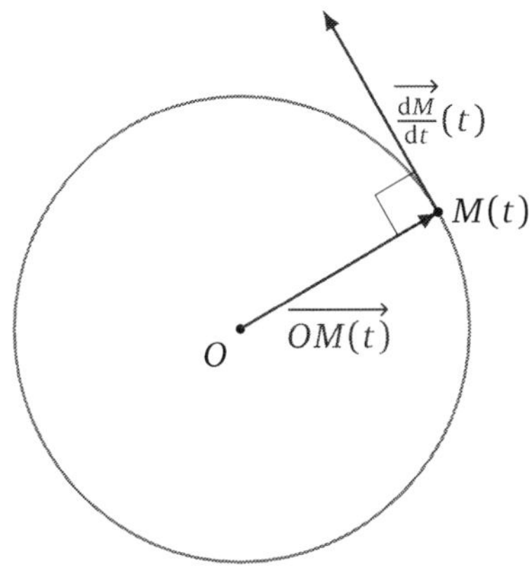

Théorème 3.
Soient f, g deux applications définies sur un domaine D de $\mathbb{R}$ à valeurs dans $\mathbb{R}^2$ et λ une application de D dans $\mathbb{R}$. Soit $t_0 \in D$. On suppose que f, g et λ sont dérivables en t_0. Alors, $f+g$ et λf sont dérivables en t_0, et

$$\frac{\mathrm{d}(f+g)}{\mathrm{d}t}(t_0) = \frac{\mathrm{d}f}{\mathrm{d}t}(t_0) + \frac{\mathrm{d}g}{\mathrm{d}t}(t_0)$$

et

$$\frac{\mathrm{d}(\lambda \cdot f)}{\mathrm{d}t}(t_0) = \lambda'(t_0)f(t_0) + \lambda(t_0)\frac{\mathrm{d}f}{\mathrm{d}t}(t_0).$$

Démonstration. Posons $f = (x_1, y_1)$ et $g = (x_2, y_2)$. Alors

$$(f+g)'(t_0) = (x_1 + x_2, y_1 + y_2)'(t_0) = (x_1' + x_2', y_1' + y_2')(t_0) = f'(t_0) + g'(t_0),$$

et aussi

$$\begin{aligned}(\lambda f)'(t_0) &= (\lambda x_1, \lambda y_1)'(t_0) = (\lambda' x_1 + \lambda x_1', \lambda' y_1 + \lambda y_1')(t_0)\\ &= \lambda'(x_1, y_1)(t_0) + \lambda(x_1', y_1')(t_0) = (\lambda' f + \lambda f')(t_0).\end{aligned}$$

□

De même, toujours en travaillant sur les coordonnées, on établit aisément que :

Théorème 4.
Soient $t \mapsto \theta(t)$ une application dérivable sur un domaine D de $\mathbb{R}$ à valeurs dans un domaine D' de $\mathbb{R}$ et $u \mapsto f(u)$ une application dérivable sur D' à valeurs dans $\mathbb{R}^2$. Alors $f \circ \theta$ est dérivable sur D et, pour $t_0 \in D$,

$$\frac{\mathrm{d}(f \circ \theta)}{\mathrm{d}t}(t_0) = \theta'(t_0) \cdot \frac{\mathrm{d}f}{\mathrm{d}t}\big(\theta(t_0)\big).$$

Mini-exercices.

1. Soit la courbe définie par $x(t) = t^5 - 4t^3$, $y(t) = t^2$. Calculer le vecteur dérivé en chaque point. Déterminer le point singulier. Calculer une équation de la tangente au point $(3,1)$. Calculer les équations de deux tangentes au point $(0,4)$.
2. Soit f une fonction dérivable de $D \subset \mathbb{R}$ dans $\mathbb{R}^2$. Calculer la dérivée de l'application $t \mapsto \|f(t)\|^2$.
3. Calculer le vecteur dérivé en tout point de l'astroïde définie par $x(t) = \cos^3 t$, $y(t) = \sin^3 t$. Quels sont les points singuliers ? Trouver une expression simple pour la pente de tangente en un point régulier.
4. Calculer le vecteur dérivé en tout point de la cycloïde définie par $x(t) = r(t - \sin t)$, $y(t) = r(1 - \cos t)$. Quels sont les points singuliers ? En quels points la tangente est-elle horizontale ? En quels points la tangente est-elle parallèle à la bissectrice d'équation $(y = x)$?

3. Points singuliers – Branches infinies

3.1. Tangente en un point singulier

Rappelons qu'un point $M(t_0)$ d'une courbe paramétrée $M(t) = \big(x(t), y(t)\big)$ est dit **point singulier** si le vecteur dérivé en ce point est nul, c'est-à-dire si $\overrightarrow{\frac{\mathrm{d}M}{\mathrm{d}t}}(t_0) = \vec{0}$, ou autrement dit si $\big(x'(t_0), y'(t_0)\big) = (0,0)$. Lorsque le vecteur dérivé est nul, il n'est d'aucune utilité pour la recherche d'une tangente. Pour obtenir une éventuelle tangente en un point singulier, le plus immédiat est de revenir à la définition en étudiant la direction limite de la droite $(M(t_0)M(t))$, par exemple en étudiant la limite du coefficient directeur de cette droite dans le cas où cette droite n'est pas parallèle à (Oy). En supposant que c'est le cas :

> En un point $M(t_0)$ singulier, on étudie $\displaystyle\lim_{t \to t_0} \frac{y(t) - y(t_0)}{x(t) - x(t_0)}$.
> Si cette limite est un réel ℓ, la tangente en $M(t_0)$ existe et a pour coefficient directeur ℓ.
> Si cette limite existe mais est infinie, la tangente en $M(t_0)$ existe et est verticale.

Exemple 9.

Trouver les points singuliers de la courbe $\left\{\begin{array}{l} x(t)=3t^2 \\ y(t)=2t^3 \end{array}\right.$. Donner une équation cartésienne de la tangente en tout point de la courbe.

Solution.

- **Calcul du vecteur dérivé.** Pour $t \in \mathbb{R}$, $\frac{\overrightarrow{\mathrm{d}M}}{\mathrm{d}t}(t) = \binom{6t}{6t^2}$. Ce vecteur est nul si et seulement si $6t = 6t^2 = 0$ ou encore $t = 0$. Tous les points de la courbe sont réguliers, à l'exception de $M(0)$.
- **Tangente en $M(0)$.** Pour $t \neq 0$, $\frac{y(t)-y(0)}{x(t)-x(0)} = \frac{2t^3}{3t^2} = \frac{2t}{3}$. Quand t tend vers 0, cette expression tend vers 0. L'arc admet une tangente en $M(0)$ et cette tangente est la droite passant par $M(0) = (0,0)$ et de pente 0 : c'est l'axe (Ox) (d'équation $y = 0$).
- **Tangente en $M(t)$, $t \neq 0$.** Pour $t \in \mathbb{R}^*$, la courbe admet en $M(t)$ une tangente dirigée par $\frac{\overrightarrow{\mathrm{d}M}}{\mathrm{d}t}(t) = \binom{6t}{6t^2}$ ou aussi par le vecteur $\frac{1}{6t}\binom{6t}{6t^2} = \binom{1}{t}$. Une équation de la tangente en $M(t)$ est donc $t(x-3t^2)-(y-2t^3) = 0$ ou encore $y = tx - t^3$ (ce qui reste valable en $t = 0$).

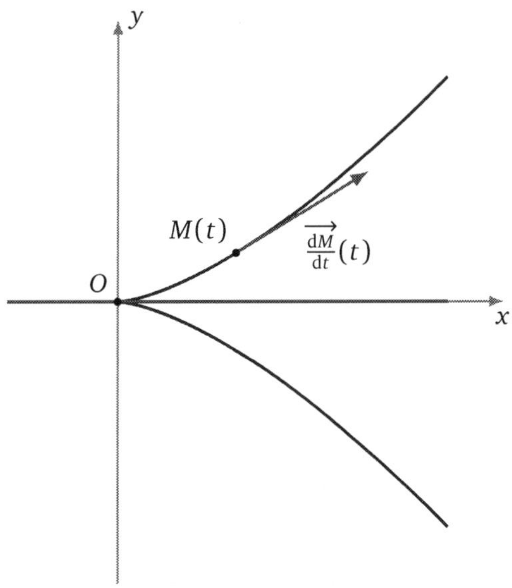

3.2. Position d'une courbe par rapport à sa tangente

Quand la courbe arrive en $M(t_0)$, le long de sa tangente, on a plusieurs possibilités :

- la courbe continue dans le même sens, sans traverser la tangente : c'est un **point d'allure ordinaire**,
- la courbe continue dans le même sens, en traversant la tangente : c'est un **point d'inflexion**,
- la courbe rebrousse chemin le long de cette tangente en la traversant, c'est un **point de rebroussement de première espèce**,
- la courbe rebrousse chemin le long de cette tangente sans la traverser, c'est un **point de rebroussement de seconde espèce**.

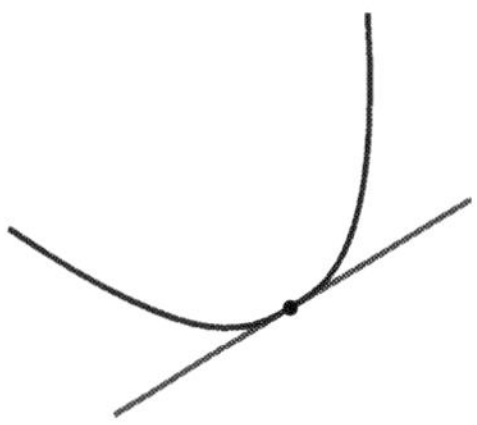

point d'allure ordinaire

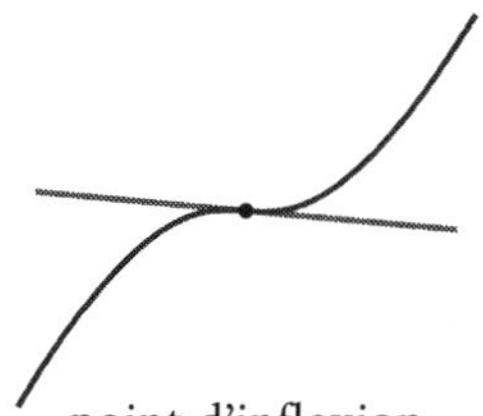

point d'inflexion

rebroussement de première espèce

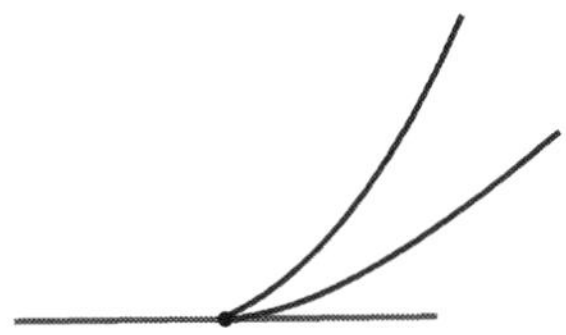

rebroussement de seconde espèce

Intuitivement, on ne peut rencontrer des points de rebroussement qu'en un point stationnaire, car en un point où la vitesse est non nulle, on continue son chemin dans le même sens.

Pour déterminer de façon systématique la position de la courbe par rapport à sa tangente en un point singulier $M(t_0)$, on effectue un développement limité des coordonnées de $M(t) = \big(x(t), y(t)\big)$ au voisinage de $t = t_0$. Pour simplifier l'expression on suppose $t_0 = 0$. On écrit

$$M(t) = M(0) + t^p \vec{v} + t^q \vec{w} + t^q \vec{\epsilon}(t)$$

où :

- $p < q$ sont des entiers,

- $\vec{v}$ et $\vec{w}$ sont des vecteurs non colinéaires,
- $\vec{\varepsilon}(t)$ est un vecteur, tel que $\|\vec{\varepsilon}(t)\| \to 0$ lorsque $t \to t_0$.

En un tel point $M(0)$, la courbe $\mathscr{C}$ admet une tangente, dont un vecteur directeur est $\vec{v}$. La position de la courbe $\mathscr{C}$ par rapport à cette tangente est donnée par la parité de p et q :

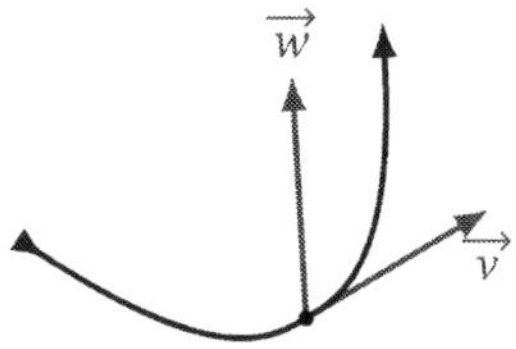

p impair, q pair

point d'allure ordinaire

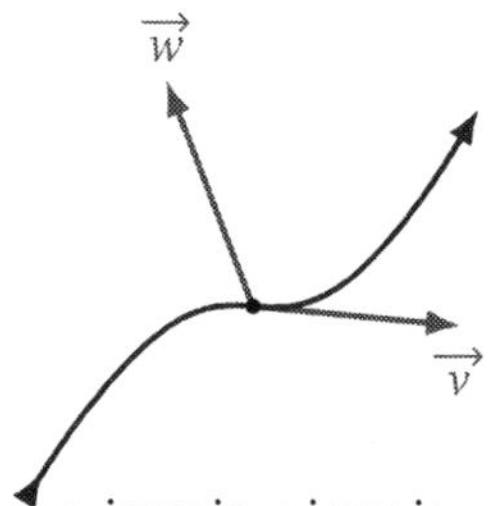

p impair, q impair

point d'inflexion

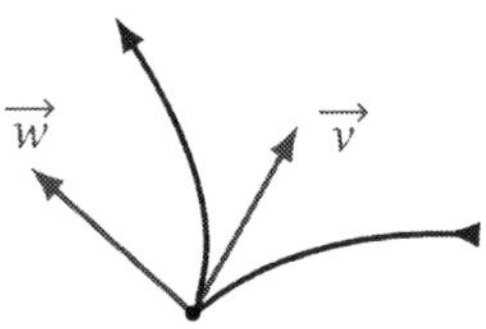

p pair, q impair

rebroussement de première espèce

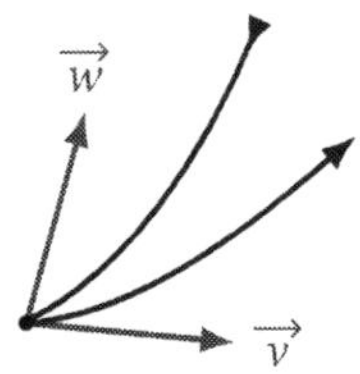

p pair, q pair

rebroussement de seconde espèce

Prenons par exemple $M(t) = t^2\vec{v} + t^5\vec{w}$. Donc $p = 2$ et $q = 5$. Lorsque t passe d'une valeur négative à positive, t^2 s'annule mais en restant positif, donc la courbe arrive au point le long de la tangente (dirigée par $\vec{v}$) et rebrousse chemin en sens inverse. Par contre t^5 change de signe, donc la courbe franchit la tangente au point singulier. C'est bien un point de rebroussement de première espèce.

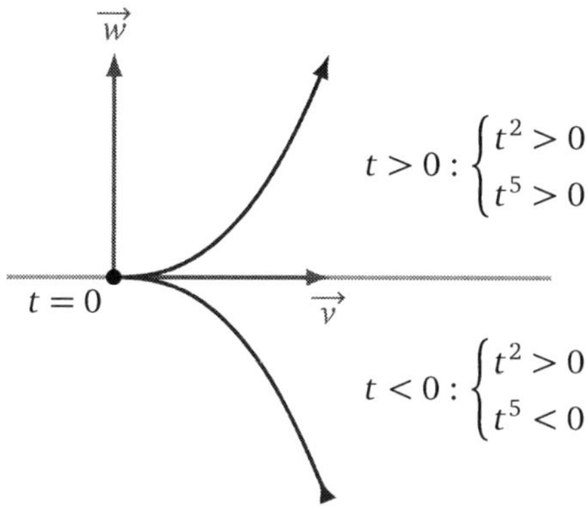

Voyons un exemple de chaque situation.

Exemple 10.

Étudier le point singulier à l'origine de $\begin{cases} x(t)=t^5 \\ y(t)=t^3 \end{cases}$.

Solution.

En $M(0)=(0,0)$, il y a bien un point singulier. On écrit

$$M(t)=t^3\begin{pmatrix}0\\1\end{pmatrix}+t^5\begin{pmatrix}1\\0\end{pmatrix}.$$

Ainsi $p=3$, $q=5$, $\vec{v}=\binom{0}{1}$, $\vec{w}=\binom{1}{0}$. La tangente, dirigée par $\vec{v}$, est verticale à l'origine. Comme $p=3$ est impair alors t^3 change de signe en 0, donc la courbe continue le long de la tangente, et comme $q=5$ est aussi impair, la courbe franchit la tangente au point singulier. C'est un point d'inflexion.

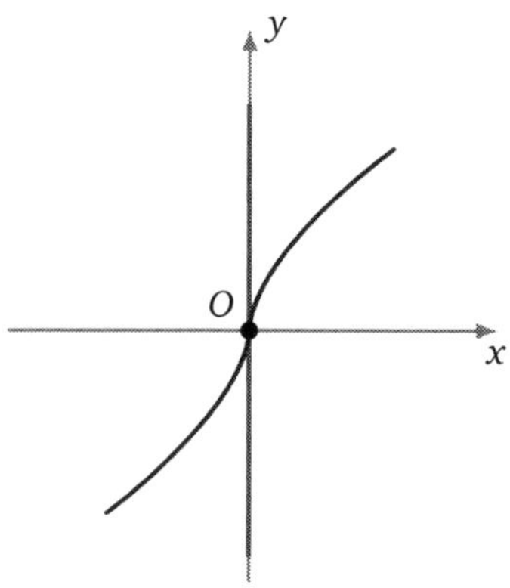

Exemple 11.

Étudier le point singulier à l'origine de $\begin{cases} x(t) = 2t^2 \\ y(t) = t^2 - t^3 \end{cases}$.

Solution.

En $M(0) = (0,0)$, il y a bien un point singulier. On écrit

$$M(t) = t^2 \begin{pmatrix} 2 \\ 1 \end{pmatrix} + t^3 \begin{pmatrix} 0 \\ -1 \end{pmatrix}.$$

Ainsi $p = 2$, $q = 3$, $\vec{v} = \begin{pmatrix} 2 \\ 1 \end{pmatrix}$, $\vec{w} = \begin{pmatrix} 0 \\ -1 \end{pmatrix}$. C'est un point de rebroussement de première espèce.

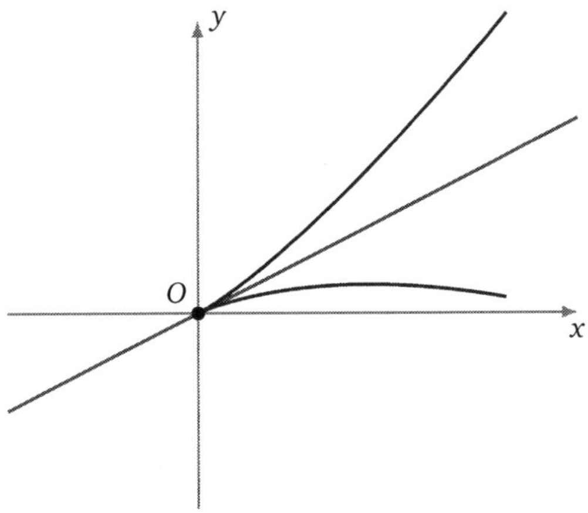

Exemple 12.

Étudier le point singulier en $(1,0)$ de $\begin{cases} x(t) = 1 + t^2 + \frac{1}{2}t^3 \\ y(t) = t^2 + \frac{1}{2}t^3 + 2t^4 \end{cases}$.

Solution.

On écrit

$$M(t) = \begin{pmatrix} 1 \\ 0 \end{pmatrix} + t^2 \begin{pmatrix} 1 \\ 1 \end{pmatrix} + t^3 \begin{pmatrix} \frac{1}{2} \\ \frac{1}{2} \end{pmatrix} + t^4 \begin{pmatrix} 0 \\ 2 \end{pmatrix}.$$

On a donc $p = 2$ avec $\vec{v} = \begin{pmatrix} 1 \\ 1 \end{pmatrix}$, par contre le vecteur $\vec{v}' = \begin{pmatrix} \frac{1}{2} \\ \frac{1}{2} \end{pmatrix}$ est colinéaire à $\vec{v}$, donc $q = 4$ et $\vec{w} = \begin{pmatrix} 0 \\ 2 \end{pmatrix}$. C'est un point de rebroussement de seconde espèce.

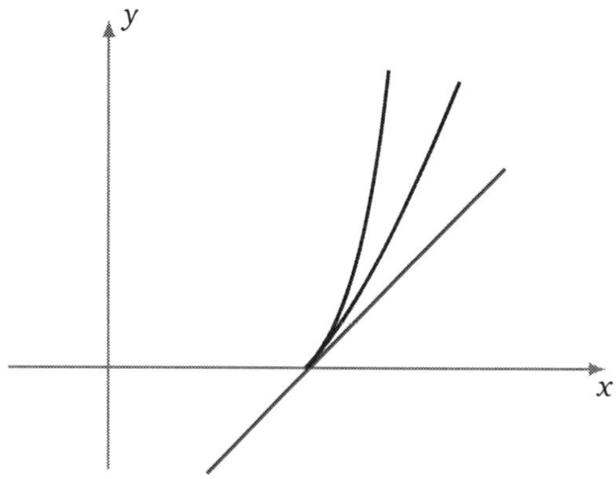

Exemple 13.

Étudier le point singulier à l'origine de $\begin{cases} x(t) = t^2 \ln(1+t) \\ y(t) = t^2\left(\exp(t^2)-1\right) \end{cases}$.

Solution.

On écrit

$$x(t) = t^3 - \frac{t^4}{2} + t^4\epsilon_1(t) \qquad y(t) = t^4 + t^4\epsilon_2(t)$$

et ainsi

$$M(t) = t^3\begin{pmatrix}1\\0\end{pmatrix} + t^4\begin{pmatrix}-1/2\\1\end{pmatrix} + t^4\vec{\epsilon}(t).$$

On a donc $p = 3$, $q = 4$ et c'est un point d'allure ordinaire.

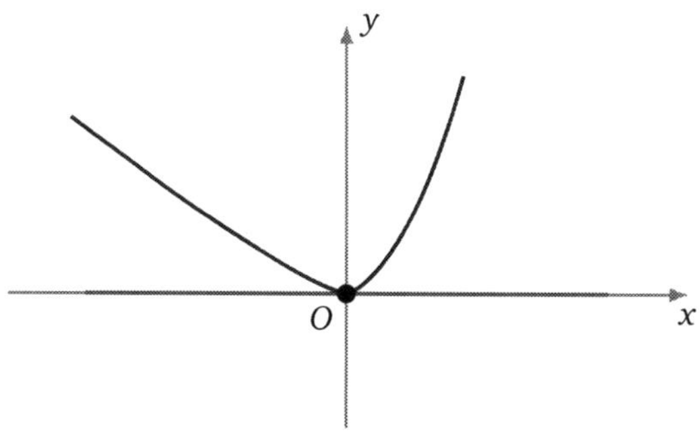

3.3. Branches infinies

Dans ce paragraphe, la courbe $f : t \mapsto M(t)$ est définie sur un intervalle I de $\mathbb{R}$. On note aussi $\mathscr{C}$ la courbe et t_0 désigne l'une des bornes de I et n'est pas dans I (t_0 est soit un réel, soit $-\infty$, soit $+\infty$).

Définition 8.
Il y a **branche infinie** en t_0 dès que l'une au moins des deux fonctions $|x|$ ou $|y|$ tend vers l'infini quand t tend vers t_0. Il revient au même de dire que $\lim_{t\to t_0} \|f(t)\| = +\infty$.

Pour chaque branche infinie, on cherche s'il existe une asymptote, c'est-à-dire une droite qui approxime cette branche infinie. La droite d'équation $y = ax + b$ est **asymptote** à $\mathscr{C}$ si $y(t) - \big(ax(t) + b\big) \to 0$, lorsque $t \to t_0$.
Dans la pratique, on mène l'étude suivante :

1. Si, quand t tend vers t_0, $x(t)$ tend vers $+\infty$ (ou $-\infty$) et $y(t)$ tend vers un réel ℓ, la droite d'équation $y = \ell$ est **asymptote horizontale** à $\mathscr{C}$.
2. Si, quand t tend vers t_0, $y(t)$ tend vers $+\infty$ (ou $-\infty$) et $x(t)$ tend vers un réel ℓ, la droite d'équation $x = \ell$ est **asymptote verticale** à $\mathscr{C}$.

Si, quand t tend vers t_0, $x(t)$ et $y(t)$ tendent vers $+\infty$ (ou $-\infty$), il faut affiner. Le cas le plus important est le suivant :

Définition 9.
La droite d'équation $y = ax + b$ est **asymptote oblique** à la courbe $\big(x(t), y(t)\big)$ si :

1. $\frac{y(t)}{x(t)}$ tend vers un réel non nul a,
2. $y(t) - ax(t)$ tend vers un réel b (nul ou pas).

De gauche à droite : asymptote verticale, horizontale, oblique.

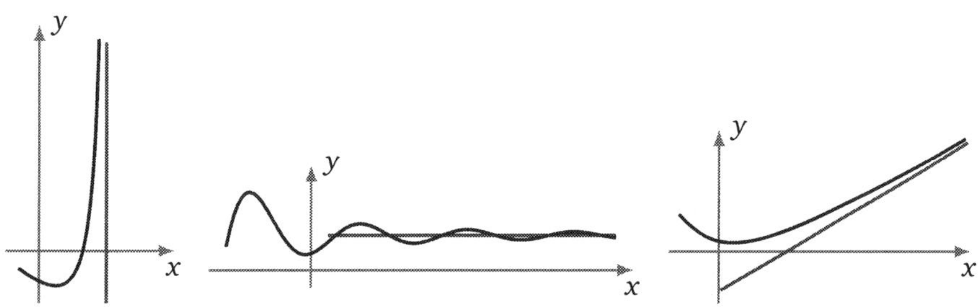

Attention ! Une branche infinie peut ne pas admettre de droite asymptote, comme dans le cas d'une parabole :

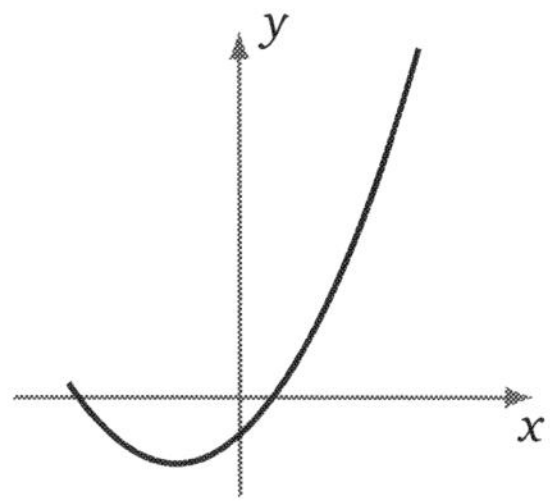

Exemple 14.

Étudier les asymptotes de la courbe $\begin{cases} x(t) = \frac{t}{t-1} \\ y(t) = \frac{3t}{t^2-1} \end{cases}$. Déterminer la position de la courbe par rapport à ses asymptotes.

Solution.

- **Branches infinies.** La courbe est définie sur $\mathbb{R} \setminus \{-1, +1\}$. $|x(t)| \to +\infty$ uniquement lorsque $t \to +1^-$ ou $t \to +1^+$. $|y(t)| \to +\infty$ lorsque $t \to -1^-$ ou $t \to -1^+$ ou $t \to +1^-$ ou $t \to +1^+$. Il y a donc 4 branches infinies, correspondant à -1^-, -1^+, $+1^-$, $+1^+$.
- **Étude en** -1^-**.** Lorsque $t \to -1^-$, $x(t) \to \frac{1}{2}$ et $y(t) \to -\infty$: la droite verticale $(x = \frac{1}{2})$ est donc asymptote pour cette branche infinie (qui part vers le bas).
- **Étude en** -1^+**.** Lorsque $t \to -1^+$, $x(t) \to \frac{1}{2}$ et $y(t) \to +\infty$: la même droite verticale d'équation $(x = \frac{1}{2})$ est asymptote pour cette branche infinie (qui part cette fois vers le haut).
- **Étude en** $+1^-$**.** Lorsque $t \to +1^-$, $x(t) \to -\infty$ et $y(t) \to -\infty$. On cherche une asymptote oblique en calculant la limite de $\frac{y(t)}{x(t)}$:

$$\frac{y(t)}{x(t)} = \frac{\frac{3t}{t^2-1}}{\frac{t}{t-1}} = \frac{3}{t+1} \longrightarrow \frac{3}{2} \quad \text{lorsque } t \to +1^-.$$

On cherche ensuite si $y(t) - \frac{3}{2}x(t)$ admet une limite finie, lorsque $x \to +1^-$:

$$\begin{aligned} y(t) - \frac{3}{2}x(t) &= \frac{3t}{t^2-1} - \frac{3}{2}\frac{t}{t-1} = \frac{3t - \frac{3}{2}t(t+1)}{t^2-1} \\ &= \frac{-\frac{3}{2}t(t-1)}{(t-1)(t+1)} = \frac{-\frac{3}{2}t}{t+1} \longrightarrow -\frac{3}{4} \quad \text{lorsque } t \to +1^-. \end{aligned}$$

Ainsi la droite d'équation $y = \frac{3}{2}x - \frac{3}{4}$ est asymptote à cette branche infinie.

- **Étude en $+1^+$.** Les calculs sont similaires et la même droite d'équation $y = \frac{3}{2}x - \frac{3}{4}$ est asymptote à cette autre branche infinie.
- **Position par rapport à l'asymptote verticale.** Il s'agit de déterminer le signe de $x(t) - \frac{1}{2}$ lorsque $x \to -1^-$ (puis $x \to -1^+$). Une étude de signe montre que $x(t) - \frac{1}{2} > 0$ pour $t < -1$ et $t > +1$, et la courbe est alors à droite de l'asymptote verticale ; par contre $x(t) - \frac{1}{2} < 0$ pour $-1 < t < +1$, et la courbe est alors à gauche de l'asymptote verticale.
- **Position par rapport à l'asymptote oblique.** Il s'agit de déterminer le signe de $y(t) - \left(\frac{3}{2}x(t) - \frac{3}{4}\right)$. La courbe est au-dessus de l'asymptote oblique pour $-1 < t < +1$; et en-dessous de l'asymptote ailleurs.
- **Point à l'infini.** Lorsque $t \to +\infty$ (ou bien $t \to -\infty$) alors $x(t) \to 1$ et $y(t) \to 0$. Le point $(1, 0)$ est donc un point limite de la courbe paramétrée.

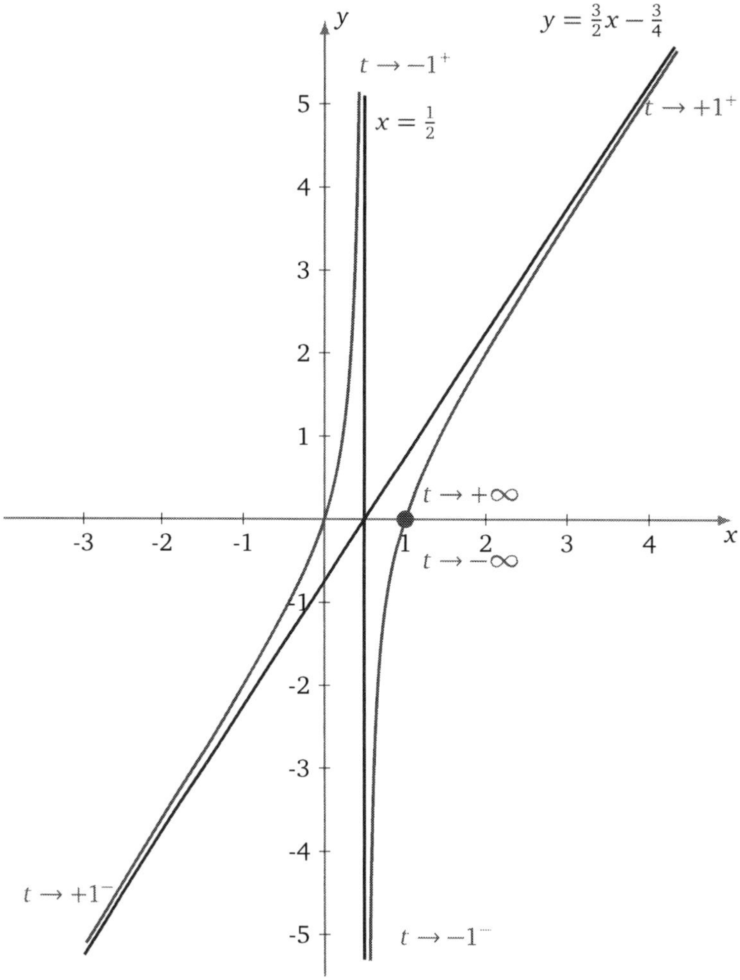

On trouvera d'autres exemples d'études de branches infinies dans les exercices de la section suivante.

Mini-exercices.

1. Déterminer la tangente et le type de point singulier à l'origine dans chacun des cas : (t^5, t^3+t^4), (t^2-t^3, t^2+t^3), (t^2+t^3, t^4), (t^3, t^6+t^7).
2. Trouver les branches infinies de la courbe définie par $x(t) = 1 - \frac{1}{1+t^2}$, $y(t) = t$. Déterminer l'asymptote, ainsi que la position de la courbe par rapport à cette asymptote.
3. Mêmes questions pour les asymptotes de la courbe définie par $x(t) = \frac{1}{t} + \frac{1}{t-1}$,

$y(t) = \frac{1}{t-1}$.

4. Déterminer le type de point singulier de l'astroïde définie par $x(t) = \cos^3 t$, $y(t) = \sin^3 t$. Pourquoi l'astroïde n'a-t-elle pas de branche infinie ?
5. Déterminer le type de point singulier de la cycloïde définie par $x(t) = r(t - \sin t)$, $y(t) = r(1 - \cos t)$. Pourquoi la cycloïde n'a-t-elle pas d'asymptote ?

4. Plan d'étude d'une courbe paramétrée

Dans la pratique, les courbes sont traitées de manière différente à l'écrit et à l'oral. À l'écrit, l'étude d'une courbe est souvent détaillée en un grand nombre de petites questions. Par contre, à l'oral, un énoncé peut simplement prendre la forme « construire la courbe ». Dans ce cas, on peut adopter le plan d'étude qui suit. Ce plan n'est pas universel et n'est qu'une proposition. Aussi, pour deux courbes différentes, il peut être utile d'adopter deux plans d'étude différents.

4.1. Plan d'étude

1. **Domaine de définition de la courbe.**

   Le point $M(t)$ est défini si et seulement si $x(t)$ et $y(t)$ sont définis. Il faut ensuite déterminer un **domaine d'étude** (plus petit que le domaine de définition) grâce aux symétries, périodicités...

2. **Vecteur dérivé.**

   Calcul des dérivées des coordonnées de $t \mapsto M(t)$. Les valeurs de t pour lesquelles $x'(t) = 0$ (et $y'(t) \neq 0$) fournissent les points à tangente verticale et les valeurs de t pour lesquelles $y'(t) = 0$ (et $x'(t) \neq 0$) fournissent les points à tangente horizontale. Enfin, les valeurs de t pour lesquelles $x'(t) = y'(t) = 0$ fournissent les points singuliers, en lesquels on n'a encore aucun renseignement sur la tangente.

3. **Tableau de variations conjointes.**

   L'étude de x' et y' permet de connaître les variations de x et y. Reporter les résultats obtenus des **variations conjointes** des fonctions x et y dans un tableau. Cela donne alors un tableau à compléter :

t	
$x'(t)$	
x	
y	
$y'(t)$	

Ce tableau est le tableau des variations des deux fonctions x et y *ensemble*. Il nous montre l'évolution du point $M(t)$. Par suite, pour une valeur de t donnée, on doit lire verticalement des résultats concernant et x, et y. Par exemple, x tend vers $+\infty$, pendant que y « vaut » 3.

4. **Étude des points singuliers.**
5. **Étude des branches infinies.**
6. **Construction méticuleuse de la courbe.**

   On place dans l'ordre les deux axes et les unités. On construit ensuite toutes les droites asymptotes. On place ensuite les points importants avec leur tangente (points à tangente verticale, horizontale, points singuliers, points d'intersection avec une droite asymptote,...). Tout est alors en place pour la construction et on peut tracer l'arc grâce aux règles suivantes :

   Tracé de la courbe paramétrée $\big(x(t), y(t)\big)$

   Si x croît et y croît, on va vers la droite et vers le haut.
   Si x croît et y décroît, on va vers la droite et vers le bas.
   Si x décroît et y croît, on va vers la gauche et vers le haut.
   Si x décroît et y décroît, on va vers la gauche et vers le bas.

7. **Points multiples.**

   On cherche les points multiples s'il y a lieu. On attend souvent de commencer la construction de la courbe pour voir s'il y a des points multiples et si on doit les chercher.

4.2. Une étude complète

Exemple 15.
Construire la courbe

$$\begin{cases} x(t) = \dfrac{t^3}{t^2-1} \\ y(t) = \dfrac{t(3t-2)}{3(t-1)} \end{cases}.$$

Solution. On note $\mathscr{C}$ la courbe à construire.

- **Domaine d'étude.**
  Pour $t \in \mathbb{R}$, le point $M(t)$ est défini si et seulement si $t \neq \pm 1$. Aucune réduction intéressante du domaine n'apparaît clairement et on étudie donc sur $D = \mathbb{R} \setminus \{-1, 1\}$.
- **Variations conjointes des coordonnées.**
  La fonction x est dérivable sur D et, pour $t \in D$,

  $$x'(t) = \frac{3t^2(t^2-1) - t^3(2t)}{(t^2-1)^2} = \frac{t^2(t^2-3)}{(t^2-1)^2}.$$

  La fonction x est donc strictement croissante sur $]-\infty, -\sqrt{3}]$ et sur $[\sqrt{3}, +\infty[$ et strictement décroissante sur $[-\sqrt{3}, -1[$, sur $]-1, 1[$ et sur $]1, +\sqrt{3}[$.

  La fonction y est dérivable sur $D \cup \{-1\}$ et, pour $t \in D \cup \{-1\}$,

  $$y'(t) = \frac{(6t-2)(t-1) - (3t^2-2t)}{3(t-1)^2} = \frac{3t^2-6t+2}{3(t-1)^2}.$$

  La fonction y est donc strictement croissante sur $]-\infty, 1-\frac{1}{\sqrt{3}}]$ et sur $[1+\frac{1}{\sqrt{3}}, +\infty[$, strictement décroissante sur $[1-\frac{1}{\sqrt{3}}, 1[$ et sur $]1, 1+\frac{1}{\sqrt{3}}]$.

  Les fonctions x' et y' ne s'annulent jamais simultanément et la courbe est donc régulière. La tangente en un point $M(t)$ est dirigée par le vecteur dérivé $\left(\frac{t^2(t^2-3)}{(t^2-1)^2}, \frac{3t^2-6t+2}{3(t-1)^2}\right)$ ou encore par le vecteur $\left(\frac{3t^2(t^2-3)}{(t+1)^2}, 3t^2-6t+2\right)$.
- **Tangentes parallèles aux axes.**
  y' s'annule en $1-\frac{1}{\sqrt{3}}$ et $1+\frac{1}{\sqrt{3}}$. En les points $M(1-\frac{1}{\sqrt{3}})$ et $M(1+\frac{1}{\sqrt{3}})$, la courbe admet une tangente parallèle à (Ox). On a

  $$\begin{aligned} x\left(1-\tfrac{1}{\sqrt{3}}\right) &= \left(1-\tfrac{1}{\sqrt{3}}\right)^3 / \left(\left(1-\tfrac{1}{\sqrt{3}}\right)^2 - 1\right) = \left(1 - \tfrac{3}{\sqrt{3}} + \tfrac{3}{3} - \tfrac{1}{3\sqrt{3}}\right) / \left(-\tfrac{2}{\sqrt{3}} + \tfrac{1}{3}\right) \\ &= \tfrac{1}{33}\left(6\sqrt{3}-10\right)\left(-6-\sqrt{3}\right) = \frac{42-26\sqrt{3}}{33} = -0{,}09\ldots, \end{aligned}$$

et de même,

$$y\left(1-\tfrac{1}{\sqrt{3}}\right)=\tfrac{1}{3}\left(1-\tfrac{1}{\sqrt{3}}\right)\left(3-\sqrt{3}-2\right)/\left(-\tfrac{1}{\sqrt{3}}\right)$$
$$=-\tfrac{1}{3}\left(\sqrt{3}-1\right)\left(1-\sqrt{3}\right)=\frac{4-2\sqrt{3}}{3}=0,17\ldots$$

Puis, par un calcul conjugué (c'est-à-dire en remplaçant $\sqrt{3}$ par $-\sqrt{3}$ au début de calcul), on a $x(1+\frac{1}{\sqrt{3}})=\frac{42+26\sqrt{3}}{33}=2,63\ldots$ et $y(1+\frac{1}{\sqrt{3}})=\frac{4+2\sqrt{3}}{3}=2,48\ldots$

x' s'annule en 0, $\sqrt{3}$ et $-\sqrt{3}$. Au point $M(0)=(0,0)$, $M(\sqrt{3})=(\frac{3\sqrt{3}}{2},\frac{3+7\sqrt{3}}{6})=(2,59\ldots,2,52\ldots)$ et en $M(-\sqrt{3})=(-\frac{3\sqrt{3}}{2},\frac{3-7\sqrt{3}}{6})=(-2,59\ldots,-1,52\ldots)$, il y a une tangente parallèle à (Oy).

- **Étude en l'infini.**

Quand t tend vers $+\infty$, $x(t)$ et $y(t)$ tendent toutes deux vers $+\infty$ et il y a donc une branche infinie. Même chose quand t tend vers $-\infty$.
Étudions $\lim_{t\to\pm\infty}\frac{y(t)}{x(t)}$. Pour $t\in D\setminus\{0\}$,

$$\frac{y(t)}{x(t)}=\frac{t(3t-2)}{3(t-1)}\times\frac{t^2-1}{t^3}=\frac{(3t-2)(t+1)}{3t^2}.$$

Cette expression tend vers 1 quand t tend vers $+\infty$ ou vers $-\infty$.
Pour $t\in D$,

$$y(t)-x(t)=\frac{t(3t-2)}{3(t-1)}-\frac{t^3}{t^2-1}=\frac{t(3t-2)(t+1)-3t^3}{3(t-1)(t+1)}=\frac{t^2-2t}{3(t-1)(t+1)}.$$

Cette expression tend vers $\frac{1}{3}$ quand t tend vers $+\infty$ ou vers $-\infty$. Ainsi,

$$\lim_{t\to\pm\infty}\left(y(t)-(x(t)+\tfrac{1}{3})\right)=0.$$

Quand t tend vers $+\infty$ ou vers $-\infty$, la droite Δ d'équation $y=x+\frac{1}{3}$ est donc asymptote à la courbe.
Étudions la position relative de $\mathscr{C}$ et Δ. Pour $t\in D$, $y(t)-\left(x(t)+\frac{1}{3}\right)=\frac{t^2-2t}{3(t-1)(t+1)}-\frac{1}{3}=\frac{-2t+1}{3(t-1)(t+1)}$.

t	$-\infty$ $\quad$ -1	$\frac{1}{2}$	1	$+\infty$
signe de $y(t)-\left(x(t)+\frac{1}{3}\right)$	$+$	$-$	$+$	$-$
position relative	$\mathscr{C}$ au-dessus de Δ	$\mathscr{C}$ en-dessous de Δ	$\mathscr{C}$ au-dessus de Δ	$\mathscr{C}$ en-dessous de Δ

$\mathscr{C}$ et Δ se coupent au point $M(1/2)=(-1/6,1/6)=(-0,16\ldots,0,16\ldots)$.

- **Étude en $t=-1$.**

Quand t tend vers -1, $y(t)$ tend vers $-5/6$, et $x(t)$ tend vers $-\infty$ en -1^- et vers $+\infty$ en -1^+. La droite d'équation $y=-\frac{5}{6}$ est asymptote à $\mathscr{C}$. La position relative est fournie par le signe de $y(t)+\frac{5}{6}=\frac{6t^2+t-5}{6(t-1)}=\frac{(t+1)(6t-5)}{6(t-1)}$.

- **Étude en $t=1$.**

  Quand t tend vers 1, x et y tendent vers l'infini, $\frac{y(t)}{x(t)}=\frac{(3t-2)(t+1)}{3t^2}$ tend vers $\frac{2}{3}$ et $y(t)-\frac{2}{3}x(t)=\frac{t^3+t^2-2t}{3(t^2-1)}=\frac{t(t+2)}{3(t+1)}$ tend vers $\frac{1}{2}$. La droite d'équation $y=\frac{2}{3}x+\frac{1}{2}$ est asymptote à la courbe. La position relative est fournie par le signe de $y(t)-\left(\frac{2}{3}x(t)+\frac{1}{2}\right)=\frac{2t^2+t-3}{6(t+1)}=\frac{(t-1)(2t+3)}{6(t+1)}$.

- **Tableau de variations conjointes.**

t	$-\infty$		$-\sqrt{3}$		-1		$1-\frac{1}{\sqrt{3}}$		1		$1+\frac{1}{\sqrt{3}}$		$\sqrt{3}$		$+\infty$
$x'(t)$		$+$	0	$-$	‖		$-$		‖		$-$		0	$+$	
x	$-\infty$	↗	$-2,59\ldots$	↘	$-\infty$ ‖ $+\infty$		↘		$-\infty$ ‖ $+\infty$		↘		$2,59\ldots$	↗	$+\infty$
y	$-\infty$		↗				$0,17\ldots$	↘	$-\infty$ ‖ $+\infty$	↘	$2,48\ldots$		↗		$+\infty$
$y'(t)$			$+$				0	$-$	‖	$-$	0		$+$		

- **Intersection avec les axes.**

  $x(t)=0$ équivaut à $t=0$. La courbe coupe (Oy) au point $M(0)=(0,0)$. $y(t)=0$ équivaut à $t=0$ ou $t=\frac{2}{3}$. La courbe coupe (Ox) au point $M(0)=(0,0)$ et $M(\frac{2}{3})=(-\frac{8}{15},0)$.

- **Tracé de la courbe.**

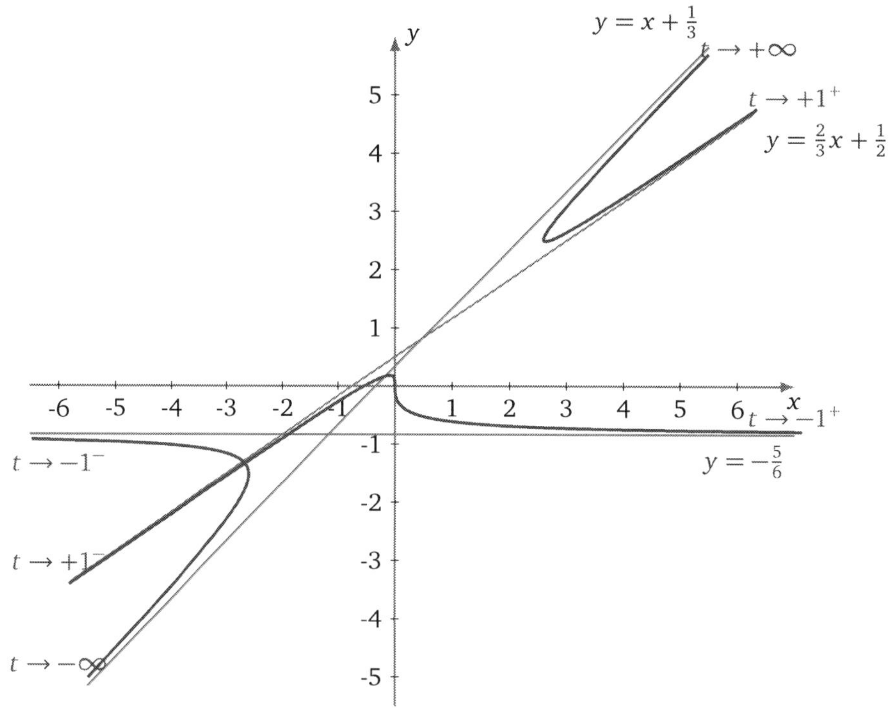

Le tracé fait apparaître un **point double**. Je vous laisse le chercher (et le trouver).

4.3. Une courbe de Lissajous

Exemple 16.

Construire la courbe $\left\{\begin{array}{l} x = \sin(2t) \\ y = \sin(3t) \end{array}\right.$ de la famille des <u>**courbes de Lissajous**</u>.

Solution.

- **Domaine d'étude.** Pour tout réel t, $M(t)$ existe et $M(t+2\pi) = M(t)$. On obtient la courbe complète quand t décrit $[-\pi, \pi]$.
  Pour $t \in [-\pi, \pi]$, $M(-t) = s_O(M(t))$, puis pour $t \in [0, \pi]$, $M(\pi - t) = s_{(Oy)}(M(t))$. On étudie et on construit l'arc quand t décrit $[0, \frac{\pi}{2}]$, puis on obtient la courbe complète par réflexion d'axe (Oy) puis par symétrie centrale de centre O. Puisque, pour tout réel t, $M(t + \pi) = s_{(Ox)}(M(t))$, l'axe (Ox) est également axe de symétrie de la courbe.
- **Localisation.** Pour tout réel t, $|x(t)| \leqslant 1$ et $|y(t)| \leqslant 1$. Le support de la courbe est donc contenu dans le carré $\left\{(x, y) \in \mathbb{R}^2 \;\; | \;\; |x| \leqslant 1 \text{ et } |y| \leqslant 1\right\}$.

- **Variations conjointes.** D'après les propriétés usuelles de la fonction sinus, la fonction x est croissante sur $[0, \frac{\pi}{4}]$ et décroissante sur $[\frac{\pi}{4}, \frac{\pi}{2}]$; et de même, la fonction y croît sur $[0, \frac{\pi}{6}]$ et décroît sur $[\frac{\pi}{6}, \frac{\pi}{2}]$.
- **Vecteur dérivé et tangente.**
  — Pour $t \in [0, \frac{\pi}{2}]$, $\frac{\overrightarrow{\mathrm{d}M}}{\mathrm{d}t}(t) = \big(2\cos(2t), 3\cos(3t)\big)$. Par suite :
  $$\frac{\overrightarrow{\mathrm{d}M}}{\mathrm{d}t}(t) = \vec{0} \iff \cos(2t) = \cos(3t) = 0 \iff t \in \left(\tfrac{\pi}{4} + \tfrac{\pi}{2}\mathbb{Z}\right) \cap \left(\tfrac{\pi}{6} + \tfrac{\pi}{3}\mathbb{Z}\right) = \varnothing.$$
  Donc $\frac{\overrightarrow{\mathrm{d}M}}{\mathrm{d}t}$ ne s'annule pas et la courbe est régulière. La tangente en tout point est dirigée par le vecteur $\big(2\cos(2t), 3\cos(3t)\big)$.
  — Cette tangente est parallèle à (Ox) si et seulement si $\cos(3t) = 0$ ou encore $t \in \frac{\pi}{6} + \frac{\pi}{3}\mathbb{Z}$ ou enfin $t = \frac{\pi}{6}$ et $t = \frac{\pi}{2}$, et cette tangente est parallèle à (Oy) si et seulement si $\cos(2t) = 0$ ou encore $t \in \frac{\pi}{4} + \frac{\pi}{2}\mathbb{Z}$ ou enfin $t = \frac{\pi}{4}$.
  — La tangente en $M(0)$ est dirigée par le vecteur $(2, 3)$ et a donc pour coefficient directeur $3/2$.
  — Pour $t \in [0, \frac{\pi}{2}]$, $M(t) \in (Ox)$ si et seulement si $\sin(3t) = 0$ ou encore $t \in \frac{\pi}{3}\mathbb{Z}$ ou enfin $t = 0$ ou $t = \frac{\pi}{3}$. La tangente en $M(\pi/3)$ est dirigée par le vecteur $(-1, -3)$ et a donc pour coefficient directeur 3.

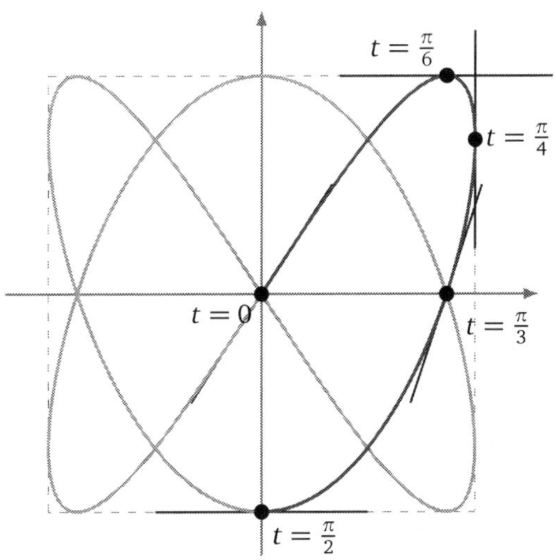

4.4. Le folium de Descartes

Il existe d'autres façons de définir une courbe, par exemple par une équation cartésienne du type $f(x,y)=0$. Par exemple, $(x^2+y^2-1=0)$ définit le cercle de rayon 1, centré à l'origine.

Pour étudier les équations $f(x,y)=0$, il nous manque un cours sur les fonctions de deux variables. Néanmoins, il est possible dès à présent de construire de telles courbes en trouvant une paramétrisation. Une idée (parmi tant d'autres), fréquemment utilisée en pratique, est de chercher *l'intersection de la courbe avec toutes les droites passant par l'origine* comme le montre le dessin suivant. Ceci revient en gros à prendre comme paramètre le réel $t=\frac{y}{x}$.

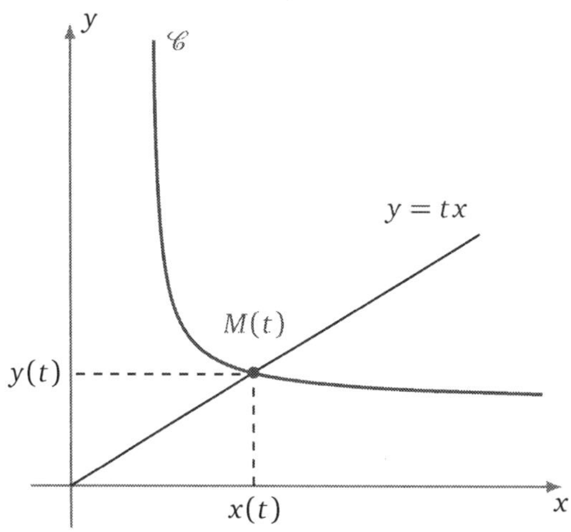

Exemple 17.

Construire le **folium de Descartes** $\mathscr{C}$ d'équation $x^3+y^3-3axy=0$, a étant un réel strictement positif donné.

Solution.

Commençons par montrer que l'intersection de la courbe avec l'axe des ordonnées est réduite à l'origine :

$$M(x,y)\in\mathscr{C}\cap(Oy) \iff x^3+y^3-3axy=0 \text{ et } x=0 \iff x=y=0.$$

Soient $t\in\mathbb{R}$ et D_t la droite d'équation $(y=tx)$. Cherchons l'intersection de cette droite D_t avec notre courbe $\mathscr{C}$:

$$M(x,y) \in D_t \cap \mathscr{C} \setminus (Oy)$$
$$\iff \begin{cases} x \neq 0 \\ y = tx \\ x^3 + t^3x^3 - 3atx^2 = 0 \end{cases} \iff \begin{cases} x \neq 0 \\ y = tx \\ (1+t^3)x - 3at = 0 \end{cases}$$
$$\iff \begin{cases} x \neq 0 \\ x = \frac{3at}{1+t^3} \\ y = \frac{3at^2}{1+t^3} \end{cases} \text{pour } t \notin \{-1\} \iff \begin{cases} x = \frac{3at}{1+t^3} \\ y = \frac{3at^2}{1+t^3} \end{cases} \text{pour } t \notin \{-1, 0\}.$$

Ainsi $\mathscr{C}$ est la réunion de $\{O\}$ et de l'ensemble des points $\left(\frac{3at}{1+t^3}, \frac{3at^2}{1+t^3}\right)$, $t \notin \{-1,0\}$. D'autre part les droites D_{-1} et D_0 n'ont qu'un point commun avec $\mathscr{C}$, à savoir le point O. Comme $t = 0$ refournit le point O, on a plus simplement :

$$\mathscr{C} = \left\{ \left(\frac{3at}{1+t^3}, \frac{3at^2}{1+t^3} \right) \mid t \in \mathbb{R} \setminus \{-1\} \right\}.$$

Une paramétrisation de la courbe est donc

$$t \mapsto \begin{cases} x(t) = \dfrac{3at}{1+t^3} \\ y(t) = \dfrac{3at^2}{1+t^3} \end{cases}.$$

Après étude, on obtient le graphe suivant :

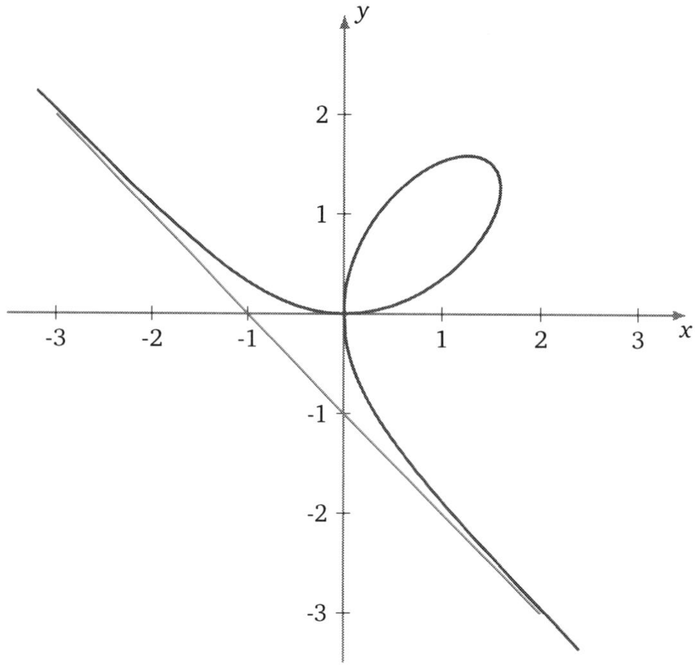

Mini-exercices.

1. Faire une étude complète et le tracé de la courbe définie par $x(t) = \tan\left(\frac{t}{3}\right)$, $y(t) = \sin(t)$.
2. Faire une étude complète et le tracé de l'astroïde définie par $x(t) = \cos^3 t$, $y(t) = \sin^3 t$.
3. Faire une étude complète et le tracé de la cycloïde définie par $x(t) = r(t - \sin t)$, $y(t) = r(1 - \cos t)$.

5. Courbes en polaires : théorie

5.1. Coordonnées polaires

Rappelons tout d'abord la définition précise des coordonnées polaires. Le plan est rapporté à un repère orthonormé $(O, \overrightarrow{i}, \overrightarrow{j})$. Pour θ réel, on pose

$$\overrightarrow{u_\theta} = \cos\theta\,\overrightarrow{i} + \sin\theta\,\overrightarrow{j} \quad \text{et} \quad \overrightarrow{v_\theta} = -\sin\theta\,\overrightarrow{i} + \cos\theta\,\overrightarrow{j} = \overrightarrow{u_{\theta+\pi/2}}.$$

M étant un point du plan, on dit que $[r:\theta]$ est un couple de **coordonnées polaires** du point M si et seulement si $\overrightarrow{OM} = r\overrightarrow{u_\theta}$.

$$\boxed{M = [r:\theta] \iff \overrightarrow{OM} = r\overrightarrow{u_\theta} \iff M = O + r\overrightarrow{u_\theta}.}$$

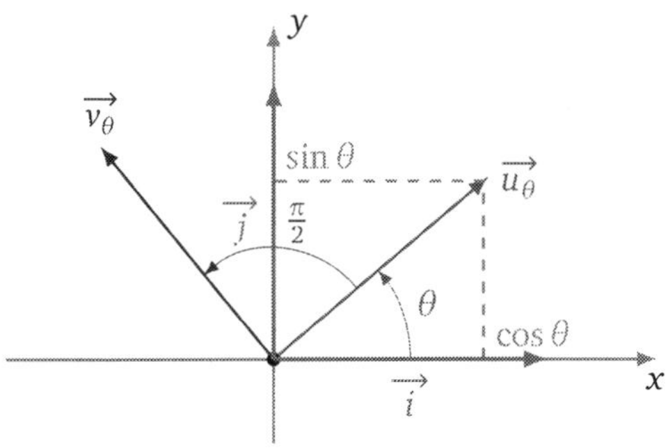

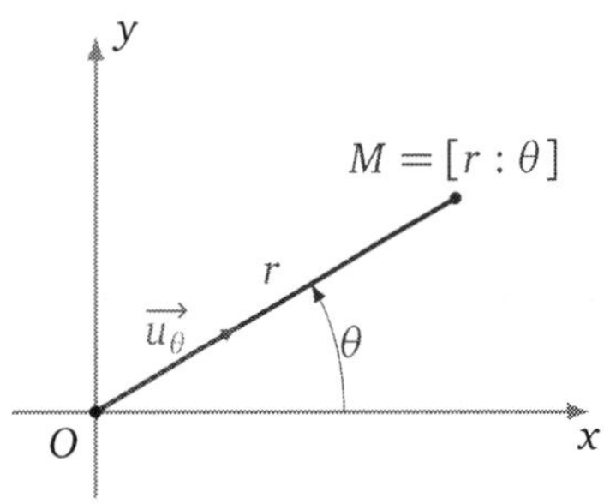

5.2. Courbes d'équations polaires

La courbe d'**équation polaire** $r = f(\theta)$ est l'application suivante, où les coordonnées des points sont données en coordonnées polaires :

$$\begin{array}{rccl} F : & D & \to & \mathbb{R}^2 \\ & \theta & \mapsto & M(\theta) = \big[r(\theta):\theta\big] = O + r(\theta)\vec{u}_\theta \end{array}$$

ou encore, sous forme complexe, $\theta \mapsto r(\theta)e^{\mathrm{i}\theta}$.

Exemple 18.

Voici une spirale d'équation polaire $r = \sqrt{\theta}$, définie pour $\theta \in [0, +\infty[$.

Par exemple pour $\theta = 0$, $r(\theta) = 0$, donc l'origine appartient à la courbe $\mathscr{C}$. Pour $\theta = \frac{\pi}{2}$, $r(\theta) = \sqrt{\frac{\pi}{2}}$, donc $M(\frac{\pi}{2}) = \Big[\sqrt{\frac{\pi}{2}} : \frac{\pi}{2}\Big]$, soit en coordonnées cartésiennes $M(\frac{\pi}{2}) = (0,\ 1,25\ldots) \in \mathscr{C}$. Puis $M(\pi) = \big[\sqrt{\pi} : \pi\big] = (-1,77\ldots, 0) \in \mathscr{C}$, $M(2\pi) = \big[\sqrt{2\pi} : 2\pi\big] = \big[\sqrt{2\pi} : 0\big] = (2,50\ldots, 0) \in \mathscr{C}$, ...

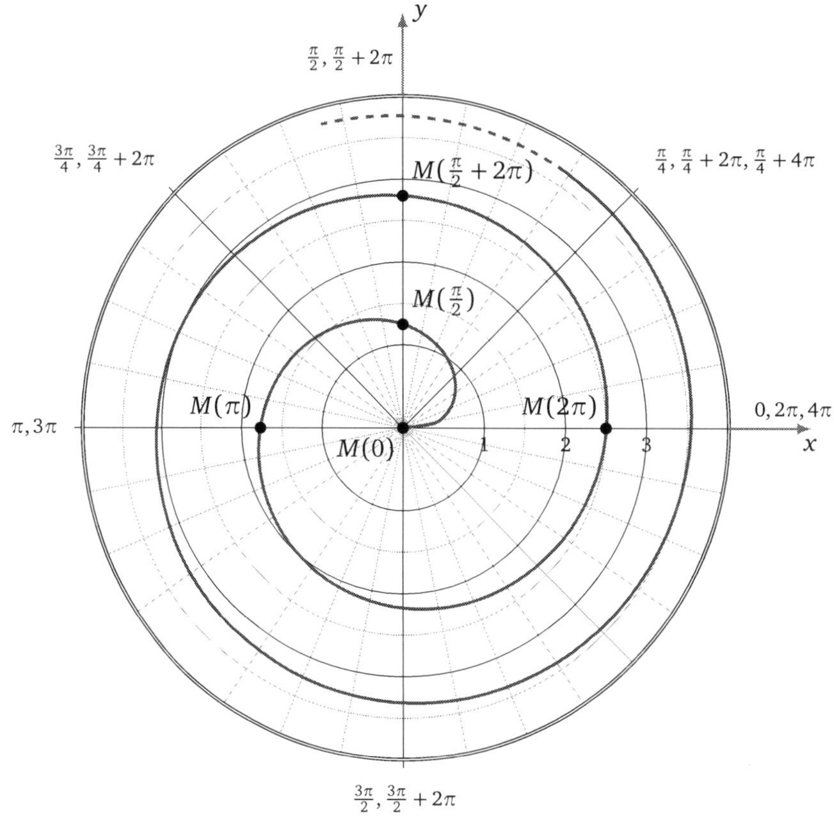

Une telle équation ($r = f(\theta)$) ressemble à une équation cartésienne ($y = f(x)$). Mais la non unicité d'un couple de coordonnées polaires en fait un objet plus compliqué. Reprenons l'exemple de la spirale d'équation polaire $r = \sqrt{\theta}$. Le point de coordonnées polaires $[\sqrt{\pi} : \pi]$ est sur la spirale, mais aussi le point $[-\sqrt{\pi} : 2\pi]$ (car $[-\sqrt{\pi} : 2\pi] = [\sqrt{\pi} : \pi]$). Ainsi, si en cartésien on peut écrire $M(x, y) \in \mathscr{C}_f \iff y = f(x)$, ce n'est pas le cas en polaires, où l'on a seulement $r = f(\theta) \implies M[r : \theta] \in \mathscr{C}$.

Pour avoir une équivalence, avec $\mathscr{C}$ la courbe d'équation polaire $r = f(\theta)$ et M un point du plan, il faut écrire :

$M \in \mathscr{C} \iff$	il existe un couple $[r : \theta]$ de coordonnées polaires de M tel que $r = f(\theta)$.

Remarque.

- Dans cette présentation, la lettre r désigne à la fois la première des deux coordonnées polaires du point $[r : \theta]$ et aussi la fonction $\theta \mapsto r(\theta)$, cette confusion des notations étant résumée dans l'égalité $r = r(\theta)$.
- $r(\theta)$ n'est pas nécessairement la distance $OM(\theta)$ car la fonction r peut tout à fait prendre des valeurs strictement négatives. La formule générale est $OM(\theta) = |r(\theta)|$.
- Grâce aux relations usuelles entre les coordonnées cartésiennes et les coordonnées polaires d'un point, on peut à tout moment écrire une représentation polaire sous la forme d'une représentation paramétrique classique :

$$\theta \mapsto \begin{cases} x(\theta) = r(\theta)\cos(\theta) \\ y(\theta) = r(\theta)\sin(\theta) \end{cases}.$$

5.3. Calcul de la vitesse en polaires

Pour pouvoir dériver un arc en coordonnées polaires, il faut d'abord savoir dériver le vecteur $\overrightarrow{u_\theta} = \cos\theta\,\overrightarrow{i} + \sin\theta\,\overrightarrow{j}$ en tant que fonction de θ :

$$\frac{\mathrm{d}\overrightarrow{u_\theta}}{\mathrm{d}\theta}(\theta) = -\sin\theta\,\overrightarrow{i} + \cos\theta\,\overrightarrow{j} = \overrightarrow{v_\theta} = \overrightarrow{u_{\theta+\pi/2}}$$

$$\text{et}\quad \frac{\mathrm{d}\overrightarrow{v_\theta}}{\mathrm{d}\theta}(\theta) = \overrightarrow{u_{\theta+\pi/2+\pi/2}} = \overrightarrow{u_{\theta+\pi}} = -\overrightarrow{u_\theta}.$$

En résumé, ils s'obtiennent par rotation d'angle $+\frac{\pi}{2}$:

$$\boxed{\frac{\mathrm{d}\overrightarrow{u_\theta}}{\mathrm{d}\theta} = \overrightarrow{v_\theta} \qquad \frac{\mathrm{d}\overrightarrow{v_\theta}}{\mathrm{d}\theta} = -\overrightarrow{u_\theta}}$$

5.4. Tangente en un point distinct de l'origine

Soient r une fonction dérivable sur un domaine D de $\mathbb{R}$ à valeurs dans $\mathbb{R}$ et $\mathscr{C}$ la courbe d'équation polaire $r = r(\theta)$ ou encore de représentation polaire $\theta \mapsto O + r(\theta)\overrightarrow{u_\theta}$.

Théorème 5 (Tangente en un point distinct de l'origine).

1. *Tout point de $\mathscr{C}$ distinct de l'origine O est un point régulier.*
2. *Si $M(\theta) \neq O$, la tangente en $M(\theta)$ est dirigée par le vecteur*

$$\boxed{\frac{\mathrm{d}\overrightarrow{M}}{\mathrm{d}\theta}(\theta) = r'(\theta)\overrightarrow{u_\theta} + r(\theta)\overrightarrow{v_\theta}}$$

3. *L'angle β entre le vecteur $\overrightarrow{u_\theta}$ et la tangente en $M(\theta)$ vérifie* $\boxed{\tan(\beta) = \frac{r}{r'}}$ *si $r' \neq 0$, et $\beta = \frac{\pi}{2}$ $(\text{mod } \pi)$ sinon.*

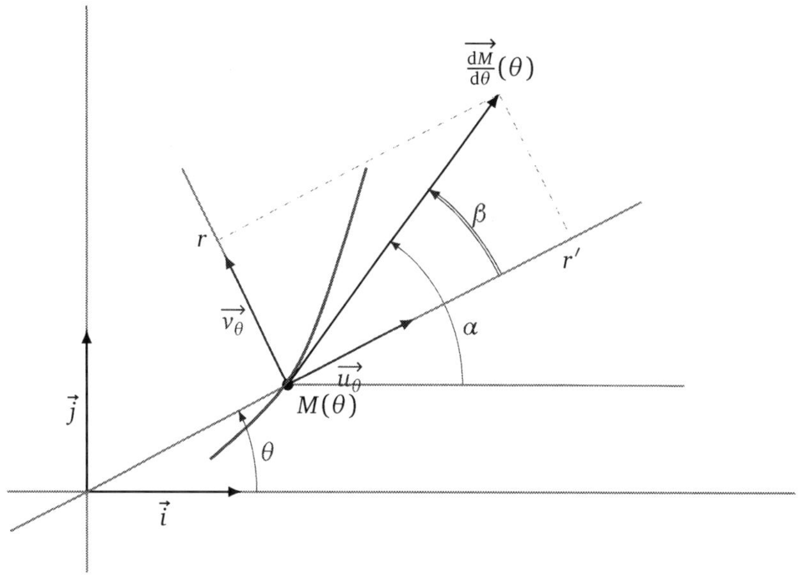

Le repère $(M(\theta), \overrightarrow{u_\theta}, \overrightarrow{v_\theta})$ est le **repère polaire** en $M(\theta)$. Dans ce repère, les coordonnées du vecteur $\frac{\mathrm{d}\overrightarrow{M}}{\mathrm{d}\theta}$ sont donc (r', r). On note β l'angle $(\overrightarrow{u_\theta}, \frac{\mathrm{d}\overrightarrow{M}}{\mathrm{d}\theta})$ et α l'angle $(\overrightarrow{i}, \frac{\mathrm{d}\overrightarrow{M}}{\mathrm{d}\theta})$ de sorte que $\alpha = \beta + \theta$.

Démonstration.

- Comme $M(\theta) = O + r(\theta)\overrightarrow{u_\theta}$, alors par la formule de dérivation d'un produit :

$$\frac{\mathrm{d}\overrightarrow{M}}{\mathrm{d}\theta}(\theta) = \frac{\mathrm{d}r(\theta)}{\mathrm{d}\theta}\overrightarrow{u_\theta} + r(\theta)\frac{\mathrm{d}\overrightarrow{u_\theta}}{\mathrm{d}\theta} = r'(\theta)\overrightarrow{u_\theta} + r(\theta)\overrightarrow{v_\theta}$$

- Déterminons alors les éventuels points singuliers. Puisque les vecteurs $\overrightarrow{u_\theta}$ et $\overrightarrow{v_\theta}$ ne sont pas colinéaires,

$$\frac{\mathrm{d}\overrightarrow{M}}{\mathrm{d}\theta}(\theta) = \overrightarrow{0} \iff r(\theta) = 0 \text{ et } r'(\theta) = 0$$

  Maintenant, comme $r(\theta) = 0 \iff M(\theta) = O$, on en déduit que tout point distinct de l'origine est un point régulier.

- Comme $\frac{\overrightarrow{\mathrm{d}M}}{\mathrm{d}\theta}(\theta) = r'(\theta)\overrightarrow{u_\theta} + r(\theta)\overrightarrow{v_\theta}$ alors, dans le repère polaire $(M(\theta), \overrightarrow{u_\theta}, \overrightarrow{v_\theta})$, les coordonnées de $\frac{\overrightarrow{\mathrm{d}M}}{\mathrm{d}\theta}$ sont (r', r). On a alors

$$\cos\beta = \frac{r'}{\sqrt{r^2 + r'^2}} \quad \text{et} \quad \sin\beta = \frac{r}{\sqrt{r^2 + r'^2}}.$$

  Ces égalités définissent β modulo 2π. Ensuite, (puisque $r \neq 0$) on a $\frac{1}{\tan\beta} = \frac{r'}{r}$. On préfère retenir que, si de plus $r' \neq 0$, $\tan(\beta) = \frac{r}{r'}$. Les deux dernières égalités déterminent β modulo π, ce qui est suffisant pour construire la tangente, mais insuffisant pour construire le vecteur $\frac{\overrightarrow{\mathrm{d}M}}{\mathrm{d}\theta}$.

□

Exemple 19.
Déterminer, au point $M(\frac{\pi}{2})$, la tangente à la courbe polaire :

$$r = 1 - 2\cos\theta.$$

Solution.
On note $\mathscr{C}$ la courbe.

1. **Première méthode.** On détermine l'angle $(\overrightarrow{u_\theta}, \frac{\overrightarrow{\mathrm{d}M}}{\mathrm{d}\theta})$ formé par la tangente avec la droite d'angle polaire θ. Comme $r'(\theta) = 2\sin\theta$, alors $r'(\frac{\pi}{2}) = 2$. De plus, $r(\frac{\pi}{2}) = 1 \neq 0$. Donc,

$$\tan\beta = \frac{r(\frac{\pi}{2})}{r'(\frac{\pi}{2})} = \frac{1}{2}.$$

   Ainsi, modulo π,

$$\beta = \arctan(\tfrac{1}{2}) = \frac{\pi}{2} - \arctan(2).$$

   L'angle polaire de la tangente en $M(\frac{\pi}{2})$ est donc

$$\alpha = \beta + \theta = \frac{\pi}{2} + \frac{\pi}{2} - \arctan(2) = \pi - \arctan(2).$$

2. **Seconde méthode.** On calcule le vecteur dérivé, qui bien sûr dirige la tangente :

$$\frac{\overrightarrow{\mathrm{d}M}}{\mathrm{d}\theta}\left(\frac{\pi}{2}\right) = 2 \cdot \overrightarrow{u_{\pi/2}} + 1 \cdot \overrightarrow{v_{\pi/2}} = -\overrightarrow{i} + 2\overrightarrow{j}.$$

   Comme la tangente passe par le point $M(\frac{\pi}{2}) = \left[1 : \frac{\pi}{2}\right] = (0, 1)$, une équation cartésienne de cette tangente est donc $2 \cdot (x - 0) + 1 \cdot (y - 1) = 0$ ou encore $y = -2x + 1$.

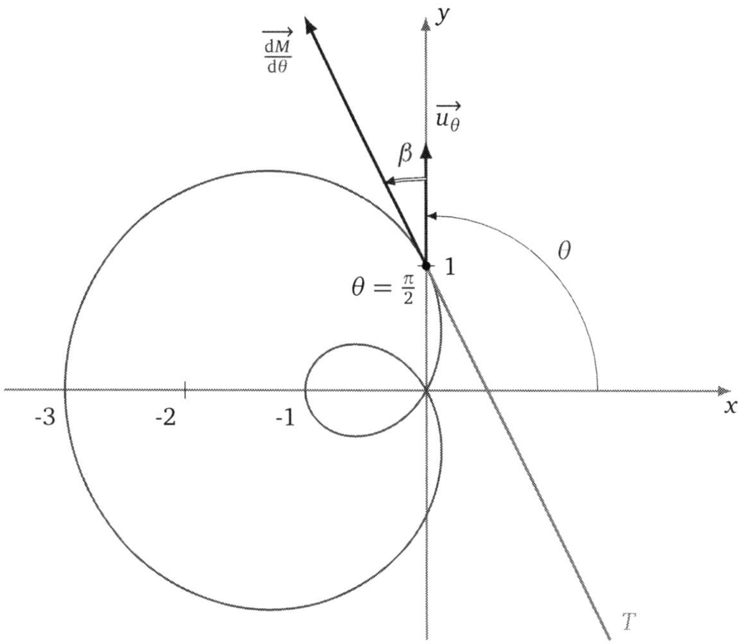

5.5. Tangente à l'origine

Supposons maintenant que, pour un certain réel θ_0, la courbe passe par l'origine O. On suppose comme d'habitude que l'arc est localement simple, ce qui revient à dire qu'au voisinage de θ_0, la fonction r ne s'annule qu'en θ_0.

Théorème 6 (Tangente à l'origine).
Si $M(\theta_0) = O$, la tangente en $M(\theta_0)$ est la droite d'angle polaire θ_0.

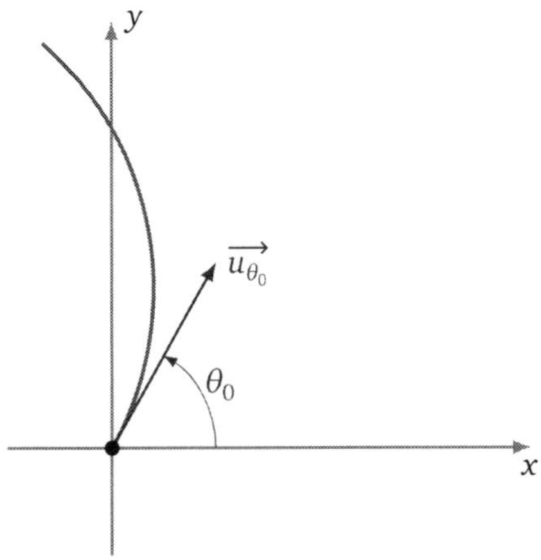

Une équation cartésienne de cette droite dans le repère $(O, \overrightarrow{i}, \overrightarrow{j})$ est donc $y = \tan(\theta_0)x$, si $\theta_0 \notin \frac{\pi}{2} + \pi\mathbb{Z}$ et $x = 0$, si $\theta_0 \in \frac{\pi}{2} + \pi\mathbb{Z}$.

Démonstration. Pour $\theta \neq \theta_0$, le vecteur

$$\frac{1}{r(\theta)}\overrightarrow{M(\theta_0)M(\theta)} = \frac{1}{r(\theta)}\overrightarrow{OM(\theta)} = \overrightarrow{u_\theta},$$

dirige la droite $\big(M(\theta_0)M(\theta)\big)$. Or, quand θ tend vers θ_0, $\overrightarrow{u_\theta}$ tend vers $\overrightarrow{u_{\theta_0}}$. Ainsi $\overrightarrow{u_{\theta_0}}$ est un vecteur directeur de la tangente, comme on le souhaitait. □

Remarque.
En l'origine, on ne peut avoir qu'un **point d'allure ordinaire** ou un **rebroussement de première espèce**.

- Si r s'annule en changeant de signe, le point $M(\theta)$ franchit l'origine en tournant dans le sens direct : c'est un point d'allure ordinaire.
- Si r s'annule sans changer de signe en arrivant en O, on rebrousse chemin en traversant la tangente (puisque l'on tourne toujours dans le même sens) : c'est un rebroussement de première espèce.

Exemple 20.
Étudier le point $M(\frac{\pi}{2})$ dans les deux cas suivants :

$$r = (\theta + 1)\cos\theta \qquad \text{et} \qquad r = \cos^2(\theta).$$

Solution. Dans les deux cas, $M(\frac{\pi}{2}) = O$ et la tangente en $M(\frac{\pi}{2})$ est la droite passant par O et d'angle polaire $\frac{\pi}{2}$, c'est-à-dire l'axe des ordonnées.

- Dans le premier cas, r change de signe en franchissant $\frac{\pi}{2}$, de positif à négatif. Ainsi, en tournant toujours dans le même sens, on se rapproche de l'origine, on la franchit et on s'en écarte : c'est un point d'allure ordinaire.
- Dans le deuxième cas, r ne change pas de signe. On ne franchit pas l'origine. On rebrousse chemin tout en tournant toujours dans le même sens : c'est un point de rebroussement de première espèce.

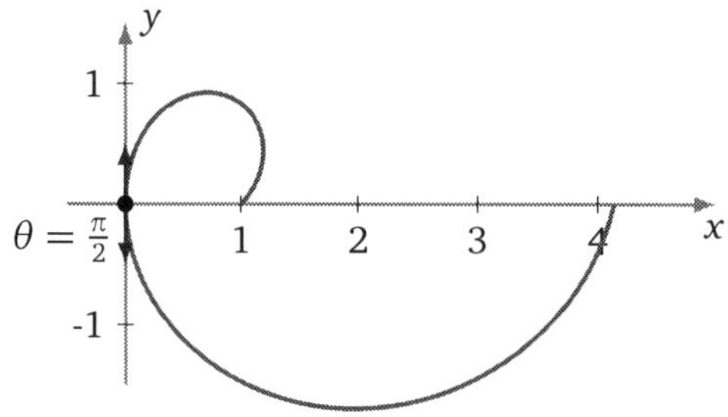

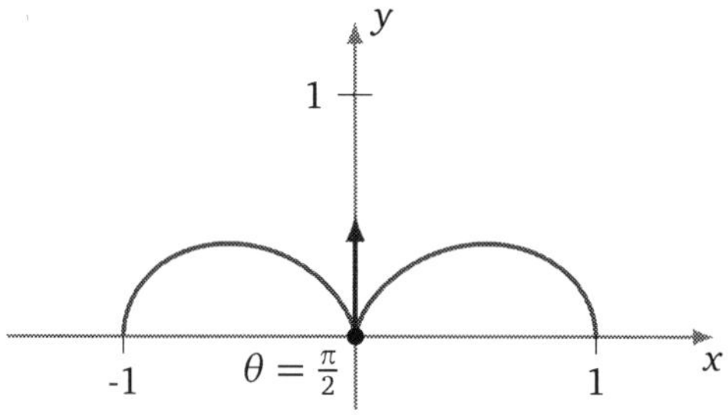

Mini-exercices.

1. Soit la courbe d'équation polaire $r = (\cos\theta)^2$. Quand est-ce que la tangente en $M(\theta)$ est perpendiculaire à $\overrightarrow{u_\theta}$? Quelle est la tangente à l'origine ? En quels points la tangente est-elle horizontale ? Tracer la courbe.
2. Montrer que la courbe polaire $r = \frac{1}{\cos\theta+2\sin\theta}$ est une droite, que vous déterminerez. Même problème avec $r = \frac{1}{\cos\left(\theta-\frac{\pi}{4}\right)}$.
3. Montrer que la courbe polaire $r = \cos\theta$ est un cercle, que vous déterminerez.

6. Courbes en polaires : exemples

6.1. Réduction du domaine d'étude

On doit connaître l'effet de transformations géométriques usuelles sur les coordonnées polaires d'un point. Le plan est rapporté à un repère orthonormé direct, M étant le point de coordonnées polaires $[r:\theta]$.

- Réflexion d'axe (Ox). $s_{(Ox)}:[r:\theta]\mapsto[r:-\theta]$.
- Réflexion d'axe (Oy). $s_{(Oy)}:[r:\theta]\mapsto[r:\pi-\theta]$.
- Symétrie centrale de centre O. $s_O:[r:\theta]\mapsto[r:\theta+\pi]=[-r:\theta]$.
- Réflexion d'axe la droite D d'équation $(y=x)$. $s_D(M):[r:\theta]\mapsto[r:\frac{\pi}{2}-\theta]$.
- Réflexion d'axe la droite D' d'équation $(y=-x)$. $s_{D'}(M):[r:\theta]\mapsto[-r:\frac{\pi}{2}-\theta]=[r:-\frac{\pi}{2}-\theta]$.
- Rotation d'angle $\frac{\pi}{2}$ autour de O. $r_{O,\pi/2}:[r:\theta]\mapsto[r:\theta+\frac{\pi}{2}]$.
- Rotation d'angle φ autour de O. $r_{O,\varphi}:[r:\theta]\mapsto[r:\theta+\varphi]$.

Voici quelques transformations :

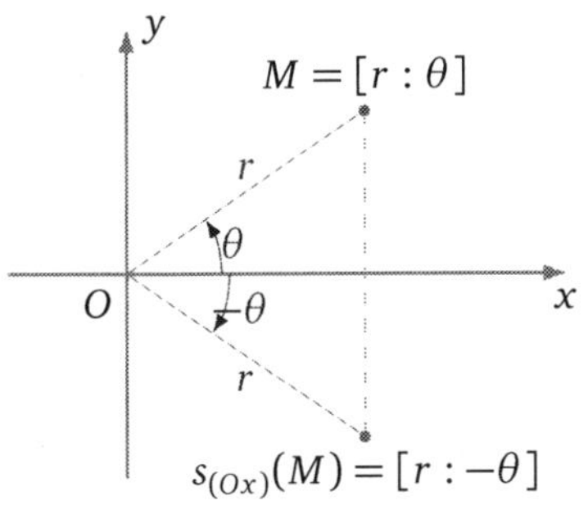

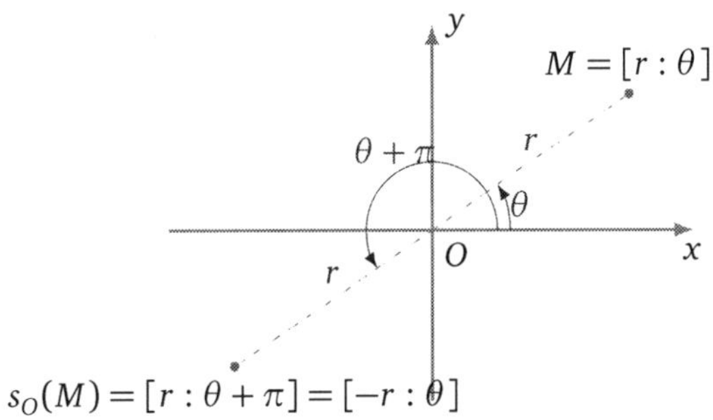

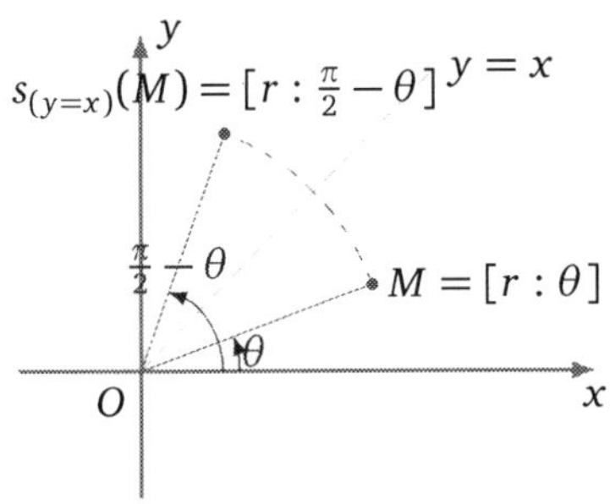

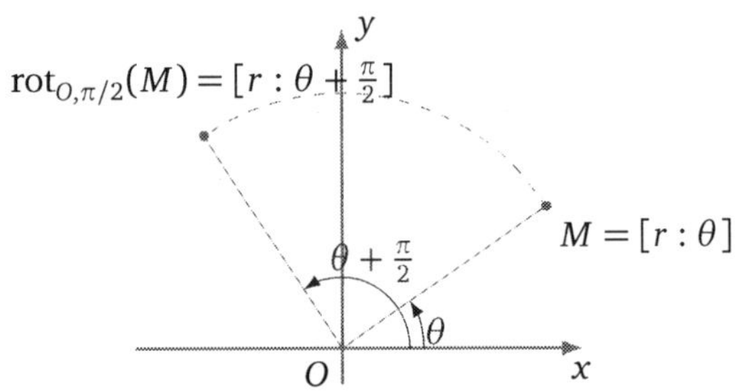

Exemple 21.
Déterminer un domaine d'étude le plus simple possible de la courbe d'équation polaire

$$r = 1 + 2\cos^2\theta.$$

Solution.

- La fonction r est définie sur $\mathbb{R}$ et 2π-périodique. Donc, pour $\theta \in \mathbb{R}$,
$$M(\theta + 2\pi) = \big[r(\theta + 2\pi) : \theta + 2\pi\big] = \big[r(\theta) : \theta\big] = M(\theta).$$
La courbe complète est donc obtenue quand θ décrit un intervalle de longueur 2π comme $[-\pi, \pi]$ par exemple.
- La fonction r est paire. Donc, pour $\theta \in [-\pi, \pi]$,
$$M(-\theta) = \big[r(-\theta) : -\theta\big] = \big[r(\theta) : -\theta\big] = s_{(Ox)}\big(M(\theta)\big).$$
On étudie et construit la courbe sur $[0, \pi]$, puis on obtient la courbe complète par réflexion d'axe (Ox).
- $r(\pi - \theta) = r(\theta)$. Donc, pour $\theta \in [0, \pi]$,
$$M(\pi - \theta) = \big[r(\pi - \theta) : \pi - \theta\big] = \big[r(\theta) : \pi - \theta\big] = s_{(Oy)}\big(M(\theta)\big).$$
On étudie et construit la courbe sur $[0, \frac{\pi}{2}]$, puis on obtient la courbe complète par réflexion d'axe (Oy) puis par réflexion d'axe (Ox).
- On obtiendrait les tracés suivants sur $[0, \frac{\pi}{2}]$, sur $[0, \pi]$ puis $[0, 2\pi]$.

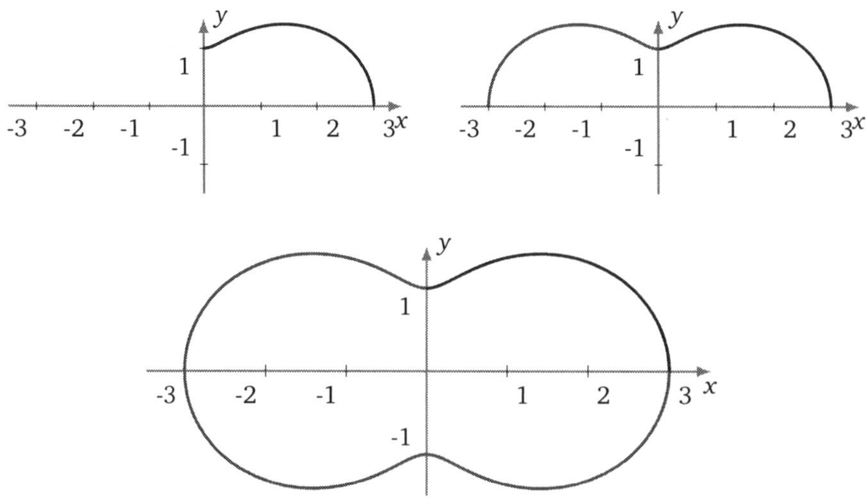

6.2. Plan d'étude

1. **Domaine de définition** et réduction du **domaine d'étude** en détaillant à chaque fois les transformations géométriques permettant de reconstituer la courbe.
2. **Passages par l'origine.** On résout l'équation $r(\theta) = 0$ et on précise les tangentes en les points correspondants.
3. **Variations** de la fonction r ainsi que le **signe** de la fonction r. Ce signe aura une influence sur le tracé de la courbe (voir plus bas). Ce signe permet aussi de savoir si l'origine est un point de rebroussement ou un point ordinaire.
4. **Tangentes parallèles aux axes.** Recherche éventuelle des points en lesquels la tangente est parallèle à un axe de coordonnées (pour une tangente en un point distinct de O, parallèle à (Ox), on résout $\big(r\sin(\theta)\big)' = y' = 0$).
5. **Étude des branches infinies.** Aucun résultat spécifique ne sera fait ici. Le plus simple est alors de se ramener à l'étude des branches infinies d'une courbe paramétrée classique : $\begin{cases} x(\theta) = r(\theta)\cos(\theta) \\ y(\theta) = r(\theta)\sin(\theta) \end{cases}$.
6. **Construction de la courbe.**

Tracé de la courbe d'équation polaire $r = f(\theta)$
Si r est positif et croît, on tourne dans le sens direct en s'écartant de l'origine.
Si r est négatif et décroit, on tourne dans le sens direct en s'écartant de l'origine.
Si r est positif et décroît, on tourne dans le sens direct en se rapprochant de l'origine.
Si r est négatif et croît, on tourne dans le sens direct en se rapprochant de l'origine.

7. **Points multiples.** Recherche éventuelle de points multiples si le tracé de la courbe le suggère (et si les calculs sont simples).

6.3. Exemples détaillés

Exemple 22.
Construire la <u>**cardioïde**</u>, courbe d'équation polaire

$$r = 1 - \cos\theta.$$

Solution.

- **Domaine d'étude.** La fonction r est 2π-périodique, donc on l'étudie sur $[-\pi, \pi]$, mais comme r est une fonction paire, on se limite à l'intervalle $[0, \pi]$, la courbe étant symétrique par rapport à l'axe des abscisses.
- **Localisation de la courbe.** Comme $0 \leqslant r \leqslant 2$ alors la courbe est bornée, incluse dans le disque de rayon 2, centré à l'origine. Il n'y a pas de branches infinies.
- **Passage par l'origine.** $r = 0 \iff \cos\theta = 1 \iff \theta = 0$ (toujours avec notre restriction $\theta \in [0, \pi]$). La courbe passe par l'origine uniquement pour $\theta = 0$.
- **Variations de r.** La fonction r est croissante sur $[0, \pi]$ avec $r(0) = 0$, $r(\pi) = 2$. Conséquence : r est positif et croît, on tourne dans le sens direct en s'écartant de l'origine.
- **Tangentes parallèles aux axes.** La représentation paramétrique de la courbe est $x(\theta) = r(\theta)\cos\theta$, $y(\theta) = r(\theta)\sin\theta$. La tangente est horizontale lorsque $y'(\theta) = 0$ (et $x'(\theta) \neq 0$) et verticale lorsque $x'(\theta) = 0$ (et $y'(\theta) \neq 0$). On calcule

$$x(\theta) = r(\theta)\cos\theta = \cos\theta - \cos^2\theta \qquad x'(\theta) = \sin\theta(2\cos\theta - 1)$$

$$x'(\theta) = 0 \iff \theta = 0, \quad \theta = \frac{\pi}{3}, \quad \theta = \pi$$

  Puis :

$$y(\theta) = r(\theta)\sin\theta = \sin\theta - \cos\theta\sin\theta \qquad y'(\theta) = -2\cos^2\theta + \cos\theta + 1$$

  Or $-2X^2 + X + 1 = 0 \iff X = -\frac{1}{2}$ ou $X = 1$ donc

$$y'(\theta) = 0 \iff \theta = 0, \quad \theta = \frac{2\pi}{3}$$

  En $\theta = 0$ les deux dérivées s'annulent, donc on ne peut encore rien dire. En $\theta = \frac{2\pi}{3}$ la tangente est horizontale, et en $\theta = \frac{\pi}{3}$ et $\theta = \pi$ la tangente est verticale.
- **Comportement à l'origine.** À l'origine (pour $\theta_0 = 0$), une équation de la tangente est $y = \tan\theta_0 x$, donc ici d'équation $y = 0$. Comme $r(\theta) \geqslant 0$, il s'agit d'un point de rebroussement.
- **Graphe.** Toutes ces informations permettent de tracer cette courbe polaire.

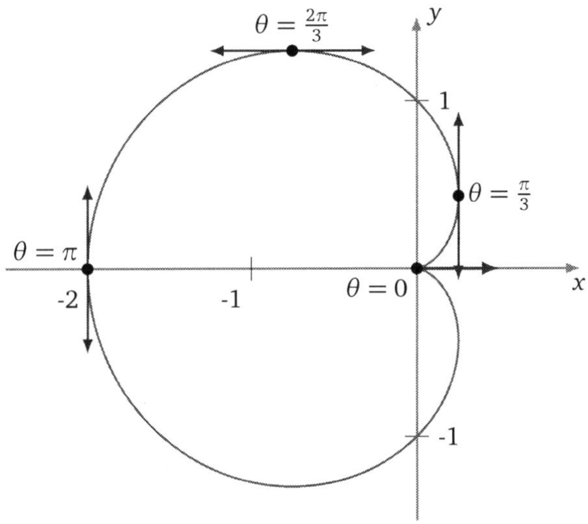

Exemple 23.
Le plan est rapporté à un repère orthonormé direct. Construire la courbe d'équation polaire

$$r = \frac{1+2\sin\theta}{1+2\cos\theta}.$$

Solution.

- **Domaine d'étude.**
La fonction r est 2π-périodique. De plus, pour $r \in [-\pi, \pi]$,

$$1+2\cos\theta = 0 \iff \left(\theta = -\frac{2\pi}{3} \text{ ou } \theta = \frac{2\pi}{3}\right).$$

On obtient la courbe complète quand θ décrit $D = [-\pi, -\frac{2\pi}{3}[\cup]-\frac{2\pi}{3}, \frac{2\pi}{3}[\cup]\frac{2\pi}{3}, \pi]$.

- **Passages par l'origine.**
Pour $\theta \in D$,

$$1+2\sin\theta = 0 \iff \left(\theta = -\frac{\pi}{6} \text{ ou } \theta = -\frac{5\pi}{6}\right).$$

En $M(-\frac{\pi}{6}) = O$, la tangente est la droite d'équation $y = \tan(-\frac{\pi}{6})x = -\frac{1}{\sqrt{3}}x$ et en $M(-\frac{5\pi}{6}) = O$, la tangente est la droite d'équation $y = \tan(-\frac{5\pi}{6})x = \frac{1}{\sqrt{3}}x$.

- **Signe et variations de r.**
r est strictement positive sur $]-\frac{5\pi}{6}, -\frac{2\pi}{3}[\cup]-\frac{\pi}{6}, \frac{2\pi}{3}[$, et strictement négative sur $[-\pi, -\frac{5\pi}{6}[\cup]-\frac{2\pi}{3}, -\frac{\pi}{6}[\cup]\frac{2\pi}{3}, \pi]$. Ensuite, r est dérivable sur D et, pour

$\theta \in D$,

$$\begin{aligned} r'(\theta) &= \frac{2\cos\theta(1+2\cos\theta)+2\sin\theta(1+2\sin\theta)}{(1+2\cos\theta)^2} \\ &= \frac{2(\cos\theta+\sin\theta+2)}{(1+2\cos\theta)^2} = \frac{2\sqrt{2}(\cos(\theta-\frac{\pi}{4})+\sqrt{2})}{(1+2\cos\theta)^2} > 0. \end{aligned}$$

Ainsi, r est strictement croissante sur $[-\pi, -\frac{2\pi}{3}[$, sur $]-\frac{2\pi}{3}, \frac{2\pi}{3}[$ et sur $]\frac{2\pi}{3}, \pi]$.

- **Étude des branches infinies.**
  Quand θ tend vers $-\frac{2\pi}{3}$, $|r(\theta)|$ tend vers $+\infty$. Plus précisément,
  — $x(\theta) = \frac{(1+2\sin\theta)\cos\theta}{1+2\cos\theta}$ tend vers $\pm\infty$,
  — et $y(\theta) = \frac{(1+2\sin\theta)\sin\theta}{1+2\cos\theta}$ tend vers $\pm\infty$,
  — $\frac{y(\theta)}{x(\theta)} = \tan\theta$ tend vers $\tan(-\frac{2\pi}{3}) = \sqrt{3}$. Donc la courbe admet une direction asymptotique d'équation $y = \sqrt{3}x$.

  Ensuite,

$$\begin{aligned} y(\theta) - \sqrt{3}x(\theta) &= \frac{(1+2\sin\theta)(\sin\theta-\sqrt{3}\cos\theta)}{1+2\cos\theta} \\ &= \frac{(1+2\sin\theta)\big(-2\sin(\theta+\frac{2\pi}{3})\big)}{2\big(\cos\theta-\cos(\frac{2\pi}{3})\big)} \\ &= \frac{(1+2\sin\theta)\big(-4\sin(\frac{\theta}{2}+\frac{\pi}{3})\cos(\frac{\theta}{2}+\frac{\pi}{3})\big)}{-4\sin(\frac{\theta}{2}-\frac{\pi}{3})\sin(\frac{\theta}{2}+\frac{\pi}{3})} \\ &= \frac{(1+2\sin\theta)\cos(\frac{\theta}{2}+\frac{\pi}{3})}{\sin(\frac{\theta}{2}-\frac{\pi}{3})} \end{aligned}$$

  Quand θ tend vers $-\frac{2\pi}{3}$, cette dernière expression tend vers $2(1-\frac{1}{\sqrt{3}})$ et on en déduit que la droite d'équation $y = \sqrt{3}x + 2(1-\frac{1}{\sqrt{3}})$ est asymptote à la courbe. On trouve de même que, quand θ tend vers $\frac{2\pi}{3}$, la droite d'équation $y = -\sqrt{3}x + 2(1+\frac{1}{\sqrt{3}})$ est asymptote à la courbe.
- **Graphe.**

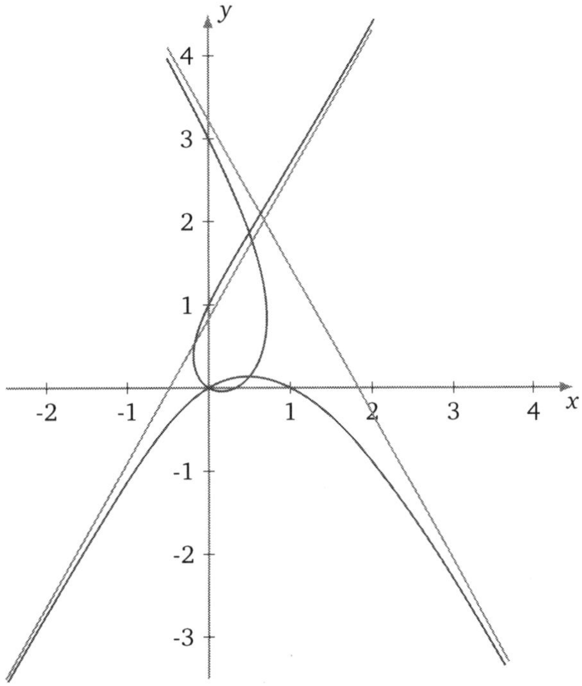

Mini-exercices.

1. Si la fonction $\theta \mapsto r(\theta)$ est π-périodique, comment limiter l'étude à un intervalle de longueur π ? Et si en plus la fonction r est impaire ?
2. Soit la courbe d'équation polaire $r = \cos\theta + \sin\theta$. Montrer que l'on peut se limiter à $[-\frac{\pi}{4}, \frac{\pi}{4}]$ comme domaine d'étude.
3. Étudier la courbe d'équation polaire $r = \sin(2\theta)$.
4. Étudier la courbe d'équation polaire $r = 1 + \tan\frac{\theta}{2}$ et en particulier ses branches infinies.

Auteurs du chapitre
Jean-Louis Rouget, maths-france.fr
Amendé par Arnaud Bodin
Relu par Stéphanie Bodin et Vianney Combet

Chapitre 9

Équations différentielles

Lorsqu'un corps tombe en chute libre sans frottement, il n'est soumis qu'à son poids $\vec{P}$. Par le principe fondamental de la mécanique : $\vec{P} = m\vec{a}$. Tous les vecteurs sont verticaux donc $mg = ma$, où g est la constante de gravitation, a l'accélération verticale et m la masse. On obtient $a = g$. L'accélération étant la dérivée de la vitesse par rapport au temps, on obtient :

$$\frac{\mathrm{d}v(t)}{\mathrm{d}t} = g \qquad (1)$$

Il est facile d'en déduire la vitesse par intégration : $v(t) = gt$ (en supposant que la vitesse initiale est nulle), c'est-à-dire que la vitesse augmente de façon linéaire au cours du temps. Puisque la vitesse est la dérivée de la position, on a $v(t) = \frac{\mathrm{d}x(t)}{\mathrm{d}t}$, donc par une nouvelle intégration on obtient $x(t) = \frac{1}{2}gt^2$ (en supposant que la position initiale est nulle).

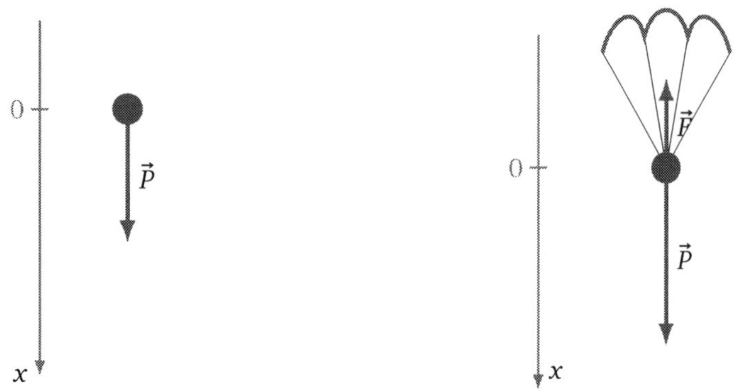

Le cas d'un parachutiste est plus compliqué. Le modèle précédent n'est pas applicable car il ne tient pas compte des frottements. Le parachute fait subir une force de frottement opposée à sa vitesse. On suppose que le frottement est proportionnel à la vitesse : $F = -fmv$ (f est le coefficient de frottement). Ainsi le principe fondamental de la mécanique devient $mg - fmv = ma$, ce qui conduit à la relation :

$$\frac{\mathrm{d}v(t)}{\mathrm{d}t} = g - fv(t) \tag{2}$$

C'est une relation entre la vitesse v et sa dérivée : il s'agit d'une **équation différentielle**. Il n'est pas évident de trouver quelle est la fonction v qui convient. Le but de ce chapitre est d'apprendre comment déterminer $v(t)$, ce qui nous permettra d'en déduire la position $x(t)$ à tout instant.

1. Définition

1.1. Introduction

Une équation différentielle est une équation :

- dont l'inconnue est une fonction (généralement notée $y(x)$ ou simplement y) ;
- dans laquelle apparaissent certaines des dérivées de la fonction (dérivée première y', ou dérivées d'ordres supérieurs y'', $y^{(3)}, \ldots$).

Voici des équations différentielles faciles à résoudre.

Exemple 1.
De tête, trouver au moins une fonction, solution des équations différentielles suivantes :

$y' = \sin x$	$y(x) = -\cos x + k$ où $k \in \mathbb{R}$
$y' = 1 + e^x$	$y(x) = x + e^x + k$ où $k \in \mathbb{R}$
$y' = y$	$y(x) = ke^x$ où $k \in \mathbb{R}$
$y' = 3y$	$y(x) = ke^{3x}$ où $k \in \mathbb{R}$
$y'' = \cos x$	$y(x) = -\cos x + ax + b$ où $a, b \in \mathbb{R}$
$y'' = y$	$y(x) = ae^x + be^{-x}$ où $a, b \in \mathbb{R}$

Il est aussi facile de vérifier qu'une fonction donnée est bien solution d'une équation.

Exemple 2.

1. Soit l'équation différentielle $y' = 2xy + 4x$. Vérifier que $y(x) = k\exp(x^2) - 2$ est une solution sur $\mathbb{R}$, ceci quel que soit $k \in \mathbb{R}$.
2. Soit l'équation différentielle $x^2y'' - 2y + 2x = 0$. Vérifier que $y(x) = kx^2 + x$ est une solution sur $\mathbb{R}$, pour tout $k \in \mathbb{R}$.

1.2. Définition

Passons à la définition complète d'une équation différentielle et surtout d'une solution d'une équation différentielle.

Définition 1.

- Une **équation différentielle** d'ordre n est une équation de la forme
$$F\left(x, y, y', \ldots, y^{(n)}\right) = 0 \qquad (E)$$
où F est une fonction de $(n+2)$ variables.
- Une **solution** d'une telle équation sur un intervalle $I \subset \mathbb{R}$ est une fonction $y : I \to \mathbb{R}$ qui est n fois dérivable et qui vérifie l'équation (E).

Remarque.

- C'est la coutume pour les équations différentielles de noter y au lieu de $y(x)$, y' au lieu $y'(x)$,... On note donc « $y' = \sin x$ » ce qui signifie « $y'(x) = \sin x$ ».
- Il faut s'habituer au changement de nom pour les fonctions et les variables. Par exemple $(x'')^3 + t(x')^3 + (\sin t)x^4 = e^t$ est une équation différentielle d'ordre 2, dont l'inconnue est une fonction x qui dépend de la variable t. On cherche donc une fonction $x(t)$, deux fois dérivable, qui vérifie $(x''(t))^3 + t(x'(t))^3 + (\sin t)(x(t))^4 = e^t$.
- Rechercher une primitive, c'est déjà résoudre l'équation différentielle $y' = f(x)$. C'est pourquoi on trouve souvent « intégrer l'équation différentielle » pour « trouver les solutions de l'équation différentielle ».
- La notion d'intervalle dans la résolution d'une équation différentielle est fondamentale. Si on change d'intervalle, on peut très bien obtenir d'autres solutions. Par exemple, si on se place sur l'intervalle $I_1 =]0, +\infty[$, l'équation différentielle $y' = 1/x$ a pour solutions les fonctions $y(x) = \ln(x) + k$. Alors que sur l'intervalle $I_2 =]-\infty, 0[$, les solutions sont les fonctions $y(x) = \ln(-x) + k$ (k est une constante).
- Si aucune précision n'est donnée sur l'intervalle I, on considérera qu'il s'agit de $I = \mathbb{R}$.

Exemple 3 (Équation à variables séparées).
Une équation différentielle **à variables séparées** est une équation du type :
$$y' = g(x)/f(y) \qquad \text{ou} \qquad y'f(y) = g(x)$$
Une telle équation se résout par calcul de primitives. Si $G(x)$ est une primitive de $g(x)$ alors $G'(x) = g(x)$. Si $F(x)$ est une primitive de $f(x)$ alors $F'(x) = f(x)$, mais

surtout, par dérivation d'une composition, $\big(F(y(x))\big)' = y'(x)F'(y(x)) = y'f(y)$. Ainsi l'équation différentielle $y'f(y) = g(x)$ se réécrit $\big(F(y(x))\big)' = G'(x)$ ce qui équivaut à une égalité de fonctions : $F(y(x)) = G(x) + c$.

Voici un exemple concret :

$$x^2y' = e^{-y}$$

On commence par séparer les variables x d'un côté et y de l'autre : $y'e^y = \frac{1}{x^2}$ (en supposant $x \neq 0$). On intègre des deux côtés :

$$e^y = -\frac{1}{x} + c \quad (c \in \mathbb{R})$$

Ce qui permet d'obtenir y (en supposant $-\frac{1}{x} + c > 0$) :

$$y(x) = \ln\left(-\frac{1}{x} + c\right)$$

qui est une solution sur chaque intervalle I où elle est définie et dérivable. Cet intervalle dépend de la constante c : si $c < 0$, $I =]\frac{1}{c}, 0[$; si $c = 0$, $I =]-\infty, 0[$; si $c > 0$, $I =]\frac{1}{c}, +\infty[$.

1.3. Équation différentielle linéaire

On ne sait pas résoudre toutes les équations différentielles. On se concentre dans ce chapitre sur deux types d'équations : les équations différentielles linéaires du premier ordre et celles du second ordre à coefficients constants.

- Une équation différentielle d'ordre n est **linéaire** si elle est de la forme

$$a_0(x)y + a_1(x)y' + \cdots + a_n(x)y^{(n)} = g(x)$$

  où les a_i et g sont des fonctions réelles continues sur un intervalle $I \subset \mathbb{R}$.
  Le terme linéaire signifie grosso modo qu'il n'y a pas d'exposant pour les termes $y, y', y'', \ldots$
- Une équation différentielle linéaire est **homogène**, ou **sans second membre**, si la fonction g ci-dessus est la fonction nulle :

$$a_0(x)y + a_1(x)y' + \cdots + a_n(x)y^{(n)} = 0$$

- Une équation différentielle linéaire est **à coefficients constants** si les fonctions a_i ci-dessus sont constantes :

$$a_0y + a_1y' + \cdots + a_ny^{(n)} = g(x)$$

  où les a_i sont des constantes réelles et g une fonction continue.

Exemple 4.

1. $y' + 5xy = e^x$ est une équation différentielle linéaire du premier ordre avec second membre.
2. $y' + 5xy = 0$ est l'équation différentielle homogène associée à la précédente.
3. $2y'' - 3y' + 5y = 0$ est une équation différentielle linéaire du second ordre à coefficients constants, sans second membre.
4. $y'^2 - y = x$ ou $y'' \cdot y' - y = 0$ *ne sont pas* des équations différentielles linéaires.

Proposition 1 (Principe de linéarité).
Si y_1 et y_2 sont solutions de l'équation différentielle linéaire homogène

$$a_0(x)y + a_1(x)y' + \cdots + a_n(x)y^{(n)} = 0 \qquad (E_0)$$

alors, quels que soient $\lambda, \mu \in \mathbb{R}$, $\lambda y_1 + \mu y_2$ est aussi solution de cette équation.

C'est une simple vérification. On peut reformuler la proposition en disant que l'ensemble des solutions forme un espace vectoriel.

Pour résoudre une équation différentielle linéaire avec second membre

$$a_0(x)y + a_1(x)y' + \cdots + a_n(x)y^{(n)} = g(x), \qquad (E)$$

on décompose souvent la résolution en deux étapes :

- trouver une solution particulière y_0 de l'équation (E),
- trouver l'ensemble $\mathcal{S}_h$ des solutions y de l'équation homogène associée

$$a_0(x)y + a_1(x)y' + \cdots + a_n(x)y^{(n)} = 0 \qquad (E_0)$$

ce qui permet de trouver toutes les solutions de (E) :

Proposition 2 (Principe de superposition).
L'ensemble des solutions $\mathcal{S}$ de (E) est formé des

$$y_0 + y \quad \text{avec} \quad y \in \mathcal{S}_h.$$

Autrement dit, on trouve toutes les solutions en ajoutant une solution particulière aux solutions de l'équation homogène. C'est une conséquence immédiate du caractère linéaire des équations.

Mini-exercices.

1. Chercher une solution « simple » de l'équation différentielle $y' = 2y$. Même question avec $y'' = -y$; $y'' + \cos(2x) = 0$; $xy'' = y'$.
2. Résoudre l'équation différentielle à variables séparées $y'y^2 = x$. Même ques-

tion avec $y' = y \ln x$; $y' = \frac{1}{y^n}$ $(n \geqslant 1)$.

3. Soit l'équation $y' = y(1-y)$. Montrer que si y est une solution non nulle de cette équation, alors $z = 2y$ n'est pas solution. Que peut-on en conclure ?

2. Équation différentielle linéaire du premier ordre

Définition 2.
Une équation différentielle **linéaire du premier ordre** est une équation du type :

$$y' = a(x)y + b(x) \qquad (E)$$

où a et b sont des fonctions définies sur un intervalle ouvert I de $\mathbb{R}$.

Dans la suite on supposera que a et b sont des fonctions continues sur I. On peut envisager la forme : $\alpha(x)y' + \beta(x)y = \gamma(x)$. On demandera alors que $\alpha(x) \neq 0$ pour tout $x \in I$. La division par α permet de retrouver la forme (E).

On va commencer par résoudre le cas où a est une constante et $b = 0$. Puis a sera une fonction (et toujours $b = 0$). On terminera par le cas général où a et b sont deux fonctions.

2.1. $y' = ay$

Théorème 1.
Soit a un réel. Soit l'équation différentielle :

$$y' = ay \qquad (E)$$

Les solutions de (E), sur $\mathbb{R}$, sont les fonctions y définies par :

$$\boxed{y(x) = ke^{ax}}$$

où $k \in \mathbb{R}$ est une constante quelconque.

Ce résultat est fondamental. Il est tout aussi fondamental de comprendre d'où vient cette formule, via une preuve rapide (mais pas tout à fait rigoureuse). On réécrit l'équation différentielle sous la forme

$$\frac{y'}{y} = a$$

que l'on intègre à gauche et à droite pour trouver :

$$\ln |y(x)| = ax + b$$

On compose par l'exponentielle des deux côtés pour obtenir :

$$|y(x)| = e^{ax+b}$$

Autrement dit $y(x) = \pm e^b e^{ax}$. En posant $k = \pm e^b$ on obtient les solutions (non nulles) cherchées. Nous verrons une preuve rigoureuse juste après.

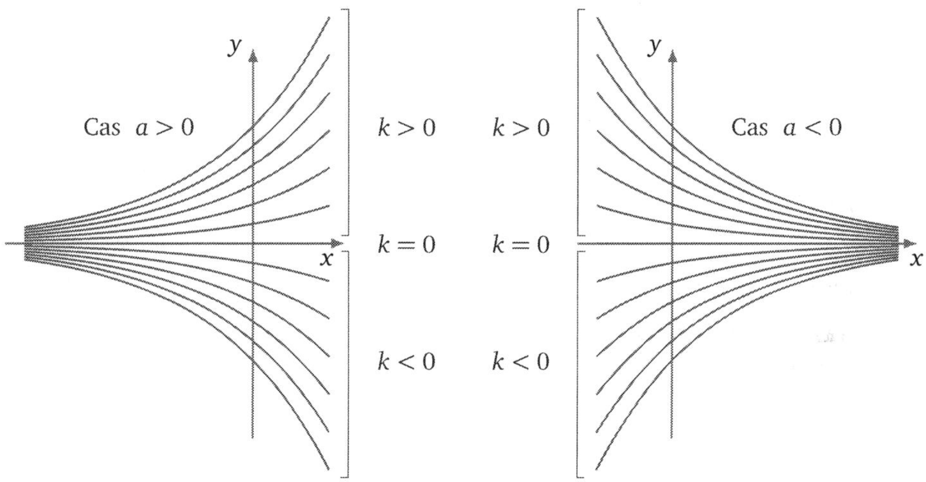

Exemple 5.
Résoudre l'équation différentielle :

$$3y' - 5y = 0$$

On écrit cette équation sous la forme $y' = \frac{5}{3}y$. Ses solutions, sur $\mathbb{R}$, sont donc de la forme : $y(x) = ke^{\frac{5}{3}x}$, où $k \in \mathbb{R}$.

Remarque.

- L'équation différentielle (E) admet donc une infinité de solutions (puisque l'on a une infinité de choix de la constante k).
- La constante k peut être nulle. Dans ce cas, on obtient la « solution nulle » : $y = 0$ sur $\mathbb{R}$, qui est une solution évidente de l'équation différentielle.

- Le théorème 1 peut aussi s'interpréter ainsi : si y_0 est une solution non identiquement nulle de l'équation différentielle (E), alors toutes les autres solutions y sont des multiples de y_0. En termes plus savants, l'ensemble des solutions forme un espace vectoriel de dimension 1 (une droite vectorielle).

Preuve du théorème 1.

1. On vérifie que les fonctions proposées sont bien solutions de (E). En effet, pour $y(x) = ke^{ax}$, on a
$$y'(x) = ake^{ax} = ay(x).$$
2. Montrons que les fonctions proposées sont les seules solutions. (C'est-à-dire qu'il n'y en a pas d'un autre type que $y(x) = ke^{ax}$.) Soit y une solution quelconque de (E) sur $\mathbb{R}$. Considérons la fonction z définie par : $z(x) = y(x)e^{-ax}$. Alors, par la formule de dérivation d'un produit :
$$z'(x) = y'(x)e^{-ax} + y(x)\big(-ae^{-ax}\big) = e^{-ax}\big(y'(x) - ay(x)\big)$$
Mais, par hypothèse, y est une solution de (E), donc $y'(x) - ay(x) = 0$. On en déduit que $z'(x) = 0$, pour tout réel x. Ainsi z est une fonction constante sur $\mathbb{R}$. Autrement dit, il existe une constante k telle que $z(x) = k$ pour tout $x \in \mathbb{R}$. D'où :
$$z(x) = k \quad \text{donc} \quad y(x)e^{-ax} = k \quad \text{donc} \quad y(x) = ke^{ax}.$$
Ce qui termine la preuve du théorème.

□

2.2. $y' = a(x)y$

Le théorème suivant affirme que, lorsque a est une fonction, résoudre l'équation différentielle $y' = a(x)y$ revient à déterminer une primitive A de a (ce qui n'est pas toujours possible explicitement).

Théorème 2.
Soit $a : I \to \mathbb{R}$ une fonction continue. Soit $A : I \to \mathbb{R}$ une primitive de a. Soit l'équation différentielle :
$$y' = a(x)y \qquad (E)$$
Les solutions sur I de (E) sont les fonctions y définies par :
$$\boxed{y(x) = ke^{A(x)}}$$

où $k \in \mathbb{R}$ est une constante quelconque.

Si $a(x) = a$ est une fonction constante, alors une primitive est par exemple $A(x) = ax$ et on retrouve les solutions du théorème 1.

Une preuve rapide du théorème 2 est la suivante :

$$\begin{aligned} & \tfrac{y'}{y} = a(x) \iff \ln|y(x)| = A(x) + b \iff |y(x)| = e^{A(x)+b} \\ \iff \quad & y(x) = \pm e^b e^{A(x)} \iff y(x) = k e^{A(x)} \quad \text{avec } k = \pm e^b \end{aligned}$$

Une preuve rigoureuse (puisque l'on évite de diviser par quelque chose qui pourrait être nul) :

Démonstration.

$$\begin{aligned} & y(x) \text{ solution de } (E) \\ \iff \quad & y'(x) - a(x)y(x) = 0 \\ \iff \quad & e^{-A(x)}\big(y'(x) - a y(x)\big) = 0 \\ \iff \quad & \big(y(x)e^{-A(x)}\big)' = 0 \\ \iff \quad & \exists k \in \mathbb{R} \quad y(x)e^{-A(x)} = k \\ \iff \quad & \exists k \in \mathbb{R} \quad y(x) = k e^{A(x)} \end{aligned}$$

□

Exemple 6.

Comment résoudre l'équation différentielle $x^2 y' = y$? On se place sur l'intervalle $I_+ =]0, +\infty[$ ou $I_- =]-\infty, 0[$. L'équation devient $y' = \frac{1}{x^2} y$. Donc $a(x) = \frac{1}{x^2}$, dont une primitive est $A(x) = -\frac{1}{x}$. Ainsi les solutions cherchées sont $y(x) = k e^{-\frac{1}{x}}$, où $k \in \mathbb{R}$.

2.3. $y' = a(x)y + b(x)$

Il nous reste le cas général de l'équation différentielle linéaire d'ordre 1 avec second membre :

$$y' = a(x)y + b(x) \qquad (E)$$

où $a : I \to \mathbb{R}$ et $b : I \to \mathbb{R}$ sont des fonctions continues.

L'équation homogène associée est :

$$y' = a(x)y \qquad (E_0)$$

Il n'y a pas de nouvelle formule à apprendre pour ce cas. Il suffit d'appliquer le principe de superposition : les solutions de (E) s'obtiennent en ajoutant à une solution particulière de (E) les solutions de (E_0). Ce qui donne :

Proposition 3.
Si y_0 est une solution de (E), alors les solutions de (E) sont les fonctions $y : I \to \mathbb{R}$ définies par :

$$y(x) = y_0(x) + ke^{A(x)} \qquad \text{avec } k \in \mathbb{R}$$

où $x \mapsto A(x)$ est une primitive de $x \mapsto a(x)$.

La recherche de la solution générale de (E) se réduit donc à la recherche d'une solution particulière. Parfois ceci se fait en remarquant une solution évidente. Par exemple, l'équation différentielle $y' = 2xy + 4x$ a pour solution particulière $y_0(x) = -2$; donc l'ensemble des solutions de cette équation sont les $y(x) = -2 + ke^{x^2}$, où $k \in \mathbb{R}$.

Recherche d'une solution particulière : méthode de variation de la constante.

Le nom de cette méthode est paradoxal mais justifié ! C'est une méthode générale pour trouver une solution particulière en se ramenant à un calcul de primitive.
La solution générale de (E_0) $y' = a(x)y$ est donnée par $y(x) = ke^{A(x)}$, avec $k \in \mathbb{R}$ une constante. La méthode de la variation de la constante consiste à chercher une solution particulière sous la forme $y_0(x) = k(x)e^{A(x)}$, où k est maintenant une fonction à déterminer pour que y_0 soit une solution de (E) $y' = a(x)y + b(x)$.
Puisque $A' = a$, on a :

$$y_0'(x) = a(x)k(x)e^{A(x)} + k'(x)e^{A(x)} = a(x)y_0(x) + k'(x)e^{A(x)}$$

Ainsi :

$$y_0'(x) - a(x)y_0(x) = k'(x)e^{A(x)}$$

Donc y_0 est une solution de (E) si et seulement si

$$k'(x)e^{A(x)} = b(x) \iff k'(x) = b(x)e^{-A(x)} \iff k(x) = \int b(x)e^{-A(x)}\mathrm{d}x.$$

Ce qui donne une solution particulière $y_0(x) = \left(\int b(x)e^{-A(x)}\mathrm{d}x\right)e^{A(x)}$ de (E) sur I.
La solution générale de (E) est donnée par

$$y(x) = y_0(x) + ke^{A(x)}, \quad k \in \mathbb{R}.$$

Exemple 7.
Soit l'équation $y' + y = e^x + 1$. L'équation homogène est $y' = -y$ dont les solutions sont les $y(x) = ke^{-x}$, $k \in \mathbb{R}$.

Cherchons une solution particulière avec la méthode de variation de la constante : on note $y_0(x) = k(x)e^{-x}$. On doit trouver $k(x)$ afin que y_0 vérifie l'équation différentielle $y' + y = e^x + 1$.

$$\begin{aligned} & y_0' + y_0 = e^x + 1 \\ \iff & \left(k'(x)e^{-x} - k(x)e^{-x}\right) + k(x)e^{-x} = e^x + 1 \\ \iff & k'(x)e^{-x} = e^x + 1 \\ \iff & k'(x) = e^{2x} + e^x \\ \iff & k(x) = \tfrac{1}{2}e^{2x} + e^x + c \end{aligned}$$

On fixe $c = 0$ (n'importe quelle valeur convient) :

$$y_0(x) = k(x)e^{-x} = \left(\frac{1}{2}e^{2x} + e^x\right)e^{-x} = \frac{1}{2}e^x + 1$$

Nous tenons notre solution particulière ! Les solutions générales de l'équation $y' + y = e^x + 1$ s'obtiennent en additionnant cette solution particulière aux solutions de l'équation homogène :

$$y(x) = \frac{1}{2}e^x + 1 + ke^{-x}, \qquad k \in \mathbb{R}.$$

2.4. Théorème de Cauchy-Lipschitz

Voici l'énoncé du théorème de Cauchy-Lipschitz dans le cas des équations différentielles linéaires du premier ordre.

Théorème 3 (Théorème de Cauchy-Lipschitz).
Soit $y' = a(x)y + b(x)$ une équation différentielle linéaire du premier ordre, où $a, b : I \to \mathbb{R}$ sont des fonctions continues sur un intervalle ouvert I. Alors, pour tout $x_0 \in I$ et pour tout $y_0 \in \mathbb{R}$, il existe une et une seule solution y telle que $y(x_0) = y_0$.

D'après nos calculs précédents cette solution est :

$$y(x) = \left(\int_{x_0}^{x} b(t)e^{-A(t)}\mathrm{d}t\right)e^{A(x)} + y_0 e^{A(x)}$$

où A est la primitive de a s'annulant en x_0, et cette solution vérifie bien $y(x_0) = y_0$.

Exemple 8.
Trouver la solution de $y' + y = e^x + 1$ vérifiant $y(1) = 2$. Nous avons déjà trouvé toutes les solutions de cette équation dans l'exemple 7 : $y(x) = \frac{1}{2}e^x + 1 + ke^{-x}$ où $k \in \mathbb{R}$. Nous allons déterminer la constante k afin que la condition initiale $y(1) = 2$

soit vérifiée :

$$y(1) = 2 \iff \frac{1}{2}e^1 + 1 + ke^{-1} = 2 \iff \frac{k}{e} = 1 - \frac{e}{2} \iff k = e - \frac{e^2}{2}$$

Ainsi la solution cherchée est $y(x) = \frac{1}{2}e^x + 1 + \left(e - \frac{e^2}{2}\right)e^{-x}$, et c'est la seule solution.

2.5. Courbes intégrales

Une **courbe intégrale** d'une équation différentielle (E) est le graphe d'une solution de (E). Le théorème 3 pour les équations différentielles linéaires du premier ordre $y' = a(x)y + b(x)$ se reformule ainsi :

« Par chaque point $(x_0, y_0) \in I \times \mathbb{R}$ passe une et une seule courbe intégrale. »

Exemple 9.
Les solutions de l'équation différentielle $y' + y = x$ sont les

$$y(x) = x - 1 + ke^{-x} \quad k \in \mathbb{R}$$

et sont définies sur $I = \mathbb{R}$. Pour chaque point $(x_0, y_0) \in \mathbb{R}^2$, il existe une unique solution y telle que $y(x_0) = y_0$. Le graphe de cette solution est la courbe intégrale passant par (x_0, y_0).

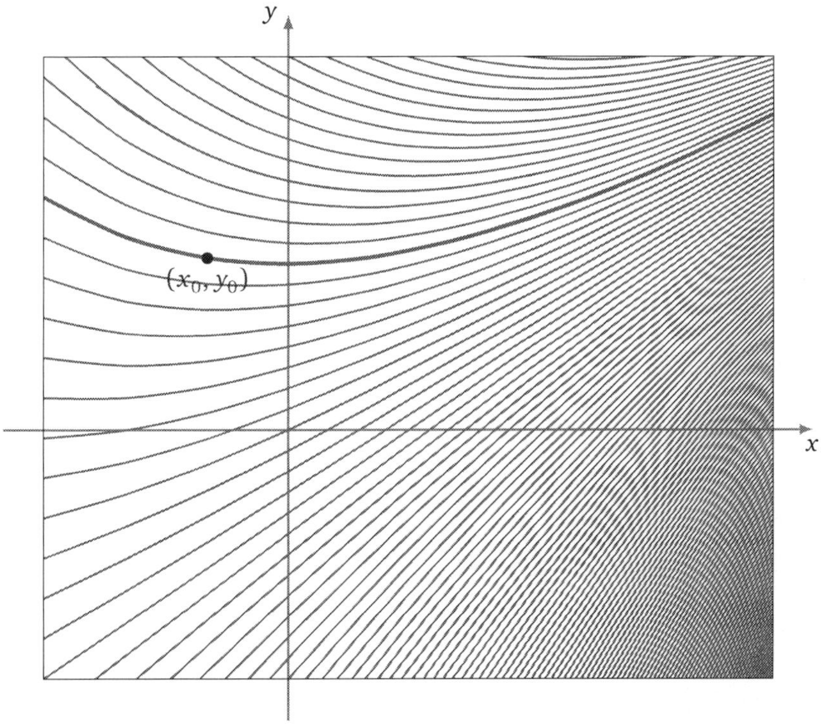

2.6. Exemples

Exemple 10.
On considère l'équation différentielle (E) : $x^3y' + (2-3x^2)y = x^3$.

1. Résoudre l'équation différentielle (E) sur $]0,+\infty[$ et $]-\infty,0[$.
2. Peut-on trouver une solution sur $\mathbb{R}$?
3. Trouver la solution sur $]0,+\infty[$ vérifiant $y(1) = 0$.

Correction.

1. (a) Résolution de l'équation homogène (E_0) : $x^3y' + (2-3x^2)y = 0$. Pour $x \neq 0$, on a $y' = -\frac{2-3x^2}{x^3}y$. Donc la solution générale de (E_0) est $y(x) = ke^{\int -\frac{2-3x^2}{x^3}\,\mathrm{d}x} = ke^{3\ln|x|}e^{1/x^2} = k|x|^3e^{1/x^2}$. Donc la solution générale de (E_0) sur $]0,+\infty[$ est : $y(x) = k_1x^3e^{1/x^2}$; et sur $]-\infty,0[$: $y(x) = k_2x^3e^{1/x^2}$.

   (b) Résolution de l'équation avec second membre (E) par la méthode de variation de la constante. On cherche une solution sous la forme $y(x) =$

$k(x)x^3e^{1/x^2}$. En dérivant et en remplaçant dans l'équation différentielle, on obtient $k'(x)x^3e^{1/x^2} = 1$. Donc $k(x) = \int \frac{e^{-1/x^2}}{x^3}\mathrm{d}x = \frac{1}{2}e^{-1/x^2} + c$. D'où une solution particulière de (E) sur $]0,+\infty[$ ou $]-\infty,0[$: $y_0(x) = k(x)x^3e^{1/x^2} = \frac{1}{2}x^3$.

(c) Solution générale sur $]0,+\infty[$: $y(x) = \frac{1}{2}x^3 + k_1x^3e^{1/x^2}$.
Solution générale sur $]-\infty,0[$: $y(x) = \frac{1}{2}x^3 + k_2x^3e^{1/x^2}$.

2. x^3e^{1/x^2} tend vers $+\infty$ (resp. $-\infty$) lorsque $x \to 0^+$ (resp. 0^-), donc pour k_1 ou k_2 non nul, y ne peut pas être prolongée par continuité en 0. Pour $k_1 = k_2 = 0$, $y(x) = \frac{1}{2}x^3$ est continue et dérivable sur $\mathbb{R}$. C'est la seule solution sur $\mathbb{R}$.
3. Si l'on cherche une solution particulière vérifiant $y(1) = 0$, alors on a $y(x) = \frac{1}{2}x^3 + kx^3e^{1/x^2}$, $y(1) = 1/2 + ke = 0$, donc $k = -\frac{1}{2e}$. Donc $y(x) = \frac{1}{2}x^3 - \frac{1}{2e}x^3e^{1/x^2}$.

Exemple 11.
Résoudre $x(1+x)y' - (x+2)y = 2x$.

1. **Équation homogène.**
L'équation homogène est $x(1+x)y' - (x+2)y = 0$. Pour $x \neq 0$ et $x \neq -1$, l'équation s'écrit $y' = \frac{x+2}{x(1+x)}y$. La décomposition de la fraction en éléments simples est : $a(x) = \frac{x+2}{x(1+x)} = \frac{2}{x} - \frac{1}{1+x}$. Une primitive de $a(x)$ est donc $A(x) = \int \frac{x+2}{x(1+x)}\mathrm{d}x = 2\ln|x| - \ln|x+1|$. La solution générale de l'équation homogène est $y(x) = ke^{A(x)} = ke^{2\ln|x| - \ln|x+1|} = ke^{\ln\frac{x^2}{|x+1|}} = k\frac{x^2}{|x+1|} = \pm k\frac{x^2}{x+1}$. Cette solution est bien définie en $x = 0$. On obtient donc la solution générale de l'équation homogène : $y(x) = k\frac{x^2}{x+1}$ sur $]-\infty,-1[$ ou sur $]-1,+\infty[$.
2. **Solution particulière.**
On cherche une solution de l'équation non homogène sous la forme $y_0(x) = k(x)\frac{x^2}{x+1}$ par la méthode de variation de la constante. En remplaçant dans l'équation, on obtient $k'(x)x^3 = 2x$. Donc pour $x \neq 0$, on a $k'(x) = \frac{2}{x^2}$, et $k(x) = -\frac{2}{x}$. D'où la solution générale de l'équation non homogène $y(x) = -\frac{2x}{x+1} + k\frac{x^2}{x+1}$. Cette solution est définie sur $]-\infty,-1[$ ou $]-1,+\infty[$.
3. **Existe-t-il une solution définie sur $\mathbb{R}$?**
On a $y(x) = \frac{x(kx-2)}{x+1}$. Donc pour $k \neq -2$, on ne peut prolonger y en -1. Pour $k = -2$, on peut prolonger y en -1. On obtient une solution définie sur $\mathbb{R}$: $y = -2x$.

Mini-exercices.

1. Résoudre l'équation différentielle $y' + y \ln 2 = 0$. Tracer les courbes intégrales. Trouver la solution vérifiant $y(1) = \frac{1}{2}$.
2. Résoudre l'équation différentielle $2y' + 3y = 5$. Trouver la solution vérifiant $y(0) = -\frac{1}{3}$. Tracer la courbe intégrale.
3. Trouver une solution évidente, puis résoudre l'équation différentielle $2xy' + y = 1$. Trouver la solution vérifiant $y(1) = 2$. Tracer la courbe intégrale. Même travail avec l'équation $xy' - y = x^2$.
4. Par la méthode de variation de la constante, trouver une solution particulière de l'équation différentielle $y' - 2xy = 3xe^{x^2}$. Même travail avec $y' + 2y = \sin(3x)e^{-2x}$.

3. Équation différentielle linéaire du second ordre à coefficients constants

3.1. Définition

Une équation différentielle linéaire du second ordre, à coefficients constants, est une équation de la forme

$$ay'' + by' + cy = g(x) \qquad (E)$$

où $a, b, c \in \mathbb{R}$, $a \neq 0$ et g est une fonction continue sur un intervalle ouvert I.
L'équation

$$ay'' + by' + cy = 0 \qquad (E_0)$$

est appelée l'équation homogène associée à (E).
La structure des solutions de l'équation est très simple :

Théorème 4.
L'ensemble des solutions de l'équation homogène (E_0) est un $\mathbb{R}$-espace vectoriel de dimension 2.

Nous admettons ce résultat.

3.2. Équation homogène

On cherche une solution de (E_0) sous la forme $y(x) = e^{rx}$ où $r \in \mathbb{C}$ est une constante à déterminer. On trouve

$$\begin{aligned} & ay'' + by' + cy = 0 \\ \iff \quad & (ar^2 + br + c)e^{rx} = 0 \\ \iff \quad & ar^2 + br + c = 0. \end{aligned}$$

Définition 3.
L'équation $ar^2 + br + c = 0$ est appelée **l'équation caractéristique** associée à (E_0).

Soit $\Delta = b^2 - 4ac$, le discriminant de l'équation caractéristique associée à (E_0).

Théorème 5.

1. *Si $\Delta > 0$, l'équation caractéristique possède deux racines réelles distinctes $r_1 \neq r_2$ et les solutions de (E_0) sont les*

$$\boxed{y(x) = \lambda e^{r_1 x} + \mu e^{r_2 x} \quad \text{où } \lambda, \mu \in \mathbb{R}.}$$

2. *Si $\Delta = 0$, l'équation caractéristique possède une racine double r_0 et les solutions de (E_0) sont les*

$$\boxed{y(x) = (\lambda + \mu x)e^{r_0 x} \quad \text{où } \lambda, \mu \in \mathbb{R}.}$$

3. *Si $\Delta < 0$, l'équation caractéristique possède deux racines complexes conjuguées $r_1 = \alpha + \mathrm{i}\beta$, $r_2 = \alpha - \mathrm{i}\beta$ et les solutions de (E_0) sont les*

$$\boxed{y(x) = e^{\alpha x}\big(\lambda\cos(\beta x) + \mu\sin(\beta x)\big) \quad \text{où } \lambda, \mu \in \mathbb{R}.}$$

Exemple 12.

1. Résoudre sur $\mathbb{R}$ l'équation $y'' - y' - 2y = 0$.
   L'équation caractéristique est $r^2 - r - 2 = 0$, qui s'écrit aussi $(r+1)(r-2) = 0$ $(\Delta > 0)$. D'où, pour tout $x \in \mathbb{R}$, $y(x) = \lambda e^{-x} + \mu e^{2x}$, avec $\lambda, \mu \in \mathbb{R}$.
2. Résoudre sur $\mathbb{R}$ l'équation $y'' - 4y' + 4y = 0$.
   L'équation caractéristique est $r^2 - 4r + 4 = 0$, soit $(r-2)^2 = 0$ $(\Delta = 0)$. D'où, pour tout $x \in \mathbb{R}$, $y(x) = (\lambda x + \mu)e^{2x}$, avec $\lambda, \mu \in \mathbb{R}$.

3. Résoudre sur $\mathbb{R}$ l'équation $y'' - 2y' + 5y = 0$.

   L'équation caractéristique est $r^2 - 2r + 5 = 0$. Elle admet deux solutions complexes conjuguées : $r_1 = 1 + 2\mathrm{i}$ et $r_2 = 1 - 2\mathrm{i}$ ($\Delta < 0$). D'où, pour tout $x \in \mathbb{R}$, $y(x) = e^x(\lambda \cos(2x) + \mu \sin(2x))$, avec $\lambda, \mu \in \mathbb{R}$.

Démonstration. La preuve consiste à trouver deux solutions linéairement indépendantes, ce qui permet d'affirmer qu'elles forment une base d'après le théorème 4 (que l'on a admis).

1. Si $\Delta > 0$, alors l'équation caractéristique a deux racines réelles distinctes r_1, r_2. On obtient ainsi deux solutions $y_1 = e^{r_1 x}, y_2 = e^{r_2 x}$ qui sont linéairement indépendantes car $r_1 \neq r_2$. Comme l'espace des solutions un espace vectoriel de dimension 2 (par le théorème 4), alors une base de l'espace des solutions de (E_0) est $\{e^{r_1 x}, e^{r_2 x}\}$.

   La solution générale de (E_0) s'écrit $y(x) = \lambda e^{r_1 x} + \mu e^{r_2 x}$, où $\lambda, \mu \in \mathbb{R}$.

2. Si $\Delta = 0$, alors l'équation caractéristique a une racine réelle double r_0. On obtient ainsi une solution $y_1 = e^{r_0 x}$. On vérifie que $y_2 = x e^{r_0 x}$ est aussi une solution : $a y_2'' + b y_2' + c y_2 = (2ar_0 + ar_0^2 x)e^{r_0 x} + (b + br_0 x)e^{r_0 x} + cxe^{r_0 x} = (2ar_0 + b)e^{r_0 x} = 0$ car $2ar_0 + b = P'(r_0) = 0$, où $P(r) = ar^2 + br + c$. Ces deux solutions sont linéairement indépendantes. Une base de l'espace des solutions est $\{e^{r_0 x}, xe^{r_0 x}\}$, et la solution générale de (E_0) s'écrit $y(x) = (\lambda + \mu x)e^{r_0 x}$, où $\lambda, \mu \in \mathbb{R}$.

3. Si $\Delta < 0$, alors l'équation caractéristique a deux racines complexes conjuguées $r_1 = \alpha + \mathrm{i}\beta, r_2 = \alpha - \mathrm{i}\beta$. On obtient deux solutions complexes $Y_1 = e^{(\alpha + \mathrm{i}\beta)x} = e^{\alpha x} e^{\mathrm{i}\beta x}, Y_2 = e^{(\alpha - \mathrm{i}\beta)x} = e^{\alpha x} e^{-\mathrm{i}\beta x}$. Comme les parties réelles et imaginaires sont des solutions réelles, on obtient deux solutions réelles $y_1 = e^{\alpha x}\cos(\beta x)$, $y_2 = e^{\alpha x}\sin(\beta x)$, qui sont linéairement indépendantes. Alors, une base de l'espace des solutions est $\{e^{\alpha x}\cos(\beta x), e^{\alpha x}\sin(\beta x)\}$. La solution générale de (E_0) s'écrit $y(x) = e^{\alpha x}(\lambda \cos(\beta x) + \mu \sin(\beta x))$, où $\lambda, \mu \in \mathbb{R}$.

□

3.3. Équation avec second membre

Nous passons au cas général d'une équation différentielle linéaire d'ordre 2, à coefficients constants, mais avec un second membre g qui est une fonction continue sur un intervalle ouvert $I \subset \mathbb{R}$:

$$ay'' + by' + cy = g(x) \qquad (E)$$

Pour ce type d'équation, nous admettons le théorème de Cauchy-Lipschitz qui s'énonce ainsi :

Théorème 6 (Théorème de Cauchy-Lipschitz).
Pour chaque $x_0 \in I$ et chaque couple $(y_0, y_1) \in \mathbb{R}^2$, l'équation (E) admet une ***unique*** *solution y sur I satisfaisant aux conditions initiales :*

$$\boxed{y(x_0) = y_0 \quad \text{et} \quad y'(x_0) = y_1.}$$

Dans la pratique, pour résoudre une équation différentielle linéaire avec second membre (avec ou sans conditions initiales), on cherche d'abord une solution de l'équation homogène, puis une solution particulière de l'équation avec second membre et on applique le principe de superposition :

Proposition 4.
Les solutions générales de l'équation (E) s'obtiennent en ajoutant les solutions générales de l'équation homogène (E_0) à une solution particulière de (E).

Il reste donc à déterminer une solution particulière.

3.4. Recherche d'une solution particulière

On donne deux cas particuliers importants et une méthode générale.

Second membre du type $e^{\alpha x}P(x)$.
Si $g(x) = e^{\alpha x}P(x)$, avec $\alpha \in \mathbb{R}$ et $P \in \mathbb{R}[X]$, alors on cherche une solution particulière sous la forme $y_0(x) = e^{\alpha x}x^m Q(x)$, où Q est un polynôme de même degré que P avec :

- $y_0(x) = e^{\alpha x}Q(x)$ $(m = 0)$, si α n'est pas une racine de l'équation caractéristique,
- $y_0(x) = xe^{\alpha x}Q(x)$ $(m = 1)$, si α est une racine simple de l'équation caractéristique,
- $y_0(x) = x^2 e^{\alpha x}Q(x)$ $(m = 2)$, si α est une racine double de l'équation caractéristique.

Second membre du type $e^{\alpha x}\big(P_1(x)\cos(\beta x) + P_2(x)\sin(\beta x)\big)$.
Si $g(x) = e^{\alpha x}\big(P_1(x)\cos(\beta x) + P_2(x)\sin(\beta x)\big)$, où $\alpha, \beta \in \mathbb{R}$ et $P_1, P_2 \in \mathbb{R}[X]$, on cherche une solution particulière sous la forme :

- $y_0(x) = e^{\alpha x}\big(Q_1(x)\cos(\beta x) + Q_2(x)\sin(\beta x)\big)$, si $\alpha + \mathrm{i}\beta$ n'est pas une racine de l'équation caractéristique,

- $y_0(x) = xe^{\alpha x}\big(Q_1(x)\cos(\beta x)+Q_2(x)\sin(\beta x)\big)$, si $\alpha+\mathrm{i}\beta$ est une racine de l'équation caractéristique.

Dans les deux cas, Q_1 et Q_2 sont deux polynômes de degré $n = \max\{\deg P_1, \deg P_2\}$.

Exemple 13.

Résoudre les équations différentielles :

(E_0) $y'' - 5y' + 6y = 0$ (E_1) $y'' - 5y' + 6y = 4xe^x$ (E_2) $y'' - 5y' + 6y = 4xe^{2x}$

Trouver la solution de (E_1) vérifiant $y(0) = 1$ et $y'(0) = 0$.

1. **Équation** (E_0). L'équation caractéristique est $r^2 - 5r + 6 = (r-2)(r-3) = 0$, avec deux racines distinctes $r_1 = 2, r_2 = 3$. Donc l'ensemble des solutions de (E_0) est $\{\lambda e^{2x} + \mu e^{3x} \mid \lambda, \mu \in \mathbb{R}\}$.
2. **Équation** (E_1).
   (a) On cherche une solution particulière à (E_1) sous la forme $y_0(x) = (ax+b)e^x$. Lorsque l'on injecte y_0 dans l'équation (E_1), on obtient :
   $$\begin{aligned} & (ax+2a+b)e^x - 5(ax+a+b)e^x + 6(ax+b)e^x = 4xe^x \\ \iff\ & (a-5a+6a)x + 2a + b - 5(a+b) + 6b = 4x \\ \iff\ & 2a = 4 \text{ et } -3a + 2b = 0 \\ \iff\ & a = 2 \text{ et } b = 3 \end{aligned}$$
   Donc $y_0(x) = (2x+3)e^x$.
   (b) L'ensemble des solutions de (E_1) est $\{(2x+3)e^x + \lambda e^{2x} + \mu e^{3x} \mid \lambda, \mu \in \mathbb{R}\}$.
   (c) On a $y(x) = (2x+3)e^x + \lambda e^{2x} + \mu e^{3x}$. On cherche λ, μ tels que $y(0) = 1, y'(0) = 0$. C'est-à-dire que $3 + \lambda + \mu = 1$, $5 + 2\lambda + 3\mu = 0$. Donc $\lambda = -1, \mu = -1$, c'est-à-dire que $y(x) = (2x+3)e^x - e^{2x} - e^{3x}$.
3. **Équation** (E_2). Comme 2 est une racine de l'équation caractéristique, on cherche une solution particulière sous la forme $y_0(x) = x(ax+b)e^{2x}$. On obtient $y_0(x) = x(-2x-4)e^{2x}$.

Méthode de variation des constantes.

Si $\{y_1, y_2\}$ est une base de solutions de l'équation homogène (E_0), on cherche une solution particulière sous la forme $y_0 = \lambda y_1 + \mu y_2$, mais cette fois λ et μ sont deux fonctions vérifiant :

$$(S) \qquad \begin{cases} \lambda' y_1 + \mu' y_2 &= 0 \\ \lambda' y_1' + \mu' y_2' &= \frac{g(x)}{a}. \end{cases}$$

Pourquoi cela ? Si $y_0 = \lambda y_1 + \mu y_2$ est une telle fonction, alors :

$$y_0' = \lambda' y_1 + \mu' y_2 + \lambda y_1' + \mu y_2' = \lambda y_1' + \mu y_2'$$

$$y_0'' = \lambda' y_1' + \mu' y_2' + \lambda y_1'' + \mu y_2'' = \frac{g(x)}{a} + \lambda y_1'' + \mu y_2''$$

Ainsi l'équation (E) est vérifiée par y_0 :

$$\begin{aligned} a y_0'' + b y_0' + c y_0 &= a\left(\frac{g(x)}{a} + \lambda y_1'' + \mu y_2''\right) + b\big(\lambda y_1' + \mu y_2'\big) + c\big(\lambda y_1 + \mu y_2\big) \\ &= g(x) + \lambda\big(a y_1'' + b y_1' + c y_1\big) + \mu\big(a y_2'' + b y_2' + c y_2\big) \\ &= g(x) \end{aligned}$$

On a utilisé le fait que y_1 et y_2 sont solutions de l'équation homogène. Le système (S) se résout facilement, ce qui donne λ' et μ', puis λ et μ par intégration.

Exemple 14.

Résoudre l'équation suivante, sur l'intervalle $]-\frac{\pi}{2}, +\frac{\pi}{2}[$:

$$y'' + y = \frac{1}{\cos x}$$

Les solutions de l'équation homogène $y'' + y = 0$ sont $\lambda \cos x + \mu \sin x$ où $\lambda, \mu \in \mathbb{R}$.
On cherche une solution particulière de l'équation avec second membre sous la forme

$$y_0(x) = \lambda(x) \cos x + \mu(x) \sin x$$

où cette fois $\lambda(x), \mu(x)$ sont des fonctions à trouver et qui vérifient (S) :

$$\begin{cases} \lambda' y_1 + \mu' y_2 &= 0 \\ \lambda' y_1' + \mu' y_2' &= \frac{g(x)}{a} \end{cases} \quad \text{donc} \quad \begin{cases} \lambda' \cos x + \mu' \sin x &= 0 \\ -\lambda' \sin x + \mu' \cos x &= \frac{1}{\cos x}. \end{cases}$$

En multipliant la première ligne par $\sin x$ et la seconde par $\cos x$, on obtient

$$\begin{cases} \lambda' \cos x \sin x + \mu'(\sin x)^2 &= 0 \\ -\lambda' \cos x \sin x + \mu'(\cos x)^2 &= 1 \end{cases} \quad \text{donc par somme} \quad \mu' = 1.$$

Ainsi $\mu(x) = x$ et la première ligne des équations devient $\lambda' = -\frac{\sin x}{\cos x}$ donc $\lambda(x) = \ln(\cos x)$.

On vérifie pour se rassurer que $y_0(x) = \ln(\cos x) \cos x + x \sin x$ est une solution de l'équation. Ainsi les fonctions solutions sont de la forme :

$$\lambda \cos x + \mu \sin x + \ln(\cos x) \cos x + x \sin x$$

quels que soient $\lambda, \mu \in \mathbb{R}$.

Mini-exercices.

1. Résoudre l'équation différentielle $y'' + \omega^2 y = 0$. Trouver la solution vérifiant $y(0) = 1$ et $y'(0) = 1$. Tracer la courbe intégrale. Résoudre l'équation différentielle $y'' + \omega^2 y = \sin(\omega x)$.
2. Résoudre l'équation différentielle $y''+y'-6y = 0$. Trouver la solution vérifiant $y(-1) = 1$ et $y'(-1) = 0$. Tracer la courbe intégrale. Résoudre l'équation différentielle $y'' + y' - 6y = e^x$.
3. Résoudre l'équation différentielle $2y'' - 2y' + \frac{1}{2}y = 0$. Trouver la solution ayant une limite finie lorsque $x \to +\infty$. Résoudre $2y'' - 2y' + \frac{1}{2}y = x - 1$.

4. Problèmes conduisant à des équations différentielles

4.1. Parachutiste

Revenons sur l'exemple du parachutiste de l'introduction : sa vitesse verticale vérifie l'équation différentielle

$$\frac{\mathrm{d}v(t)}{\mathrm{d}t} = g - f\,v(t)$$

où g (la constante de gravitation) et f (le coefficient de frottement) sont des constantes.

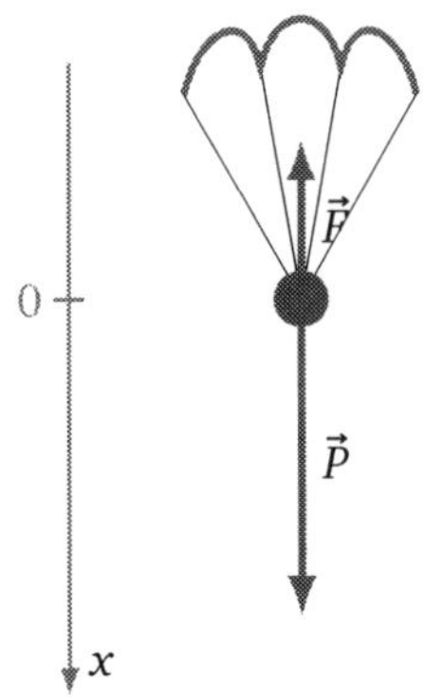

Nous avons tous les ingrédients pour trouver v.

- **Équation homogène.** Les solutions de l'équation homogène $v'(t) = -f\,v(t)$ sont les $v(t) = ke^{-ft}$, $k \in \mathbb{R}$.

- **Solution particulière.** On cherche une solution particulière $v_p(t) = k(t)e^{-ft}$ de l'équation $v' = g - fv$ par la méthode de variation de la constante : $v_p'(t) = k'(t)e^{-ft} - fk(t)e^{-ft}$. Pour que v_p soit solution de l'équation différentielle il faut et il suffit donc que $k'(t)e^{-ft} = g$. Ainsi $k'(t) = ge^{ft}$ donc, par exemple, $k(t) = \frac{g}{f}e^{ft}$. Ainsi $v_p(t) = \frac{g}{f}$.
- **Solutions générales.** La solution générale de l'équation est donc $v(t) = \frac{g}{f} + ke^{-ft}$, $k \in \mathbb{R}$.
- **Condition initiale.** Si à l'instant $t = 0$ le parachute se lance avec une vitesse initiale nulle, c'est-à-dire $v(0) = 0$, alors sa vitesse est :

$$v(t) = \frac{g}{f} - \frac{g}{f}e^{-ft}.$$

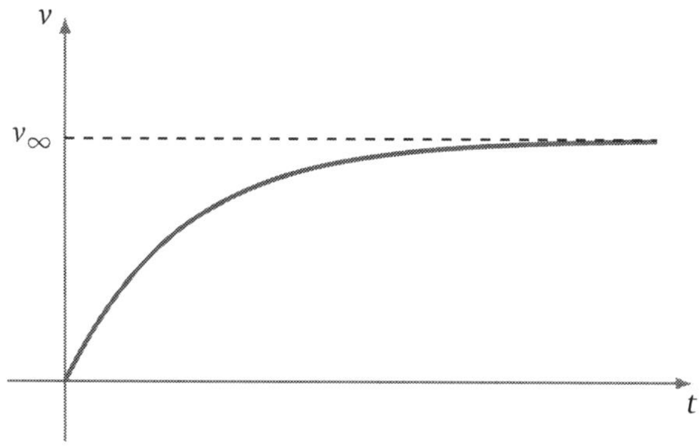

- **Vitesse limite.** Lorsque $t \to +\infty$, $v(t) \to v_\infty = \frac{g}{f}$, qui représente la vitesse limite que le parachutiste ne peut dépasser. Expérimentalement, on mesure que v_∞ vaut environ 5 m/s (soit environ 20 km/h), et comme $g \approx 9{,}81\,\mathrm{m/s^2}$, cela permet de calculer le coefficient de frottement f.
- **Position.** Comme $v(t) = \frac{\mathrm{d}x(t)}{\mathrm{d}t}$, trouver la position x revient à trouver une primitive de v :

$$x(t) = \frac{g}{f}t + \frac{g}{f^2}\left(e^{-ft} - 1\right)$$

  en prenant comme convention $x(0) = 0$.

Ceci n'est bien sûr qu'un **modèle** qui ne correspond pas parfaitement à la réalité, mais permet cependant de mettre en évidence des propriétés vérifiées par les conditions expérimentales, comme la vitesse limite par exemple.

4.2. Demi-vie

Dans un tissu radioactif, la vitesse de désintégration des noyaux radioactifs est proportionnelle au nombre de noyaux radioactifs $N(t)$ présents dans le tissu à l'instant t. Il existe donc une constante λ strictement positive telle que :

$$N'(t) = -\lambda N(t)$$

Le signe « $-$ » de cette équation différentielle traduit la décroissance du nombre de noyaux. Si N_0 désigne le nombre de noyaux à l'instant initial, on a donc :

$$N(t) = N_0 e^{-\lambda t}$$

Dans ce contexte apparaissent souvent deux grandeurs qu'il est bon de savoir interpréter graphiquement :

- Le **temps caractéristique**, noté τ, est défini par :

$$\tau = \frac{1}{\lambda}$$

  Si (T) désigne la tangente à l'origine de la courbe (C) de la fonction N, le temps caractéristique τ est l'abscisse du point d'intersection de la droite (T) avec l'axe du temps. En effet, une équation de (T) est :

$$y = N'(0)t + N(0) = -\lambda N_0 t + N_0$$

  On constate que si $t = \tau$, on a bien $y = 0$. Plus le temps caractéristique est petit, plus la vitesse de désintégration initiale est élevée.

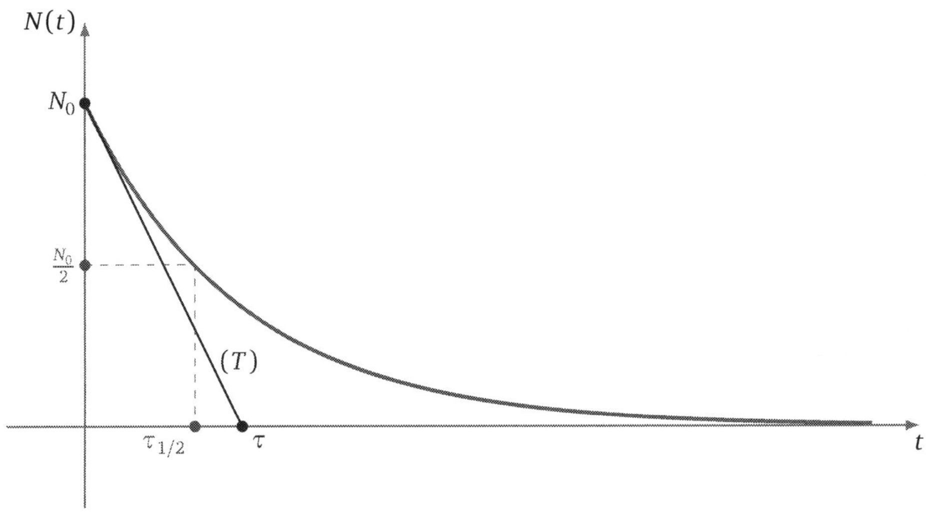

- La **période de demi-vie**, notée $\tau_{1/2}$, est la période au bout de laquelle la moitié des noyaux se sont désintégrés. On a donc :
$$N(\tau_{1/2}) = \frac{N_0}{2}$$
Donc $N_0 e^{-\lambda\tau_{1/2}} = \frac{N_0}{2}$, d'où $\lambda\tau_{1/2} = \ln 2$. Ainsi :
$$\tau_{1/2} = \frac{\ln 2}{\lambda} = \tau \ln 2$$
On peut aussi exprimer $N(t)$ en fonction de la période de demi-vie :
$$N(t) = N_0 e^{-\lambda t} = N_0 e^{-\frac{t}{\tau}} = N_0 e^{-\frac{t}{\tau_{1/2}}\ln 2} = N_0 2^{-\frac{t}{\tau_{1/2}}}$$
Notez que $\tau_{1/2}$ ne dépend pas de N_0, et c'est bien le temps nécessaire pour que la moitié des noyaux se soient désintégrés, ce quel que soit l'instant initial :
$$N(t+\tau_{1/2}) = N_0 2^{-\frac{t+\tau_{1/2}}{\tau_{1/2}}} = N_0 2^{-\frac{t}{\tau_{1/2}}-1} = \frac{1}{2} N_0 2^{-\frac{t}{\tau_{1/2}}} = \frac{N(t)}{2}$$

4.3. Modèles d'évolution

On considère une culture de bactéries en milieu clos. Soit N_0 le nombre de bactéries introduites dans la culture à l'instant $t = 0$.

Loi de Malthus.
Un premier modèle est de supposer que la vitesse d'accroissement des bactéries est proportionnelle au nombre de bactéries en présence. Cela signifie que le nombre $N(t)$ de bactéries vérifie l'équation différentielle
$$y' = ay,$$
où $a > 0$ est une constante dépendant des conditions expérimentales. Nous savons résoudre cette équation ! Ainsi selon ce modèle
$$N(t) = N_0 e^{at}.$$
Le milieu étant limité (en volume, en éléments nutritifs,...), le nombre de bactéries ne peut pas croître indéfiniment de façon exponentielle. Ce modèle ne peut donc s'appliquer sur une longue période.

Modèle de Verhulst.
Pour tenir compte de ces observations, on présente un autre modèle d'évolution. On suppose que le nombre $N(t)$ de bactéries vérifie l'équation différentielle
$$y' = ay(M - y), \qquad (E)$$

où $a > 0$ et $M > 0$ sont des constantes.

On cherche les solutions y de (E) telles que $y(t) > 0$ pour $t \in I = [0, +\infty[$. Supposons qu'une telle solution y existe.

- **Changement de fonction.**
  On transforme l'équation (E) en une équation plus facile à résoudre. Pour cela on pose $z(x) = \frac{1}{y(x)}$. La fonction z est dérivable sur I et :

$$z' = -\frac{y'}{y^2} = \frac{ay(y-M)}{y^2} = a - \frac{aM}{y} = a - aMz$$

- **Solutions z.**
  Ainsi la fonction z doit vérifier l'équation différentielle

$$z' = a - aMz,$$

  qui est une équation différentielle linéaire d'ordre 1 à coefficients constants avec second membre constant. On en déduit que, pour tout $x \in I$,

$$z(x) = ke^{-aMx} + \frac{1}{M}$$

  où $k \in \mathbb{R}$ est une constante.
- **Solutions y.**
  Cela permet d'obtenir y :

$$y(x) = \frac{1}{z(x)} = \frac{1}{ke^{-aMx} + \frac{1}{M}} = \frac{M}{kMe^{-aMx} + 1}$$

  La constante k est déterminée par la condition initiale $y(0) = \frac{M}{kM+1} = N_0$, ainsi $k = \frac{1}{N_0} - \frac{1}{M}$.
- **Exemple.** On suppose $N_0 = 0,01$ (en million de bactéries) et $M = 1$, $a = 1$. Alors $k = \frac{1}{N_0} - \frac{1}{M} = 99$. Ainsi selon ce modèle :

$$N(t) = \frac{1}{1 + 99e^{-t}}$$

  Il est clair que $0 < N(t) < 1$ pour tout $t \geqslant 0$, et $N(t) \to 1$ lorsque $t \to +\infty$. Pour connaître les variations de la fonction N, nul besoin de calculs car on sait déjà que N est solution de l'équation différentielle (E), donc $N'(t) = N(t)(1 - N(t))$. Ainsi $N'(t) > 0$, donc la fonction N est croissante.

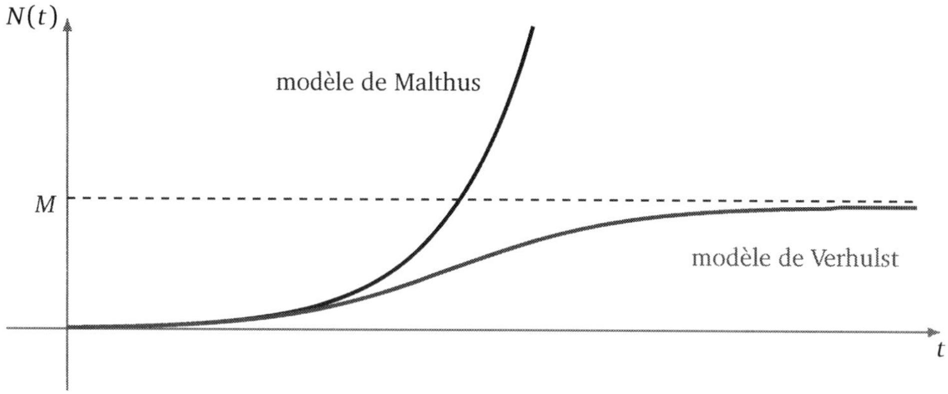

Le modèle de Verhulst a l'avantage de bien faire apparaître un comportement asymptotique particulier : le nombre de bactéries finit par se stabiliser.

4.4. Masse attachée à un ressort

Une masse est attachée à un ressort. Quelles sont les forces qui s'appliquent à cette masse ?

- Un poids $\vec{P}$,
- une réaction $\vec{R} = -\vec{P}$ qui s'oppose au poids,
- une force de rappel $\vec{T}$,
- une force de frottement $\vec{F}$.

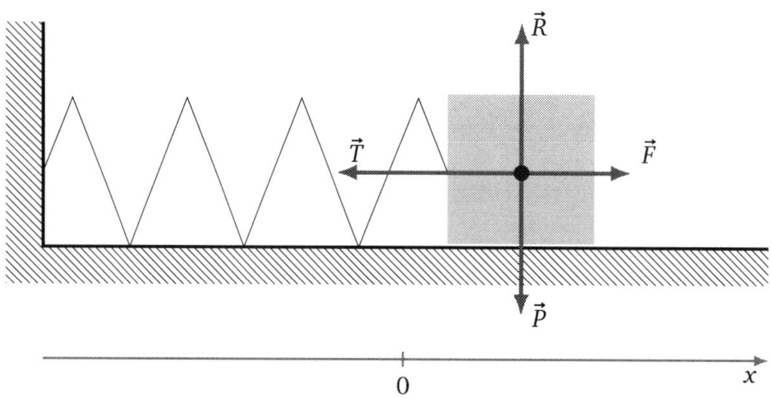

Principe fondamental de la mécanique

Le principe fondamental de la mécanique s'écrit :

$$\vec{P} + \vec{R} + \vec{T} + \vec{F} = m\vec{a}$$

Il est à noter que la réaction s'opposant au poids, on a $\vec{P} + \vec{R} = \vec{0}$, et l'équation devient :

$$\vec{T} + \vec{F} = m\vec{a}$$

Force de rappel

La force de rappel est une force horizontale. Elle est nulle à la position d'équilibre, qui sera pour nous l'origine $x = 0$. Si on écarte davantage la masse du mur, la force de rappel est un vecteur horizontal qui pointe vers la position d'équilibre (vers la gauche sur le dessin). Si on rapproche la masse du mur, le ressort se comprime, et la force de rappel est un vecteur horizontal qui pointe encore vers la position d'équilibre (cette fois vers la droite sur le dessin). On modélise la force de rappel par

$$\vec{T} = -kx\vec{i}$$

où x est la position de la masse (on peut avoir $x \geqslant 0$ ou $x \leqslant 0$), et $k > 0$ est une constante qui dépend du ressort.

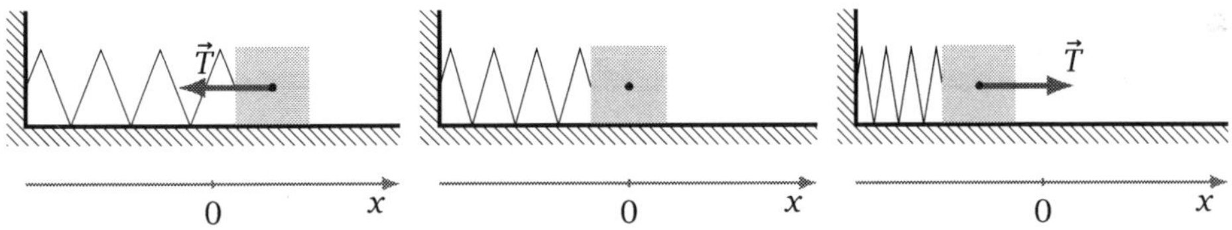

Oscillations sans frottements

Dans un premier temps, on suppose qu'il n'y a pas de frottement : $\vec{F} = \vec{0}$.
Le principe fondamental de la mécanique, considéré uniquement sur l'axe horizontal, s'écrit alors :

$$-kx(t) = m\frac{\mathrm{d}^2x(t)}{\mathrm{d}t^2}$$

Il s'agit donc de résoudre l'équation différentielle du second ordre :

$$y'' + \frac{k}{m}y = 0$$

L'équation caractéristique est $r^2 + \frac{k}{m} = 0$, dont les solutions sont les nombres complexes $r_1 = +\mathrm{i}\sqrt{\frac{k}{m}}$ et $r_2 = -\mathrm{i}\sqrt{\frac{k}{m}}$. Nous sommes dans le cas $\Delta = -4\frac{k}{m} < 0$. Les solutions de cette équation caractéristique sont de la forme $\alpha \pm \mathrm{i}\beta$ avec $\alpha = 0$, $\beta = \sqrt{\frac{k}{m}}$, ce qui fait que les solutions de l'équation différentielle sont les :

$$y(x) = e^{\alpha x}\big(\lambda\cos(\beta x) + \mu\sin(\beta x)\big)$$

Dans notre situation (la fonction inconnue est x et la variable t) :

$$x(t) = \lambda\cos\left(\sqrt{\tfrac{k}{m}}t\right) + \mu\sin\left(\sqrt{\tfrac{k}{m}}t\right) \qquad (\lambda, \mu \in \mathbb{R})$$

Exemple 15.
On lâche la masse au point d'abscisse 1, sans vitesse initiale. Cela nous donne les conditions initiales $x(0) = 1$ et $x'(0) = 0$. Comme $x(0) = 1$ alors $\lambda = 1$. Comme $x'(0) = 0$ alors $\mu = 0$. Ainsi on trouve une solution périodique :

$$x(t) = \cos\left(\sqrt{\tfrac{k}{m}}t\right)$$

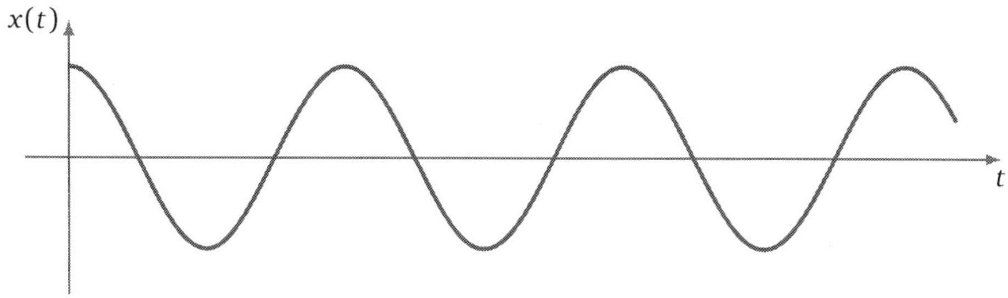

Oscillations avec faibles frottements

On rajoute une force de frottement $\vec{F} = -fm\frac{\mathrm{d}x(t)}{\mathrm{d}t}$ qui est proportionnelle à la vitesse et s'oppose au déplacement (f est le coefficient de frottement). Le principe fondamental de la mécanique devient :

$$-kx(t) - fm\frac{\mathrm{d}x(t)}{\mathrm{d}t} = m\frac{\mathrm{d}^2x(t)}{\mathrm{d}t^2}$$

Il s'agit donc de résoudre l'équation différentielle :

$$y'' + fy' + \frac{k}{m}y = 0$$

L'équation caractéristique est cette fois $r^2 + fr + \frac{k}{m} = 0$. Son discriminant est $\Delta = f^2 - 4\frac{k}{m}$. Supposons que le coefficient de frottement f soit faible, c'est-à-dire que $\Delta = f^2 - 4\frac{k}{m} < 0$, comme dans le cas sans frottement. On note $\delta = \sqrt{|\Delta|} =$

$\sqrt{4\frac{k}{m}-f^2}$. Les deux solutions sont $r_1 = \alpha + \mathrm{i}\beta$ et $r_2 = \alpha - \mathrm{i}\beta$ avec $\alpha = -\frac{f}{2}$ et $\beta = \frac{\delta}{2} = \sqrt{\frac{k}{m} - \frac{f^2}{4}}$. Les solutions de l'équation différentielle sont encore de la forme :

$$y(x) = e^{\alpha x}\big(\lambda\cos(\beta x) + \mu\sin(\beta x)\big)$$

Ce qui donne ici :

$$x(t) = e^{-\frac{f}{2}t}\left(\lambda\cos\left(\tfrac{\delta}{2}t\right) + \mu\sin\left(\tfrac{\delta}{2}t\right)\right) \qquad (\lambda,\mu \in \mathbb{R})$$

Cette fois la solution n'est plus périodique, mais correspond à un mouvement oscillant amorti, qui tend vers la position d'équilibre $x = 0$.

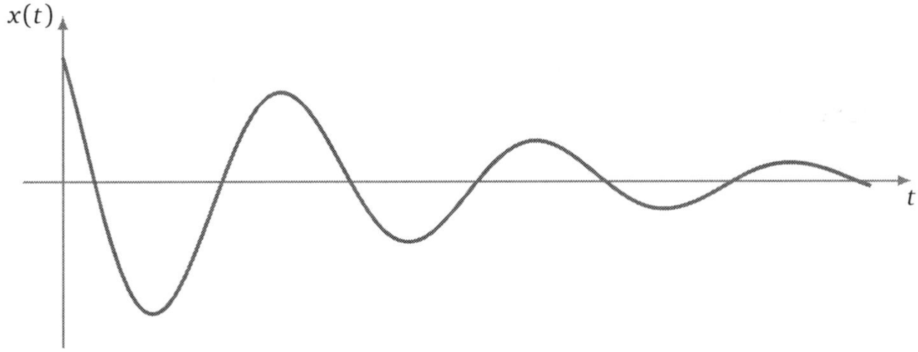

Mini-exercices.

1. Un circuit électrique constitué d'un condensateur de capacité C se décharge dans une résistance R. Calculer l'évolution de la charge électrique qui vérifie $q(t) = -RC\frac{\mathrm{d}q(t)}{\mathrm{d}t}$.
2. Calculer et tracer les solutions du système masse-ressort pour différents niveaux de frottements.
3. Un tasse de café de température $T_0 = 100\,°\mathrm{C}$ est posée dans une pièce de température $T_\infty = 20\,°\mathrm{C}$. La loi de Newton affirme que la vitesse de décroissance de la température $\frac{\mathrm{d}T(t)}{\mathrm{d}t}$ est proportionnelle à l'écart entre sa température $T(t)$ et la température ambiante T_∞. Sachant qu'au bout de 3 min la température du café est passée à $80\,°\mathrm{C}$, combien de temps faudra-t-il pour avoir un café à $65\,°\mathrm{C}$?

Auteurs du chapitre

D'après un cours de Gilles Costantini pour le site `Bacamaths` et des cours de Guoting Chen et Abdellah Hanani

Repris et mixés par Arnaud Bodin
Relu par Stéphanie Bodin et Vianney Combet

Chapitre 10

Leçons de choses

1. Alphabet grec

α		alpha
β		beta
γ	Γ	gamma
δ	Δ	delta
ε		epsilon
ζ		zeta
η		eta
θ	Θ	theta
ι		iota
κ		kappa
λ	Λ	lambda
μ		mu

ν		nu
ξ		xi
o		omicron
π	Π	pi
ρ, ϱ		rho
σ	Σ	sigma
τ		tau
υ		upsilon
ϕ, φ	Φ	phi
χ		chi
ψ	Ψ	psi
ω	Ω	omega

On rencontre aussi “nabla” ∇, l’opérateur de dérivée partielle ∂ (dites “d rond”), et aussi la première lettre de l’alphabet hébreu “aleph” $\aleph$.

2. Écrire des mathématiques : LaTeX en cinq minutes

2.1. Les bases

Pour écrire des mathématiques, il existe un langage pratique et universel, le langage LaTeX (prononcé [latek]). Il est utile pour rédiger des textes contenant des formules, mais aussi accepté sur certains blogs et vous permet d'écrire des maths dans un courriel ou un texto.

Une formule s'écrit entre deux dollars `$\pi^2$` qui donne π^2 ou entre double dollars si l'on veut la centrer sur une nouvelle ligne ; `$$\lim u_n = +\infty$$` affichera :

$$\lim u_n = +\infty$$

Dans la suite on omettra les balises dollars.

2.2. Premières commandes

Les exposants s'obtiennent avec la commande `^` et les indices avec `_` : a^2 s'écrit `a^2` ; u_n s'écrit `u_n` ; α_i^2 s'écrit `\alpha_i^2`. Les accolades `{ }` permettent de grouper du texte : `2^{10}` pour 2^{10} ; `a_{i,j}` pour $a_{i,j}$.

Il y a ensuite toute une liste de commandes (qui commencent par `\`) dont voici les plus utiles :

\sqrt	racine	$\sqrt{a}$	`\sqrt{a}`
		$\sqrt{1+\sqrt{2}}$	`\sqrt{1+\sqrt{2}}`
		$\sqrt[3]{x}$	`\sqrt[3]{x}`
\frac	fraction	$\frac{a}{b}$	`\frac{a}{b}`
		$\frac{\pi^3}{12}$	`\frac{\pi^3}{12}`
		$\frac{1}{2+\frac{3}{4}}$	`\frac{1}{2 + \frac{3}{4}}`
		$\gamma^{\frac{1}{n}}$	`\gamma^{\frac{1}{n}}`
\lim	limite	$\lim_{n \to +\infty} u_n = 0$	`\lim_{n \to +\infty} u_n = 0`
		$\lim_{x \to 0^+} f(x) < \epsilon$	`\lim_{x \to 0^+} f(x) < \epsilon`
\sum	somme	$\sum_{i=1}^n \frac{1}{i}$	`\sum_{i=1}^n \frac{1}{i}`
		$\sum_{i \geqslant 0} a_i$	`\sum_{i \ge 0} a_i`
\int	intégrale	$\int_a^b \phi(t)dt$	`\int_a^b \phi(t) dt`

2.3. D'autres commandes

Voici d'autres commandes, assez naturelles pour les anglophones.

$f : E \to F$	`f : E \to F`
$+\infty$	`+\infty`
$a \leqslant 0$	`a \le 0`
$a > 0$	`a > 0`
$a \geqslant 1$	`a \ge 1`
δ	`\delta`
Δ	`\Delta`

$a \in E$	`a \in E`
$A \subset E$	`A \subset E`
$P \implies Q$	`P \implies Q`
$P \iff Q$	`P \iff Q`
$\forall$	`\forall`
$\exists$	`\exists`
$\cup$	`\cup`
$\cap$	`\cap`

2.4. Pour allez plus loin

Il est possible de créer ses propres commandes avec `\newcommand`. Par exemple avec l'instruction

```
\newcommand{\Rr}{\mathbb{R}}
```

vous définissez une nouvelle commande `\Rr` qui exécutera l'instruction `\mathbb{R}` et affichera donc $\mathbb{R}$.
Autre exemple, après avoir défini

```
\newcommand{\monintegrale}{\int_0^{+\infty} \frac{\sin t}{t} dt}
```

la commande `\monintegrale` affichera $\int_0^{+\infty} \frac{\sin t}{t} dt$.

Pour (beaucoup) plus de détails, consultez le manuel *Une courte (?) introduction à LaTeX*.

Mini-exercices.
Écrire en LaTeX toutes ces formules (qui par ailleurs sont vraies !).

1. $\sqrt{a}-\sqrt{b}=\dfrac{a-b}{\sqrt{a}+\sqrt{b}}$
2. $\displaystyle\sum_{n=1}^{+\infty}\frac{1}{n^2}=\frac{\pi^2}{6}$
3. $\displaystyle\lim_{R\to+\infty}\int_{-R}^{+R} e^{-t^2}dt=\sqrt{\pi}$
4. $\forall \epsilon>0 \quad \exists \delta \geqslant 0 \quad (|x-x_0|<\delta \implies |\ln(x)-\ln(x_0)|<\epsilon)$
5. $\displaystyle\sum_{k=0}^{+\infty}\frac{1}{16^k}\left(\frac{4}{8k+1}-\frac{2}{8k+4}-\frac{1}{8k+5}-\frac{1}{8k+6}\right)=\pi$

3. Formules de trigonométrie : sinus, cosinus, tangente

3.1. Le cercle trigonométrique

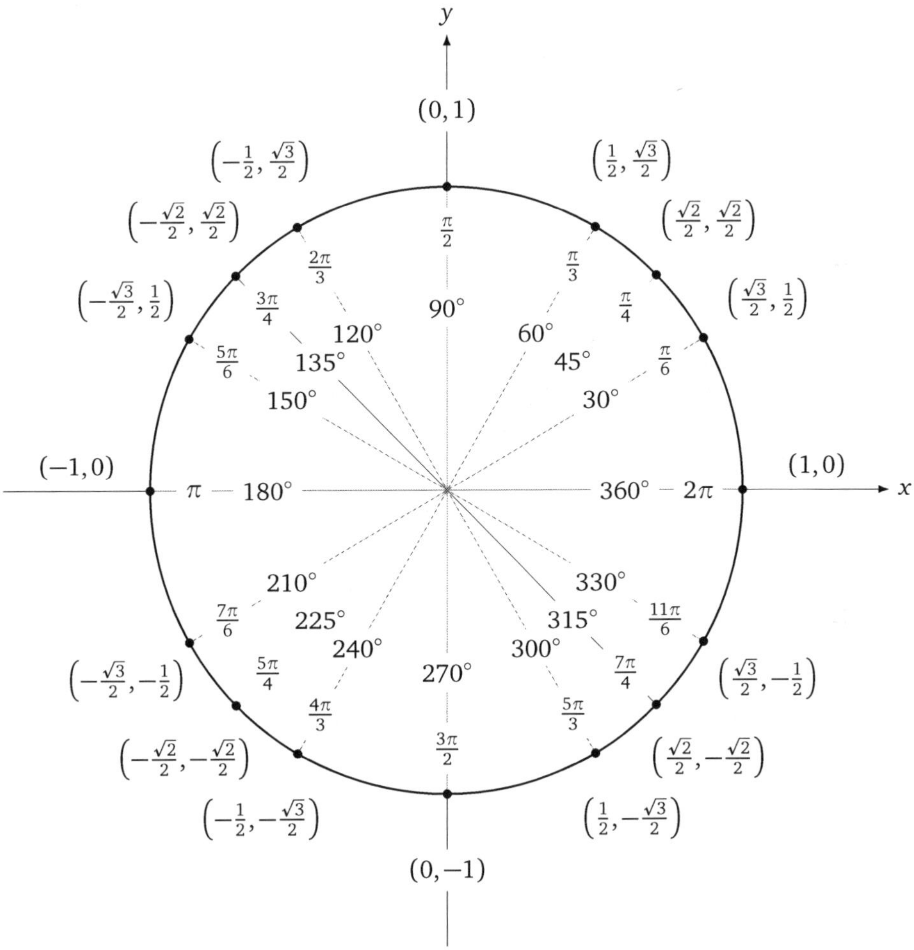

Voici le cercle trigonométrique (de rayon 1), le sens de lecture est l'inverse du sens des aiguilles d'une montre. Les angles remarquables sont marqués de 0 à 2π (en radian) et de $0°$ à $360°$. Les coordonnées des points correspondant à ces angles sont aussi indiquées.

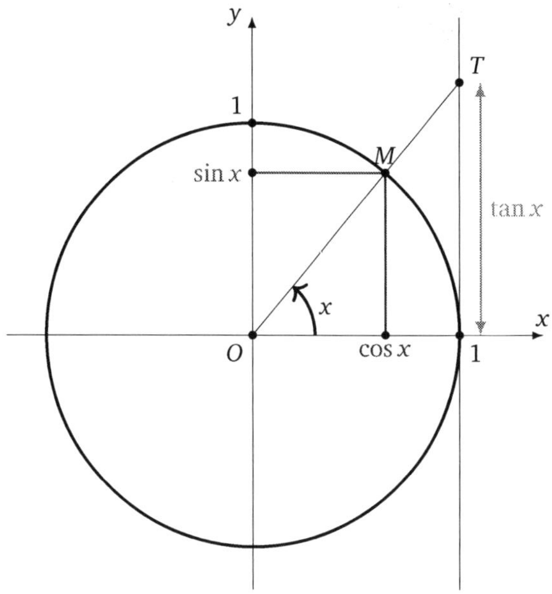

Le point M a pour coordonnées $(\cos x, \sin x)$. La droite (OM) coupe la droite d'équation $(x = 1)$ en T, l'ordonnée du point T est $\tan x$.
Les formules de base :

$$\cos^2 x + \sin^2 x = 1$$
$$\cos(x + 2\pi) = \cos x$$
$$\sin(x + 2\pi) = \sin x$$

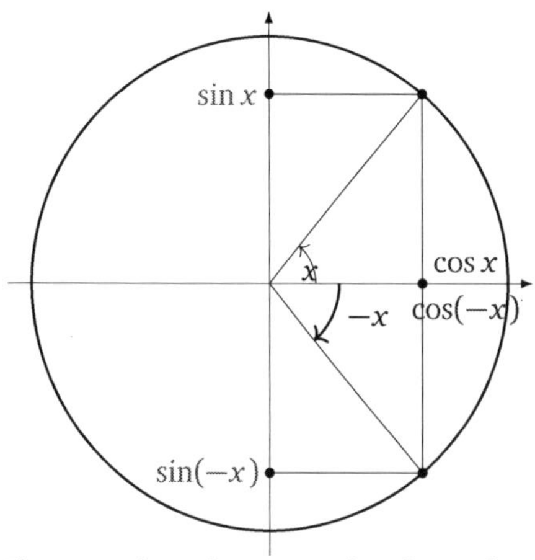

Nous avons les formules suivantes :

$$\cos(-x) = \cos x$$
$$\sin(-x) = -\sin x$$

On retrouve graphiquement ces formules à l'aide du dessin des angles x et $-x$.

Il en est de même pour les formules suivantes :

$$\cos(\pi + x) = -\cos x \qquad \cos(\pi - x) = -\cos x \qquad \cos(\frac{\pi}{2} - x) = \sin x$$
$$\sin(\pi + x) = -\sin x \qquad \sin(\pi - x) = \sin x \qquad \sin(\frac{\pi}{2} - x) = \cos x$$

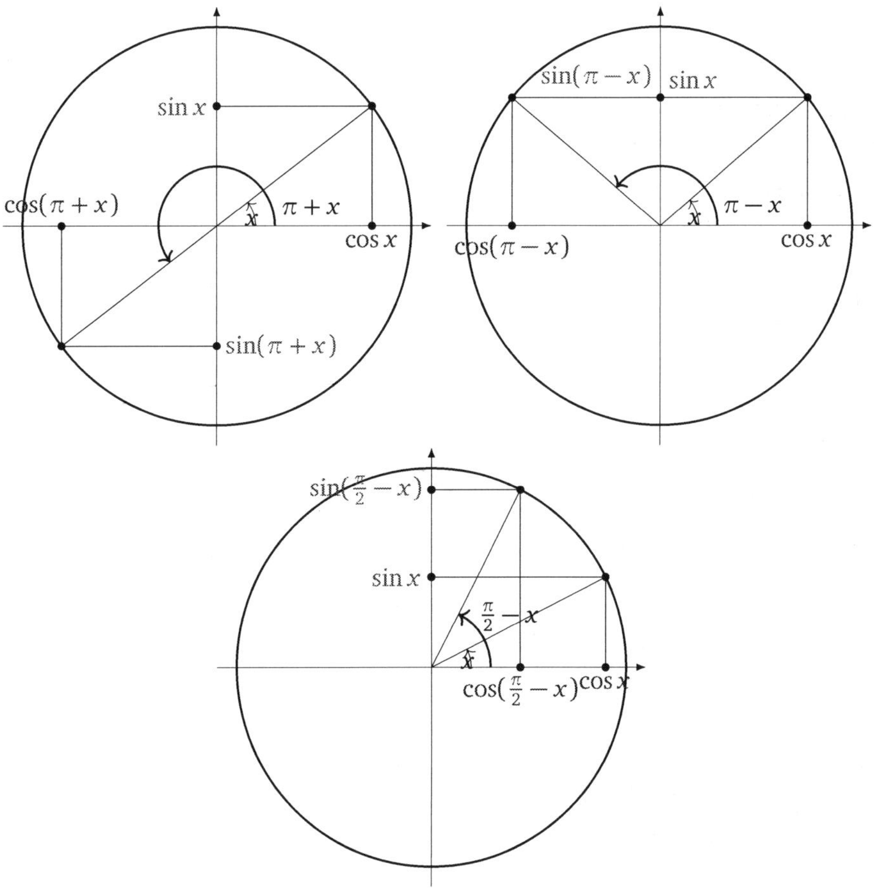

x	0	$\frac{\pi}{6}$	$\frac{\pi}{4}$	$\frac{\pi}{3}$	$\frac{\pi}{2}$
$\cos x$	1	$\frac{\sqrt{3}}{2}$	$\frac{\sqrt{2}}{2}$	$\frac{1}{2}$	0
$\sin x$	0	$\frac{1}{2}$	$\frac{\sqrt{2}}{2}$	$\frac{\sqrt{3}}{2}$	1
$\tan x$	0	$\frac{1}{\sqrt{3}}$	1	$\sqrt{3}$	

Valeurs que l'on retrouve bien sur le cercle trigonométrique.

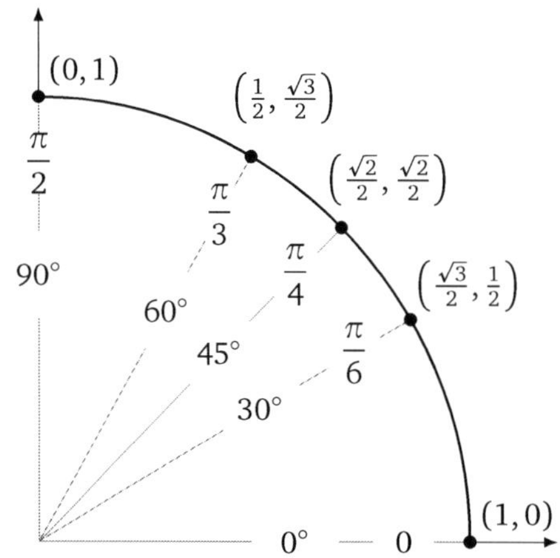

3.2. Les fonctions sinus, cosinus, tangente

La fonction cosinus est périodique de période 2π et elle paire (donc symétrique par rapport à l'axe des ordonnées). La fonction sinus est aussi périodique de période de 2π mais elle impaire (donc symétrique par rapport à l'origine).

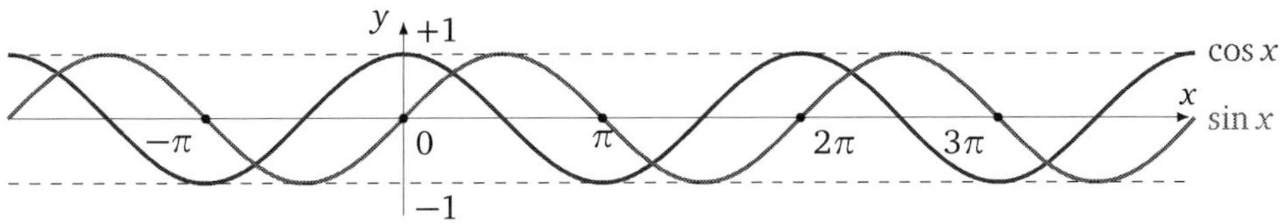

Voici un zoom sur l'intervalle $[-\pi, \pi]$.

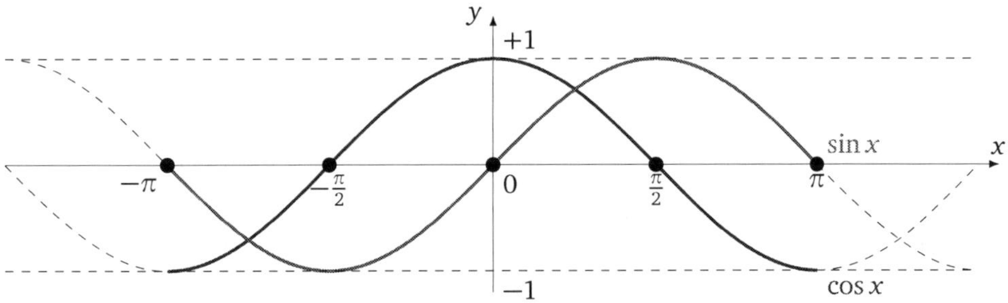

Pour tout x n'appartenant pas à $\{\ldots, -\frac{\pi}{2}, \frac{\pi}{2}, \frac{3\pi}{2}, \frac{5\pi}{2}, \ldots\}$ la tangente est définie par

$$\tan x = \frac{\sin x}{\cos x}$$

La fonction $x \mapsto \tan x$ est périodique de période π ; c'est une fonction impaire.

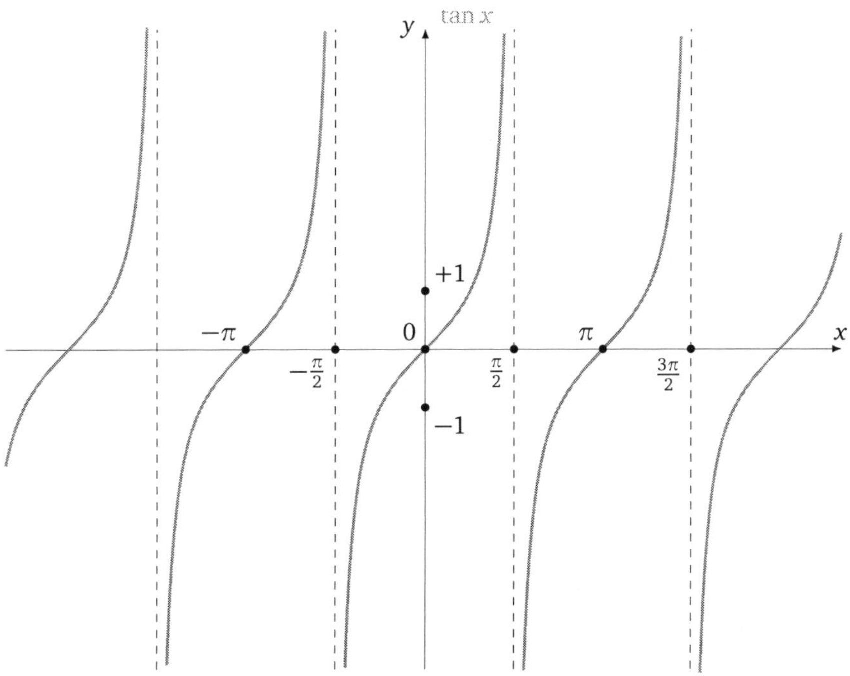

Voici les dérivées :

$$\cos' x = -\sin x$$
$$\sin' x = \cos x$$
$$\tan' x = 1 + \tan^2 x = \frac{1}{\cos^2 x}$$

3.3. Les formules d'additions

$$\cos(a+b) = \cos a \cdot \cos b - \sin a \cdot \sin b$$
$$\sin(a+b) = \sin a \cdot \cos b + \sin b \cdot \cos a$$
$$\tan(a+b) = \frac{\tan a + \tan b}{1 - \tan a \cdot \tan b}$$

On en déduit immédiatement :

$$\cos(a-b) = \cos a \cdot \cos b + \sin a \cdot \sin b$$
$$\sin(a-b) = \sin a \cdot \cos b - \sin b \cdot \cos a$$
$$\tan(a-b) = \frac{\tan a - \tan b}{1 + \tan a \cdot \tan b}$$

Il est bon de connaître par cœur les formules suivantes (faire $a = b$ dans les formules d'additions) :

$$\begin{aligned} \cos 2a &= 2\cos^2 a - 1 \\ &= 1 - 2\sin^2 a \\ &= \cos^2 a - \sin^2 a \end{aligned}$$
$$\sin 2a = 2 \sin a \cdot \cos a$$
$$\tan 2a = \frac{2\tan a}{1 - \tan^2 a}$$

3.4. Les autres formules

Voici d'autres formules qui se déduisent des formules d'additions. Il n'est pas nécessaire de les connaître mais il faut savoir les retrouver en cas de besoin.

$$\cos a \cdot \cos b = \frac{1}{2}\big[\cos(a+b)+\cos(a-b)\big]$$
$$\sin a \cdot \sin b = \frac{1}{2}\big[\cos(a-b)-\cos(a+b)\big]$$
$$\sin a \cdot \cos b = \frac{1}{2}\big[\sin(a+b)+\sin(a-b)\big]$$

Les formules précédentes se reformulent aussi en :

$$\cos p + \cos q = 2\cos\frac{p+q}{2}\cdot\cos\frac{p-q}{2}$$
$$\cos p - \cos q = -2\sin\frac{p+q}{2}\cdot\sin\frac{p-q}{2}$$
$$\sin p + \sin q = 2\sin\frac{p+q}{2}\cdot\cos\frac{p-q}{2}$$
$$\sin p - \sin q = 2\sin\frac{p-q}{2}\cdot\cos\frac{p+q}{2}$$

Enfin les formules de la « tangente de l'arc moitié » permettent d'exprimer sinus, cosinus et tangente en fonction de $\tan\frac{x}{2}$.

$$\text{Avec} \quad t = \tan\frac{x}{2} \quad \text{on a} \quad \begin{cases} \cos x &= \frac{1-t^2}{1+t^2} \\ \sin x &= \frac{2t}{1+t^2} \\ \tan x &= \frac{2t}{1-t^2} \end{cases}$$

Ces formules sont utiles pour le calcul de certaines intégrales par changement de variable, en utilisant en plus la relation $dx = \dfrac{2dt}{1+t^2}$.

Mini-exercices.

1. Montrer que $1+\tan^2 x = \frac{1}{\cos^2 x}$.
2. Montrer la formule d'addition de $\tan(a+b)$.
3. Prouver la formule pour $\cos a \cdot \cos b$.
4. Prouver la formule pour $\cos p + \cos q$.
5. Prouver la formule : $\sin x = \dfrac{2\tan\frac{x}{2}}{1+(\tan\frac{x}{2})^2}$.

6. Montrer que $\cos\frac{\pi}{8} = \frac{1}{2}\sqrt{\sqrt{2}+2}$. Calculer $\cos\frac{\pi}{16}$, $\cos\frac{\pi}{32}$,...
7. Exprimer $\cos(3x)$ en fonction $\cos x$; $\sin(3x)$ en fonction $\sin x$; $\tan(3x)$ en fonction $\tan x$.

4. Formulaire : trigonométrie circulaire et hyperbolique

***Propriétés trigonométriques** : remplacer* cos *par* ch *et* sin *par* i · sh.

$\cos^2 x + \sin^2 x = 1$	$\operatorname{ch}^2 x - \operatorname{sh}^2 x = 1$
$\cos(a+b) = \cos a \cdot \cos b - \sin a \cdot \sin b$	$\operatorname{ch}(a+b) = \operatorname{ch} a \cdot \operatorname{ch} b + \operatorname{sh} a \cdot \operatorname{sh} b$
$\sin(a+b) = \sin a \cdot \cos b + \sin b \cdot \cos a$	$\operatorname{sh}(a+b) = \operatorname{sh} a \cdot \operatorname{ch} b + \operatorname{sh} b \cdot \operatorname{ch} a$
$\tan(a+b) = \dfrac{\tan a + \tan b}{1 - \tan a \cdot \tan b}$	$\operatorname{th}(a+b) = \dfrac{\operatorname{th} a + \operatorname{th} b}{1 + \operatorname{th} a \cdot \operatorname{th} b}$
$\cos(a-b) = \cos a \cdot \cos b + \sin a \cdot \sin b$	$\operatorname{ch}(a-b) = \operatorname{ch} a \cdot \operatorname{ch} b - \operatorname{sh} a \cdot \operatorname{sh} b$
$\sin(a-b) = \sin a \cdot \cos b - \sin b \cdot \cos a$	$\operatorname{sh}(a-b) = \operatorname{sh} a \cdot \operatorname{ch} b - \operatorname{sh} b \cdot \operatorname{ch} a$
$\tan(a-b) = \dfrac{\tan a - \tan b}{1 + \tan a \cdot \tan b}$	$\operatorname{th}(a-b) = \dfrac{\operatorname{th} a - \operatorname{th} b}{1 - \operatorname{th} a \cdot \operatorname{th} b}$
$\cos 2a = 2\cos^2 a - 1 = 1 - 2\sin^2 a = \cos^2 a - \sin^2 a$	$\operatorname{ch} 2a = 2\operatorname{ch}^2 a - 1 = 1 + 2\operatorname{sh}^2 a = \operatorname{ch}^2 a + \operatorname{sh}^2 a$
$\sin 2a = 2\sin a \cdot \cos a$	$\operatorname{sh} 2a = 2\operatorname{sh} a \cdot \operatorname{ch} a$
$\tan 2a = \dfrac{2\tan a}{1 - \tan^2 a}$	$\operatorname{th} 2a = \dfrac{2\operatorname{th} a}{1 + \operatorname{th}^2 a}$

$$\cos a\cdot\cos b=\frac{1}{2}\big[\cos(a+b)+\cos(a-b)\big]$$
$$\sin a\cdot\sin b=\frac{1}{2}\big[\cos(a-b)-\cos(a+b)\big]$$
$$\sin a\cdot\cos b=\frac{1}{2}\big[\sin(a+b)+\sin(a-b)\big]$$

$$\operatorname{ch}a\cdot\operatorname{ch}b=\frac{1}{2}\big[\operatorname{ch}(a+b)+\operatorname{ch}(a-b)\big]$$
$$\operatorname{sh}a\cdot\operatorname{sh}b=\frac{1}{2}\big[\operatorname{ch}(a+b)-\operatorname{ch}(a-b)\big]$$
$$\operatorname{sh}a\cdot\operatorname{ch}b=\frac{1}{2}\big[\operatorname{sh}(a+b)+\operatorname{sh}(a-b)\big]$$

$$\cos p+\cos q=2\cos\frac{p+q}{2}\cdot\cos\frac{p-q}{2}$$
$$\cos p-\cos q=-2\sin\frac{p+q}{2}\cdot\sin\frac{p-q}{2}$$
$$\sin p+\sin q=2\sin\frac{p+q}{2}\cdot\cos\frac{p-q}{2}$$
$$\sin p-\sin q=2\sin\frac{p-q}{2}\cdot\cos\frac{p+q}{2}$$

$$\operatorname{ch}p+\operatorname{ch}q=2\operatorname{ch}\frac{p+q}{2}\cdot\operatorname{ch}\frac{p-q}{2}$$
$$\operatorname{ch}p-\operatorname{ch}q=2\operatorname{sh}\frac{p+q}{2}\cdot\operatorname{sh}\frac{p-q}{2}$$
$$\operatorname{sh}p+\operatorname{sh}q=2\operatorname{sh}\frac{p+q}{2}\cdot\operatorname{ch}\frac{p-q}{2}$$
$$\operatorname{sh}p-\operatorname{sh}q=2\operatorname{sh}\frac{p-q}{2}\cdot\operatorname{ch}\frac{p+q}{2}$$

Avec $t=\tan\frac{x}{2}$ on a

$$\begin{cases}\cos x &= \frac{1-t^2}{1+t^2}\\ \sin x &= \frac{2t}{1+t^2}\\ \tan x &= \frac{2t}{1-t^2}\end{cases}$$

Avec $t=\operatorname{th}\frac{x}{2}$ on a

$$\begin{cases}\operatorname{ch} x &= \frac{1+t^2}{1-t^2}\\ \operatorname{sh} x &= \frac{2t}{1-t^2}\\ \operatorname{th} x &= \frac{2t}{1+t^2}\end{cases}$$

***Dérivées** : la multiplication par* i *n'est plus valable*

$$\cos' x=-\sin x$$
$$\sin' x=\cos x$$
$$\tan' x=1+\tan^2 x=\frac{1}{\cos^2 x}$$

$$\operatorname{ch}' x=\operatorname{sh} x$$
$$\operatorname{sh}' x=\operatorname{ch} x$$
$$\operatorname{th}' x=1-\operatorname{th}^2 x=\frac{1}{\operatorname{ch}^2 x}$$

$$\arccos' x = \frac{-1}{\sqrt{1-x^2}} \quad (|x|<1)$$

$$\arcsin' x = \frac{1}{\sqrt{1-x^2}} \quad (|x|<1)$$

$$\arctan' x = \frac{1}{1+x^2}$$

$$\operatorname{Argch}' x = \frac{1}{\sqrt{x^2-1}} \quad (x>1)$$

$$\operatorname{Argsh}' x = \frac{1}{\sqrt{x^2+1}}$$

$$\operatorname{Argth}' x = \frac{1}{1-x^2} \quad (|x|<1)$$

5. Formules de développements limités

Développements limités usuels (au voisinage de 0)

$$e^x = 1 + \frac{x}{1!} + \frac{x^2}{2!} + \cdots + \frac{x^n}{n!} + o(x^n) = \sum_{k=0}^{n} \frac{x^k}{k!} + o(x^n)$$

$$\cos x = 1 - \frac{x^2}{2!} + \frac{x^4}{4!} - \cdots + (-1)^n \cdot \frac{x^{2n}}{(2n)!} + o(x^{2n+1}) = \sum_{k=0}^{n} (-1)^k \frac{x^{2k}}{(2k)!} + o(x^{2n+1})$$

$$\sin x = x - \frac{x^3}{3!} + \frac{x^5}{5!} - \cdots + (-1)^n \cdot \frac{x^{2n+1}}{(2n+1)!} + o(x^{2n+2}) = \sum_{k=0}^{n} (-1)^k \frac{x^{2k+1}}{(2k+1)!} + o(x^{2n+2})$$

$$\tan x = x + \frac{x^3}{3} + \frac{2}{15}x^5 + \frac{17}{315}x^7 + o(x^8)$$

$$\operatorname{ch} x = 1 + \frac{x^2}{2!} + \frac{x^4}{4!} + \cdots + \frac{x^{2n}}{(2n)!} + o(x^{2n+1}) = \sum_{k=0}^{n} \frac{x^{2k}}{(2k)!} + o(x^{2n+1})$$

$$\operatorname{sh} x = x + \frac{x^3}{3!} + \frac{x^5}{5!} + \cdots + \frac{x^{2n+1}}{(2n+1)!} + o(x^{2n+2}) = \sum_{k=0}^{n} \frac{x^{2k+1}}{(2k+1)!} + o(x^{2n+2})$$

$$\operatorname{th} x = x - \frac{x^3}{3} + \frac{2}{15}x^5 - \frac{17}{315}x^7 + o(x^8)$$

$$\ln(1+x) = x - \frac{x^2}{2} + \frac{x^3}{3} - \cdots + (-1)^{n-1}\cdot\frac{x^n}{n} + o(x^n) = \sum_{k=1}^{n}(-1)^{k+1}\frac{x^k}{k} + o(x^n)$$

$$\begin{aligned}(1+x)^\alpha &= 1 + \alpha x + \frac{\alpha(\alpha-1)}{2!}x^2 + \cdots + \frac{\alpha(\alpha-1)\cdots(\alpha-n+1)}{n!}x^n + o(x^n)\\ &= \sum_{k=0}^{n}\binom{\alpha}{k}x^k + o(x^n)\end{aligned}$$

$$\frac{1}{1+x} = 1 - x + x^2 - \cdots + (-1)^n x^n + o(x^n) = \sum_{k=0}^{n}(-1)^k x^k + o(x^n)$$

$$\frac{1}{1-x} = 1 + x + x^2 + \cdots + x^n + o(x^n) = \sum_{k=0}^{n} x^k + o(x^n)$$

$$\sqrt{1+x} = 1 + \frac{x}{2} - \frac{1}{8}x^2 - \cdots + (-1)^{n-1}\cdot\frac{1\cdot 1\cdot 3\cdot 5\cdots(2n-3)}{2^n n!}x^n + o(x^n)$$

$$\frac{1}{\sqrt{1+x}} = 1 - \frac{x}{2} + \frac{3}{8}x^2 - \cdots + (-1)^n\cdot\frac{1\cdot 3\cdot 5\cdots(2n-1)}{2^n n!}x^n + o(x^n)$$

$$\arccos x = \frac{\pi}{2} - x - \frac{1}{2}\frac{x^3}{3} - \frac{1\cdot 3}{2\cdot 4}\frac{x^5}{5} - \cdots - \frac{1\cdot 3\cdot 5\cdots(2n-1)}{2\cdot 4\cdot 6\cdots(2n)}\frac{x^{2n+1}}{2n+1} + o(x^{2n+2})$$

$$\arcsin x = x + \frac{1}{2}\frac{x^3}{3} + \frac{1\cdot 3}{2\cdot 4}\frac{x^5}{5} + \cdots + \frac{1\cdot 3\cdot 5\cdots(2n-1)}{2\cdot 4\cdot 6\cdots(2n)}\frac{x^{2n+1}}{2n+1} + o(x^{2n+2})$$

$$\arctan x = x - \frac{x^3}{3} + \frac{x^5}{5} + \cdots + (-1)^n\cdot\frac{x^{2n+1}}{2n+1} + o(x^{2n+2})$$

6. Formulaire : primitives

C désigne une constante arbitraire. Les intervalles sont à préciser.

$$\int e^{\alpha t}\,dt = \frac{e^{\alpha t}}{\alpha} + C \quad (\alpha \in \mathbb{C}^*)$$

$$\int t^{\alpha}\,dt = \frac{t^{\alpha+1}}{\alpha+1} + C \quad (\alpha \neq -1)$$

$$\int \frac{dt}{1+t^2} = \text{Arctan}\, t + C$$

$$\int \frac{dt}{\sqrt{1-t^2}} = \text{Arcsin}\, t + C$$

$$\int \cos t\,dt = \sin t + C$$

$$\int \sin t\,dt = -\cos t + C$$

$$\int \frac{dt}{\cos^2 t} = \tan t + C$$

$$\int \frac{dt}{\sin^2 t} = -\text{cotan}\, t + C$$

$$\int \frac{dt}{\cos t} = \ln\left|\tan\left(\frac{t}{2} + \frac{\pi}{4}\right)\right| + C$$

$$\int \frac{dt}{\sin t} = \ln\left|\tan\frac{t}{2}\right| + C$$

$$\int \tan t\,dt = -\ln|\cos t| + C$$

$$\int \text{cotan}\, t\,dt = \ln|\sin t| + C$$

$$\int \frac{dt}{t} = \ln|t| + C$$

$$\int \frac{dt}{1-t^2} = \frac{1}{2}\ln\left|\frac{1+t}{1-t}\right| + C$$

$$\int \frac{dt}{\sqrt{t^2+\alpha}} = \ln\left|t + \sqrt{t^2+\alpha}\right| + C$$

$$\int \text{ch}\, t\,dt = \text{sh}\, t + C$$

$$\int \text{sh}\, t\,dt = \text{ch}\, t + C$$

$$\int \frac{dt}{\text{ch}^2 t} = \text{th}\, t + C$$

$$\int \frac{dt}{\text{sh}^2 t} = -\text{coth}\, t + C$$

$$\int \frac{dt}{\text{ch}\, t} = 2\text{Arctan}\, e^t + C$$

$$\int \frac{dt}{\text{sh}\, t} = \ln\left|\text{th}\,\frac{t}{2}\right| + C$$

$$\int \text{th}\, t\,dt = \ln(\text{ch}\, t) + C$$

$$\int \text{coth}\, t\,dt = \ln|\text{sh}\, t| + C$$

Les auteurs

Ce livre, orchestré par l'équipe Exo7, est issu d'un large travail collectif. Les auteurs sont :

Arnaud Bodin	Gilles Costantini
Niels Borne	Laura Desideri
Marc Bourdon	Abdellah Hanani
Guoting Chen	Jean-Louis Rouget

Vous retrouverez les auteurs correspondant à chaque partie en fin de chapitre. Merci à Stéphanie Bodin, Vianney Combet, Pascal Romon qui ont relu des chapitres, à Benjamin Boutin pour ses dessins, à Kroum Tzanev pour la réalisation de ce livre, et à Yannick Bonnaz pour la couverture.

L'équipe Exo7 est composée d'Arnaud Bodin, Léa Blanc-Centi, Niels Borne, Benjamin Boutin, Laura Desideri et Pascal Romon. Le cours et les vidéos ont été financés par l'université de Lille 1 et Unisciel. Sur le site Exo7 vous pouvez le télécharger gratuitement et aussi récupérer les fichiers sources.

Exo7 — Université de Lille 1 Sciences et Technologies — unisciel

Index

Version 1.00 – Janvier 2016

14047969R00173

Printed in Germany
by Amazon Distribution
GmbH, Leipzig